微藻：环境与能源应用

夏令　侯杰　李剑波　宋少先　著

科学技术文献出版社
SCIENTIFIC AND TECHNICAL DOCUMENTATION PRESS
·北京·

图书在版编目（CIP）数据

微藻：环境与能源应用 / 夏令等著. —北京：科学技术文献出版社，2023.5（2025.5 重印）
ISBN 978-7-5235-0265-5

Ⅰ．①微… Ⅱ．①夏… Ⅲ．①微藻—应用—环境工程 ②微藻—应用—能源
工业 Ⅳ．① X5 ② TK01

中国国家版本馆 CIP 数据核字（2023）第 088161 号

微藻：环境与能源应用

策划编辑：杨 杨　　责任编辑：赵 斌　　责任校对：张永霞　　责任出版：张志平

出 版 者	科学技术文献出版社	
地　　址	北京市复兴路15号　　邮编 100038	
编 务 部	（010）58882938，58882087（传真）	
发 行 部	（010）58882868，58882870（传真）	
邮 购 部	（010）58882873	
官 方 网 址	www.stdp.com.cn	
发 行 者	科学技术文献出版社发行　　全国各地新华书店经销	
印 刷 者	北京虎彩文化传播有限公司	
版　　次	2023 年 5 月第 1 版　　2025 年 5 月第 2 次印刷	
开　　本	787×1092　1/16	
字　　数	294千	
印　　张	17	
书　　号	ISBN 978-7-5235-0265-5	
定　　价	68.00元	

前　言

微藻诞生于 35 亿年前，是率先从海洋进入陆地的一类单细胞生物，介于陆地微生物与植物细胞之间，且只有在显微镜下才能辨别其形态。在漫长的生物进化历程中，微藻的核心细胞器基因组始终未变，是所有物种的元基因。

微藻具有光合速率高、繁殖快、环境适应性强、处理效率高以及易与其他工程技术集成等优点，可用于食品、医药、农业、化工、环境、可持续能源生产等诸多领域，具有重要的经济价值和社会价值。微藻在地球早期可将大气中大于 10% 的 CO_2 固定为有机碳，如今在全球生物固碳中仍然发挥重要作用。微藻介导的 CO_2 捕集利用与封存技术可吸收 CO_2 并将其转化为生物质能源，是一种环保的、可持续且经济可行的固碳技术，应用潜力巨大。

目前，微藻的开发应用尚属初级阶段，随着微藻相关生物技术研究的进步，微藻会在各个工业领域中显现出越来越广阔的应用前景。本书围绕微藻性质、微藻培养与采收、微藻废水脱氮除磷、微藻废水重金属脱除、微藻废水有机污染物脱除、微藻土壤修复、微藻产油、微藻产电 8 个方面，向读者介绍微藻的基本性质及其在环境与能源领域的广泛应用。环境领域中，微藻可通过自身的新陈代谢及生理功能对废水进行脱氮除磷，微藻细胞的生物吸附功能可有效去除废水中的重金属，且微藻胞内酶、细胞器和脂类可通过降解作用脱除环境中的有机污染物；同时，微藻可利用自身生物矿化作用及与土壤矿物间的相互作用固定土壤重金属，实现土壤修复。能源领域中，微藻因含油率高、光合作用效果好、能量转化率高等先天优势，可作为生物柴油原材料；另外，微藻作为微生物燃料电池阳极底物，在水解、发酵作用下，可将生物能转化为电能，实现微藻产电。

微藻的开发利用是一个具有广阔前景的研究领域，且微藻光合作用固碳技术是我国构建生态文明和实现可持续发展的重要技术之一，对实现碳达峰、碳中和目标至关重要。希望本书对微藻的详细介绍能够拓宽读者对微藻的认知边界，帮助读者深入了解微藻的性质和应用，为相关领域工作者提供知识参考和启发，助力微藻的深入研究和广泛应用。

目　录

第一章 微藻性质

1.1 微藻定义

1.1.1 什么是微藻

微藻（microalgae）是一类形态各异且只有在显微镜下才能辨别其形态的单细胞或群体藻类类群。藻类的形态千差万别，但它们也具有一些共同的特征：都具有叶绿素，能进行放氧的光合作用，几乎所有的微藻均为自养型生物；微藻细胞壁多含纤维素成分；生殖细胞是单细胞的孢子或合子；植物体没有真正根、茎、叶的分化，是一种"叶状体"的低等植物。目前地球上已知的藻类超过了 20 万种，在工业、农业、医药、环境等领域发挥着日益重要的作用。

1.1.2 微藻应用优势

近几十年来，微藻应用技术发展迅速，主要是因为微藻具有以下几点独特的优势[1]:

①微藻光能利用效率很高。由于微藻细胞内具有叶绿素、藻胆蛋白等光合器官，是非常有效的光合作用生物系统，能高效地利用太阳能，并通过光合作用将 H_2O、CO_2 和无机盐转化为有机化合物。因其可以快速、高效地固定和利用 CO_2，是解决热电厂等各类工程大量排放的 CO_2，缓解地球温室效应的有效途径之一。

②微藻的整个生物体均可被利用①。细胞周期较短，易于大规模培养，由于微藻通常无复杂的生殖器官，使整体生物量容易采取并直接利用。

③微藻适应性强。它们可以在海水、咸水或半咸水中大量人工培育；因此，是短缺淡水、土地贫瘠地区获得有效生物资源的重要途径之一。

④微藻细胞不仅富含蛋白质、脂肪和碳水化合物，某些种类微藻细胞在特定的环境条件下还可以大量合成和积累脂类化合物、微量元素和矿物质，是人类未来重要的

---

① 微藻的繁殖方式是简单的分裂繁殖。

食品及生物能源资源。

⑤微藻，尤其是海洋微藻，其独特的生存环境使其能合成许多结构和生理功能独特的生物活性物质。经过一定的诱导手段，微藻可以高浓度地合成这些具有商业化生产价值的活性物质，是人类未来医药品、保健品和化工原料的希望。

1.1.3 微藻应用发展

人们认识和利用微藻已有较长的历史。早在 16 世纪的墨西哥，当地市场就出售一种叫 Tecuitlatl 的干饼，它是当地阿兹台克人从 Texcoco 湖中采集螺旋藻（*Spirulina*, sp.）并晒干制成的食品。微藻的科学研究则始于 19 世纪中叶，距今已有 180 余年的历史。概括而言，微藻的应用可以分为如下 4 个阶段[1]。

（1）微藻的认识与调查阶段（1840—1940 年）

最早注意到微藻细胞的是显微镜专家 Baily，他于 1840 年发现了微藻类的化石并对来源于淡水和海水的微藻类进行了详细的考察，因此他也被誉为世界第一位藻类学家。Durant 在其 1850 年发表的著作和 Pieters 于 1867 年的一份科学报告中对各种藻类进行了较详细的报道和描述，并将这些藻类分为 25 个属。经过 30 多年的积累，在前人工作的基础上，Snow 于 1903 年将藻类扩展到 103 个属，并且成功地在实验室中进行了培育研究，成为第一个发展藻类培养技术的人。

在上述研究工作的基础上，West 等于 1916 年出版了第一本藻类学专著《藻类》，该书全面总结了前几十年有关藻类学的知识，为以后的藻类研究奠定了良好的基础。此后，《北美东北海岸藻类》《美国淡水藻类》《藻类的结构和生产》《新格兰海洋藻类》等几部专著分别对藻类资源的分布、藻类的形态与品种及其分类、藻类与环境的关系、藻类与水生动物和人之间的相互关系、藻类的生活史和藻类在食物链中的作用与地位等多方面进行介绍，使人类对藻类有了比较全面的认识。

（2）微藻的应用起步阶段（1941—1980 年）

此阶段对设计应用微藻生物学的各个层面的有关问题进行了深入研究，涉及藻类的生理生化特性、藻类光合作用机理、藻类的生长条件、实用藻株的筛选与开发、藻类的大规模培养，藻类产品及藻类生物活性物质的开发以及藻类产品的应用和经济学评价等，初步建立了一个比较完整的微藻生物学研究体系。

《从实验室到小型工厂的藻类培养》一书是此阶段的重要代表著作。该书对微藻的生长条件、大规模培养技术、微藻的应用及各种有效成分的分析等方面进行了全面总结，为应用微藻生物学的发展起到了承前启后及指导性的作用。在产业化方面，此时期开发出了以开放式跑道池为主体的开放式培养系统，该培养系统尽管简陋，但由于结构简单、制造容易、投资低以及整体技术相对简单等优点，在许多国家和地区得到了推广和应用，实现了小球藻（*Chlorella*）、螺旋藻（*Spirulina*）和盐藻（*Dunaliella*）等一些有应用价值微藻的大规模培养，从而加快了微藻应用研究的产业化进程。

随着研究的深入以及一些微藻的大规模培养和应用方面的成功，人类对应用微藻生物学的前途及其巨大的经济潜力给予了肯定。1946—1959 年，美国、英国、日本、法国、捷克斯托法克、菲律宾和印度等国家分别成立了国家级藻类学会，国际藻类学会也于 1961 年宣布成立。

（3）微藻应用的成型阶段（1981—2000 年）

20 世纪 80 年代以来，微藻应用十分重视基础研究与工程技术的结合，形成了自己的特色，进而形成了完整的体系。现代应用微藻生物学包含以下几方面内容：微藻基础研究，包括新藻种（株）的筛选和开发、微藻的生理生化特性、培养条件、微藻有效成分及各种活性物质的调查分析等内容；微藻产品开发及其应用；微藻基因工程；微藻大规模培养技术，包括各种新型高效光生物反应器的研制和微藻高密度培养技术；微藻生物量及其代谢产物的采收技术，其中包括新型分离介质和分离纯化工艺等。

（4）应用微藻生物学的成熟与快速发展阶段（2001 年至今）

进入 21 世纪以来，微藻的应用与开发方面有了很大的发展：一是建立起了比较完整、成熟的微藻应用研究体系；二是多个国家的研究单位建立起了具有一定规模的微藻种子库，适合微藻大规模培养的各类光生物反应器和微藻高密度培养技术先后被开发出来，为微藻的进一步研究与开发奠定了坚实的基础；三是微藻保健食品、药品及具有实际应用潜力的微藻活性物质的应用与开发使生物量走向市场成为现实；四是转基因技术与微藻应用的结合使转基因微藻和生物能源微藻的构建成为可能。目前，包括我国在内的各国政府、大型企业、科研单位将微藻的大规模培养及其天然活性物质的分离提取等技术放在重要的地位，投入大量的资金与人力，使应用微藻生物学成为当今世界的热点研究领域之一，给微藻的应用发展带来了前所未有的机遇。

1.2 微藻分类

人类对藻类的认识历史源远流长，微藻作为植物界一大类群被分类学家根据其特征放在拟定的分类系统中也有悠久的历史。1883 年，恩格勒将隐花植物分为 3 门，其中，原植体植物门被分为 2 纲：藻类和真菌。从此藻类在植物系统中占据了 1 个纲的位置。之后，藻类学者从不同环境广泛采集标本，观察形态特征，按林奈双名法给予所研究的标本不同种名和分类位置。随着发现的新类群越来越多，如何系统地对藻类进行科学划分就成为藻类学者必须解决的问题。经过旷日持久的争论与研究，内共生起源说逐渐得到了学界的认可。内共生理论认为微藻的多样性来自于初级、次级内共生行为。所谓初级内共生，是指具有线粒体（mitochondria）和过氧化物酶体（peroxisomes）的原生生物（aerobic phagocytic protozoan）摄取蓝藻，由于某种目前未知的原因，蓝藻细胞未被消化而被保留在宿主细胞原生质体内成为内共生体。内共生的蓝藻在长期共生过程中，细胞壁逐渐退化，质膜成为质体被膜的内膜，而宿主的食物小泡（food vesicle）膜成为质体被膜的外膜，这样形成的双层被膜质体导致了绿藻、红藻和灰色藻的出现，由此可见，这三类藻类是初级内共生形成的。所谓次级内共生是吞噬原生生物将真核微藻摄入细胞内，在食物小泡内形成共生体。食物小泡为酸性，能使更多的无机碳以 CO_2 形式存在，CO_2 是共生微藻进行碳同化所必需的碳源，同时宿主细胞也能获得内共生微藻光合作用的产物。这样宿主与内共生体长期互利共存，最终内共生微藻的细胞膜成为双层质体内质网的内膜，食物小泡膜与宿主内质网融合成为质体内质网的外膜，其外表面分布着核糖体颗粒。在这个过程中，内共生微藻的线粒体退化，其原有的功能转移到宿主线粒体中[2]。由此演化出裸藻、甲藻、隐藻等多种藻类。下面将简单介绍其中比较重要的几个门类[2]。

1.2.1 绿藻门（Chlorophyta）

绿藻的主要特征为：色素体的光合作用色素成分与高等植物相似，含有叶绿素 a 和 b 以及叶黄素和胡萝卜素，绝大多数呈草绿色；常具有蛋白核，贮藏物质为淀粉。细胞壁主要成分为纤维素。绿藻门可分为 2 纲、13 目，下面仅对常见的应用微藻绿球藻目做简要介绍。

绿球藻目（Chlorococcales）最重要的特征是营养细胞失去生长性细胞分裂能力。绿球藻目的植物体为单细胞、群体和定形群体。单细胞多为球形、纺锤形或多角形。

色素体单个或多个，杯状、片状、盘状或网状；蛋白核单个或多个或者没有。定形群体有两种类型：一种为原始定形群体，群体细胞彼此分离，由残存的母细胞壁或分泌的胶质连接形成一定的形态和结构；另一种为真性定形群体，群体细胞彼此直接由它们的细胞壁连接形成一定的形态和结构。我国记载的此目藻类分属于 10 个科。其中比较重要的应用微藻属如下：

（1）葡萄藻属（*Botrycoccus Kutz.*）

植物体为浮游的原始定形群体，无一定形态。细胞呈椭圆形、卵形或楔形，罕为球形，常 2 个或 4 个为一组，多数分布在不规则分枝或分叶的、半透明的群体胶被的顶端。葡萄藻属细胞具有 1 个黄绿色的杯状或叶状色素体，具有 1 个裸出的蛋白核，同化产物为淀粉和脂肪。为湖泊中常见的种类，能形成水化。

（2）小球藻属（*Chlorella Beij.*）

小型单细胞，单生或聚集成群，群体内细胞大小很不一致。细胞呈球形或椭圆形。细胞壁或薄或厚。小球藻属细胞有 1 个杯状或片状的周生色素体，具 1 个蛋白核或无。此属藻类产自淡水或咸水。有时在潮湿土壤、岩石、树干上也能发现。天然情况下个体一般较少，但人工培养下能大量繁殖。细胞含丰富蛋白质，以干重计可达 50% 左右，为生产蛋白质的良好对象。

（3）对囊藻属（*Didymogenes Schm.*）

《中国淡水藻志》第十五卷有介绍，暂缺。

（4）蹄形藻属（*Kirchneriella Schm.*）

植物体为浮游群体，常由 4 个或 8 个细胞为一组，多数包被在胶质的群体胶被中。细胞呈蹄形、新月形、镰形或柱形，两端尖细或钝圆。具有 1 个片状色素体，充满除细胞凹侧中部外整个细胞，具 1 个细胞核。生长在湖泊、水库、池塘、沼泽、稻田等水体中。

（5）单针藻属（*Monoraphidium*）

《中国淡水藻志》第八卷有介绍，暂缺。

（6）盘星藻属（*Pediastrum Mey.*）

植物体盘状或星状，浮游，由 2 ～ 128 个细胞排列成为一层细胞厚的定形群体，群体完整无孔或具穿孔，边缘细胞常具 1、2 或 4 个突起，有时突起上有长的胶质毛丛，群体内部细胞多角形，无突起。细胞壁平滑无花纹，或具颗粒或细网纹。幼小细胞的色素体周生，圆盘状，具 1 个蛋白核，随细胞成长而扩散，具多个蛋白核。成熟细胞具 1、

2、4 或 8 个细胞核。

（7）栅藻属（*Scenedesmus Mey.*）

植物体是由 4 ～ 8 个、2 个、16 ～ 32 个细胞组成的真性定形群体，极少有单细胞。群体中的各个细胞长轴互相平行，排列在一个平面上，互相平齐或交错，也有排成上下 2 列或多列，罕见仅以末端相接，呈屈曲状。细胞呈纺锤形、卵形、长圆形、椭圆形等；细胞壁平滑，或具颗粒、刺、齿状凸起、细齿、隆起线等特殊构造。每个细胞具 1 个周生色素体和 1 个蛋白核。此属为淡水中极为常见的浮游藻类，湖泊、池塘、沟渠、水坑等各种水体中几乎都有。静止小水体更适合此属各种的生长繁殖。

1.2.2 蓝藻门（Cyanophyta）

蓝藻为单细胞，丝状或非丝状的群体。非丝状群体有板状、中空球状、立方体等各种形状，但大多数为不定形群体，群体常具一定形态和不同颜色的胶被。丝状群体由相连的一系列细胞——藻丝组成，藻丝具胶鞘或不具胶鞘，藻丝及胶鞘合称"丝状体"，每条丝状体中具 1 条或数条藻丝。蓝藻细胞无色素体、细胞核等细胞器，原生质分为外部色素区和内部无色中央区。细胞壁常由氨基糖和氨基酸组成 3 层结构。蓝藻生长在各种水体或潮湿土壤、岩石、树干及树叶上；有不少种类能在干燥的环境中生长繁殖。水生种类多生于含氮量较高、有机质较丰富的碱性水体中。蓝藻门仅有 1 纲、4 目。

（1）颤藻目（Osillatoriales）

植物体为多细胞单列丝状体，单生或聚集成群，不分枝或具假分枝；鞘坚固或呈胶状，均匀或分层。有的具群体鞘，等宽，或顶端尖细但不呈毛状；藻丝线形或念珠状，直或螺旋形弯曲；细胞圆柱形、方形或盘状；细胞横壁收缢或不收缢；原生质体均匀或具颗粒或横壁处具颗粒；有的有气囊；顶部细胞半球形或圆锥形，外壁薄或增厚；无异形胞，以形成藻殖段进行繁殖；许多类群藻丝体能运动。

重要的有微鞘藻属（*Microcoleus Desm.*）。丝状体不分枝或具稀疏分枝；鞘多数无色；略为规则的圆柱形，不分层，衰老期有时胶化；每个鞘内具很多条藻丝，紧密聚集，末端直、尖细，末端细胞尖锐，少数圆锥形或具帽状结构。

（2）色球藻目（Chroococcales）

单细胞和群体类型之间未形成细胞间有相互联系的、真正的丝状体，但有的细胞具极性或复杂群体中有细胞分化；细胞呈球形、卵形、杆状、不规则形态，罕见纺锤形。细胞壁由 3 层组成，为革兰阴性，细胞壁结构与组成表明蓝藻是由真细菌起源的。

重要的有微囊藻属（*Microcystis Kutz.*）。植物体为多细胞群体，自由漂浮或附着于他物上。群体球形、类椭圆形，或不规则相重叠，或为网孔状。群体胶被均质无色，往往成分散的黏质状。细胞球形或长圆形，排列紧密，有时因互相挤压而出现棱角，无个体胶被。细胞呈浅蓝色、亮蓝绿色、橄榄绿色。此属藻类多生长于湖泊池塘中，在温暖季节大量生长而形成水化。

1.2.3 金藻门（Chrysophyta）

金藻类色素体金褐色、黄褐色或黄绿色。藻体为单细胞、群体或分枝丝体。大多数运动的种类和繁殖细胞具鞭毛 2 条或 1 条，鞭毛等长或不等长。细胞具 1 ～ 2 个大的片状色素体，光合色素主要由叶绿色 a、c，胡萝卜素和叶黄素组成。由于胡萝卜素和叶黄素在色素中占比较高，色素体常呈金褐色或黄褐色，没有蛋白核，少数种类具有类似蛋白核的物体，同化产物为白糖素及脂肪，白糖素常为亮而不透明的球体。金藻类多生在透明度较大、温度较低、有机质含量低的水体中，一般在较寒冷的冬季、早春和晚秋生长旺盛，对温度变化感应灵敏。共有 2 纲、7 目。

（1）金藻目（Chrysomonadales）

植物体为运动的单细胞或定形群体。细胞无壁，但表质坚硬具一定的形状；有些属表质外具硅质或钙质的鳞片或囊壳。在生活史中，变形虫状的或根足状的时期是暂时的。

重要的有黄群藻属（*Synura Ehr.*）。群体球形或长卵形，无胶被，有时为单细胞或少数细胞的群体。细胞呈梨形或长卵形，前端为广圆，具 2 条等长鞭毛。表质坚固，外部覆盖螺旋形排列的具短刺的硅质鳞片。细胞有 2 个片状周生色素体，位于细胞两侧，有一个位于细胞中部的单核，同化产物以白糖素为主。

（2）根金藻目（Rhizochrysidales）

植物体生活史中主要时期具根足，作变形虫状运动，暂时有鞭毛。植物体为单细胞或不定形群体，有或无囊壳，具金褐色色素体，同化产物为白糖体，营养方式为部分自养或部分异养。

重要的有金钟罩属（*Chrysopyxis Laut.*）。植物体为自由漂浮的，由 2 ～ 24 个细胞胞间连丝连城的丝状群体。细胞呈近球形，裸露，具细而渐尖或节状增粗，放射状排列的伪足。细胞有 1 个色素体，大，黄褐色，呈盘状或片状。

1.2.4　硅藻门（Rhodophyta）

硅藻种类繁多，分布极广，包括单细胞或群体的种类。此门藻类的显著特征除细胞形态及色素体所含色素和其他各门藻类不同外，还具有高度硅质化的细胞壁。硅藻的细胞壁，除果胶质外，还含有大量的硅质，因而是坚硬的壳体。硅藻细胞的色素体，生活时呈黄绿色或黄褐色。色素体在细胞里的位置，因生活状态不同而变化，一般贴近壳面，大多为大型片状或星状，1个或2个，也有多数小盘状。色素体主要含有叶绿素 a 和 c，以及 β 胡萝卜素、岩藻黄素、硅甲黄素等，因此颜色呈黄绿色或黄褐色。有些种类具无淀粉鞘而裸出的蛋白核。同化产物主要是脂肪，在细胞内成为反光较强的小球体。共有2纲。

（1）圆筛藻目（Coscinodiscales）

单细胞，壳面与壳面相连接成链状，或共同套在一胶质管中，或由细的胶质丝联系。细胞通常是圆盘形、鼓形或圆柱形，极少数为球形或透镜形。壳面平、凸起或凹入，横断面圆形，较少呈椭圆形。色素体多数为小盘状，也有少数片状的。

重要的有小环藻属（Cyclotella Kutz.）。单细胞，有些种类壳面互相连接成直或螺旋的链状群体，或包在胶被中。细胞呈圆盘形或鼓。壳面圆形，少数种类是椭圆形；常具同心圆或与切线平行的波状皱褶，边缘带有放射状排列的孔纹或钱纹，中央部分平滑或具放射状排列的孔纹。色素体多数为小盘状。此属主要是浮游种类，广泛分布于淡水中，少数种类海生，尚有少数气生。早春时大量出现。

（2）双壳缝目（Biraphidinales）

此目主要特征是细胞上下壳面均具真壳缝。

重要的有羽纹藻属（Pinnularia Ehr.）。单细胞或连成丝状体。壳面线形、顿椭圆形或披针形，两侧平行，少数种类两侧中部膨大或呈对称的波状；中轴区宽，有时超过壳面宽度的1/3，常在近中央节和极节处膨大；壳缝发达，直或弯曲；壳面具横的、平行的肋纹。带面长方形，无间生带。2个片状色素体，常各具1个蛋白核。

1.2.5　其他藻类

除上述介绍的藻类以外，还有其他如红藻门（Rhodophyta）、隐藻门（Cryptophyta）、甲藻门（Pyrrophyta）、褐藻门（Phaeophyta）、黄藻门（Xanthophyta）等多个微藻门类。下面介绍红藻门与黄藻门两类。

（1）红藻门

红藻的体型有单细胞或不规则群体，在比较高等的类型中，常有类似组织的分化。多数种类呈紫红色，也有呈绿色、蓝绿色或浅褐色的。细胞壁有 2 层，外层果胶质，内层纤维素，内含原生质体及 1 个轴生星状的或多数轴生盘状的色素体，具 1 个无鞘蛋白核或不具蛋白核。多数种类只有 1 个细胞核，有些种类在幼体时期为单核，成熟时期则变为多核。多数种类在 2 个相邻的细胞间各具一小孔，有原生质丝相通，称之为"胞间连丝"。红藻细胞大多生活在海里，只有少数生在淡水或潮湿土壤及墙壁上。红藻门仅有 1 纲。

（2）黄藻门

黄藻门藻体为单细胞、群体或多细胞的丝状体。单细胞和群体的个体细胞细胞壁多数由相等或不相等的"U"字形 2 节片套合而成。少数科属的细胞壁无节片构造。色素体 1 至多个，盘状或片状。少数为带状或杯状，主要成分有叶绿色 a、c，胡萝卜素和叶黄素，一般呈黄褐色或黄绿色，有或无蛋白核，同化产物为油滴及白糖素。能游动的种类的细胞前端具 2 条不等长的鞭毛。黄藻多半是水生的，喜生活于半永久性或永久性的软水池塘中，少数种类生长在潮湿土壤、树皮、墙壁上，在温度较低的季节里生长旺盛。

1.3 微藻形态结构

1.3.1 微藻的形态特征

藻类细胞虽然结构简单，但形态却多种多样。概括为下列几大类[1]：

（1）单细胞藻体（unicellular thallus）

藻体由一个细胞组成，有或无鞭毛，游动或不游动，它们的个体大小、形态结构有很大差异。细胞呈球形、椭圆形、卵圆形、多角形、三角形、圆筒形、纺锤形、杆形、弓形、新月形、囊状或片状等。

（2）多细胞藻体（multicellular thallus）

此类微藻的藻体由许多细胞组成，细胞间有或无胞间连丝，根据多细胞的形状，又将其分为丝状体、异丝体、膜状体等多种形态类型。

（3）群体（colony）

此类微藻的藻体由许多单细胞的个体聚集而成，群体或由细胞直接相连、或由胶质包埋而成。能或不能游动，定形或不定形。定形群体是由一定数目的细胞组成，具有一定形状和结构的群体，呈球形、列片状、扇状、链状或栅状等。不定形群体中的细胞数目不定，并且没有一定的形状。

1.3.2　微藻的细胞结构

（1）细胞壁（cell wall）[1]

细胞壁为原生质体的分泌物，坚韧且具有一定形状，表面平滑或具有各种纹饰、突起、棘、刺等。大多数微藻种类都有细胞壁，少数种类没有细胞壁而有周质体，有些具有囊壳。细胞壁的主要作用是支持和保护细胞中的原生质体，同时可防止细胞吸涨而破裂。细胞壁含有许多具有生理活性的蛋白质，参与许多生命活动过程，如微藻细胞的生长、物质的吸收、运输与分泌、细胞间的相互识别、细胞分化时的细胞壁分解等。

微藻的细胞壁通常由两种成分组成：一种是纤维组分，用来形成细胞壁骨架；另一种是无定形组分，用来形成一层内部包埋有纤维组分的基质。蓝藻细胞壁的主要成分为肽葡聚糖，与细菌类相同，均可被溶菌酶溶解。绝大多数蓝藻的细胞壁外均具有或厚或薄的胶质鞘，故蓝藻也称为粘藻。绿藻细胞壁主要成分是多糖，包括纤维素、果胶质和半纤维素。红藻和褐藻细胞壁由纤维素（内层）和藻胶（外层）内外两层构成，无定形黏液成分含量最高，其含有的多糖可用于商业开发。红藻细胞壁外层的胶质成分为琼胶、海萝胶和卡拉胶等；褐藻细胞壁外层含有几种不同的藻胶，主要是褐藻胶。硅藻细胞壁为含有二氧化硅的特化细胞壁，通常称为"壳壁"，是由两个半瓣，似培养皿套合而成，主要成分是果胶质和硅酸，其中硅酸在壳壁上有规律地排列分布，是硅藻分类的主要依据。金藻门中有细胞壁物种的细胞壁主要由果胶质组成，其中有些物种还含有由钙质或硅质构成的、具有一定形状的"小片（球石粒）"，这种小片是金藻物种分类的重要依据。黄藻门中很多物种的细胞壁是由两个类似"H"形的半瓣紧密合成的，主要成分是果胶化合物，有的物种细胞壁含有少量的硅质和纤维素，只有少数物种的细胞壁含有大量纤维素。甲藻门物种的细胞壁结构比较复杂，细胞以纵分裂繁殖后代的甲藻物种的细胞壁横分成上、下两部分，通常把甲藻的细胞壁也称为"壳壁"，壳壁的主要成分是纤维素，并由其构成具有一定形态的"甲片"，由于不同物种的甲片具有固定的形态、数量和细胞壁上的排列顺序，因此，甲片的形态与在细胞壁上的排列顺序是甲藻分类的依据。

（2）细胞核（nucleus）[3]

除蓝藻门等原核类型外，所有真核藻类均具有细胞核。细胞核由核膜、核仁、染色质和核液组成，一般呈圆球形或椭圆形，是细胞内合成 DNA 和 RNA 的主要部位。核膜上有核膜孔，是核内外物质运输的通道，功能性 RNA 与特异蛋白质结合形成复合体，由此孔转输到细胞质；核仁是合成 RNA 装配核糖体亚基的场所；染色质是由核内的 DNA 与组蛋白、非组蛋白等结合形成的线状结构，在细胞分裂过程中形成具有明显种属特征的染色体。核液为无定形的基质，其中存在水、无机盐和多种酶类等，核仁和染色质也都悬浮其中，核液为细胞核提供了进行各种功能活动的有利内环境。

蓝藻门的微藻虽然不具有典型的细胞核结构，但在中央区具有类似功能的核质，也称中央体。

（3）色素（pigment）和色素体（chromoplast）[1]

除原核类型外，所有真核藻类都有色素体。色素体形态虽然多种多样，但其超微结构基本上由两部分组成：被膜及类囊体。各门真核藻类色素体被膜的数目和性质有区别，有的被膜由 2 层膜构成，如绿藻；有的为 3 层，外层膜与内质网连接，或者与细胞核外膜连接；还有具 4 层膜等。类囊体是进行光合作用的场所，有的类群为单条均匀分布，如红藻；有的为双条并行排列，如隐藻；有的则为 3 条成组排列，如金藻；绿藻为 2 至多条并列，形成类似于高等植物的基粒。此外，色素体还含有 DNA，一般为单条丝状或链珠状环形分布在色素体中央部分，分布在类囊体之间。

除蓝藻和原绿藻外，色素均位于色素体内。色素体是藻类光合作用的场所，形态多样，有杯状、盘状、星状、片状、板状和螺旋带状等。色素体位于细胞中心（称轴生）或位于周边、靠近周质或细胞壁（称周生）。

不同藻类几乎都具特殊的色素。色素成分极其复杂，可分为四大类，即叶绿素（chlorophyll）、胡萝卜素（carotene）、叶黄素（lutein）和藻胆素（phycobelin）。不同藻类因所含色素不同，藻体呈现的颜色也不同，如绿藻门为鲜绿色，金藻门呈金黄色，蓝藻门多为蓝绿色等。具体而言，绿藻门的微藻主要含有叶绿素 a、叶绿素 b、叶黄素、α 胡萝卜素和 β 胡萝卜素；蓝藻门主要含有叶绿素 a、β 胡萝卜素、叶黄素和大量的藻胆素；金藻门主要富含叶绿素 a、叶绿素 e、β 胡萝卜素和副色素；硅藻门含有叶绿色 a、叶绿色 c、β 胡萝卜素、盐藻黄素和硅藻黄素等。

（4）细胞器

1）线粒体（mitochondrion）

线粒体是真核细胞内的一种半自主细胞器，具有内、外两层膜，内膜向腔内突起形成许多嵴；内外膜之间的空间称为膜间腔；嵴与嵴之间称为介质。嵴的主要功能在于通过呼吸作用将食物分解产物中贮存的能量逐步释放，供应细胞各项活动的需要。因此，不同物种细胞内含有线粒体的数量也不同，例如，一种单鞭金藻的细胞内只有一个线粒体。线粒体一般分布在细胞内能量需求较多的区域。

2）蛋白核（pyrenoid）

蛋白核是绿藻、隐藻等藻类中常有的细胞器，由蛋白质核心和淀粉鞘组成，有的无鞘。蛋白核与淀粉的形成有关，因而又称为淀粉核，其构造、形状、数目以及存在于色素体或细胞质中的位置因微藻种类而异。绿藻类色素体大多具有一个或多个蛋白核。

（5）液泡（pusule）

液泡是植物细胞特有的结构，在幼细胞中呈球形的膜结构，主要成分是水合代谢产物，如糖类、脂质、蛋白质、有机酸和无机盐等，其功能是调节细胞的渗透压。由小液泡融合而成的大液泡，能使细胞增强张力，也是养料和代谢物的贮存场所。

（6）其他结构

1）鞭毛（flagellum）

鞭毛是微藻的运动细胞器。除蓝藻、红藻外，其余各门微藻的营养细胞和生殖细胞通常具有鞭毛。鞭毛由三部分组成：细胞外侧的游离部分（鞭毛）（flagellar Proper），基体（basic bodies）——轴丝着生处，过渡区（transitional region）——鞭毛游离部分与基体之间的区域。鞭毛有尾鞭型和茸鞭型两种类型。尾鞭型平滑无毛或仅有微细绒毛，如绿藻类。

2）眼点（eyespot）

具鞭毛能运动的藻细胞常有一个橘红色、球形或椭圆形的眼点，多位于细胞前端侧面，具有感光作用。

1.4　微藻表面性质

综上所述，微藻种类繁多，不同门类间微藻的表面形貌、物化性质往往千差万别，想要整理归纳各门微藻的表面差异并非易事，因而，本书希望通过结合笔者的实际科研工作经历，选用绿藻门中产油脂丰富的尖带藻属的 *Acutodesmus obliquus* XJ–405，葡萄藻属的 *Botryococcus* sp. FACGB–762，小球藻属的 *Chlorella* sp. XJ–445，链带藻属的 *Desmodesmus bijuga* XJ–231，蹄形藻属的 *Kirchneriella dianae* XJ–93，单针藻属的 *Monoraphidium dybovoskii* XJ–377，盘星藻属的 *Pediastrum integrum* XJ–400 和栅藻属的 *Scenedesmus obtusus* XJ–15 这 8 种绿藻，作为微藻表面性质研究的切入点，以期为其他微藻门的表面性质学习研究提供一定的参考。

1.4.1 微藻形貌与表面物化特性

（1）形貌与大小

微藻表面形态照片在显微镜（Nikon Eclipse 80i，日本）下拍摄所得，细胞尺寸（primary size，S_P）由显微镜自带测试软件测得。表面积由该尺寸根据细胞形状计算获得 [4]。另外，水化尺寸（hydrodynamic size，D_H）在激光粒度仪（Malvern HYDRO 2000 MU Laser Particle Size Analyzer，英国）下测得，取累计粒度分布数达到 50% 时所对应的粒径 $d50$ 计做 D_H。表面电荷通过 Zeta 电位仪（Malvern，Zetasizer Nano，ZS90）测定动电位所得。

细胞形状、大小和运动型是关乎藻类分类和沉降最基本的参数。另外，表面积是絮凝时化学药剂量的一个重要参考指标 [5-6]，细胞表面积越大，化学药剂使用量越多。如表 1–1 所示，6 种绿藻有不同的大小和形态，油脂含量也不尽相同。*D. bijuga* XJ–231 的水化直径最小，*M. dybovoskii* XJ–377 水化直径最大。*K. dianae* XJ–93 细胞表面积最小，*A. obliquus* XJ–405 细胞表面积最大，其他绿藻表面积多在 100 μm² 左右。油脂含量方面，*D. bijuga* XJ–231 油脂含量最小，*K. dianae* XJ–93 油脂含量最高。虽然细胞形态差异很大，但是其表面积与油脂含量差异均不明显。表中数据为 6 种绿藻处于对数期没有诱导时的油脂含量，尽管不足 30%，也足以证明它们都是非常有潜力成为生物能源生产原材料的藻种 [5, 7]。

表 1-1　6 种绿藻基本参数

微藻	A. obliquus XJ-405	Chlorella sp. XJ-445	D. bijuga XJ-231	K. dianae XJ-93	M. dybovoskii XJ-377	P. integrum XJ-400
Morphology[a]						
S_H/μm[b]	7.50 ± 1.04	5.75 ± 1.53	(5.00 ± 0.79) × (7.5 ± 1.19)	(2.50 ± 0.25) × (16.11 ± 1.22)	(3.75 ± 0.89) × (15.60 ± 2.93)	30.56 ± 6.47
D_H/μm[c]	10.36	7.14	6.59	7.76	83.56	31.54
表面积 /μm²	177.62 ± 45.72	106.62 ± 33.90	99.00 ± 16.49	74.80 ± 10.90	117.71 ± 44.82	116.26 ± 38.61
脂质含量 /%	20.37 ± 1.45	23.96 ± 1.22	20.18 ± 2.15	26.37 ± 0.25	20.24 ± 0.66	21.58 ± 3.28

[a]: 标尺为 10 μm; K. dianae XJ-93、M. dybovoskii XJ-377 和 D. bijuga XJ-231 都是近似成圆柱形并以直径 × 高度表述; [b]: 显微镜下平均尺寸;
[c]: 流体直径由激光粒度仪在 10 000 个细胞计数下平均尺寸获得。

（2）表面疏水性

疏水性是细胞表面特性里最重要的一个性质。本研究使用溶剂吸附法（microbial adhesion to solvents，MATS）和接触角法（contact angle method）这两种最常用的疏水性测试方法来测定这 6 种绿藻的表面疏水性。如表 1-2 所示，用水和二碘甲烷的接触角跟 ΔG_{coh} 规律一样。其中，dybovoskii XJ-377 的 ΔG_{coh} 为负，表明其疏水性质，而其他各藻的 ΔG_{coh} 均为正值，都具有亲水性。如图 1-1 所示，不论用哪种溶剂，A. obliquus XJ-405 的疏水性最强。而接触角与 ΔG_{coh} 都表明 M. dybovoskii XJ-377 疏水性最强，P. integrum XJ-400 疏水性最弱。子供体 / 受体（酸 - 碱）性能会影响生物膜形成和细胞黏附性，了解细胞电子电子供体 / 受体性能能提前预知细胞在固体或者液体表面的黏附能力。正己烷是非极性溶剂，既不是电子供体也不是电子受体；而氯仿是强酸性溶剂，乙酸乙酯是强碱性溶剂[8]。图 1-1 显示，不论哪种藻，其溶剂黏附率都随着乙酸乙酯、正己烷和氯仿的顺序升高。鉴于氯仿的电子受体性能，而藻细胞对其黏附性最高，说明藻细胞是弱酸性即电子供体状态。由此得出 6 种绿藻都具有强电子供体性能，与前人研究结果相同[9]。该性质对于油脂提取时溶剂选择有指导作用[10]。

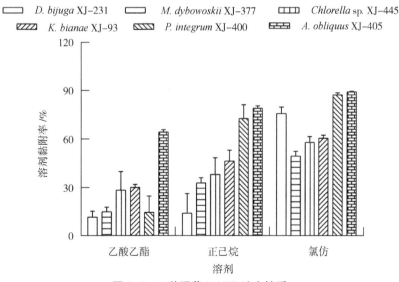

图 1-1 6 种绿藻 MATS 疏水性质

表1-2　6种绿藻接触角和表面能参数

	接触角/°			表面自由能/(mJ/m²)					
	θ_{W}	θ_{F}	θ_{D}	$\gamma_{\mathrm{s}}^{\mathrm{LW}}$	$\gamma_{\mathrm{s}}^{\mathrm{AB}}$	γ_{s}	γ_{s}^{-}	γ_{s}^{+}	ΔG_{coh}
A. obliquus XJ-405	21.63 ± 1.77	19.20 ± 1.79	18.59 ± 0.31	48.18 ± 0.08	6.67 ± 1.16	54.86 ± 1.08	49.19 ± 2.39	0.26 ± 0.09	25.60 ± 3.80
Chlorella sp. XJ-445	25.43 ± 0.78	21.63 ± 1.0	26.32 ± 2.56	45.64 ± 0.93	8.66 ± 1.36	54.30 ± 0.45	54.30 ± 1.20	0.41 ± 0.7	22.89 ± 1.06
D.bijuga XJ-231	13.79 ± 1.51	13.49 ± 0.99	16.05 ± 6.21	48.66 ± 1.49	7.52 ± 1.36	55.25 ± 0.46	52.40 ± 1.17	0.28 ± 0.09	29.01 ± 1.77
K. dianae XJ-93	21.68 ± 0.82	21.17 ± 1.14	28.5 ± 0.95	44.80 ± 0.37	9.22 ± 1.02	54.02 ± 0.66	49.90 ± 1.26	0.43 ± 0.10	27.24 ± 1.99
M. dybovoskii XJ-377	65.34 ± 3.32	49.33 ± 1.79	42.98 ± 4.27	38.05 ± 2.23	4.67 ± 2.60	42.72 ± 0.37	15.20 ± 5.09	0.51 ± 0.57	−24.74 ± 8.41
P. integrum XJ-400	9.13 ± 0.82	14.75 ± 1.21	7.35 ± 0.43	50.38 ± 0.05	4.87 ± 0.44	56.18 ± 0.43	55.27 ± 0.54	0.11 ± 0.02	33.25 ± 0.97

θ_{W}：水接触角；θ_{F}：甲酰胺的接触角；θ_{D}：二碘甲烷接触角；$\gamma_{\mathrm{s}}^{\mathrm{LW}}$：表面范德华自由能；$\gamma_{\mathrm{s}}^{\mathrm{AB}}$：表面刘易斯酸碱自由能；$\gamma_{\mathrm{s}}$：表面自由能；$\gamma_{\mathrm{s}}^{-}$：电子供体能；$\gamma_{\mathrm{s}}^{+}$：电子受体能；$\Delta G_{\mathrm{coh}}$：疏水相互作用能。

（3）表面自由能

图 1-2 显示的是基于 DLVO 理论的用分光光度法测得的表面自由能，其表面能由大到小依次为 *P. integrum* XJ-400、*D. bijuga* XJ-231、*A. obliquus* XJ-405、*K. dianae* XJ-93、*Chlorella* sp. XJ-445、*M. dybovoskii* XJ-377，其中 *Chlorella* sp. XJ-445、*K. dianae* XJ-93 和 *A. obliquus* XJ-405 表面自由能相近，差不多为 34 mJ/m²。表征疏水性的 ΔG_{coh}

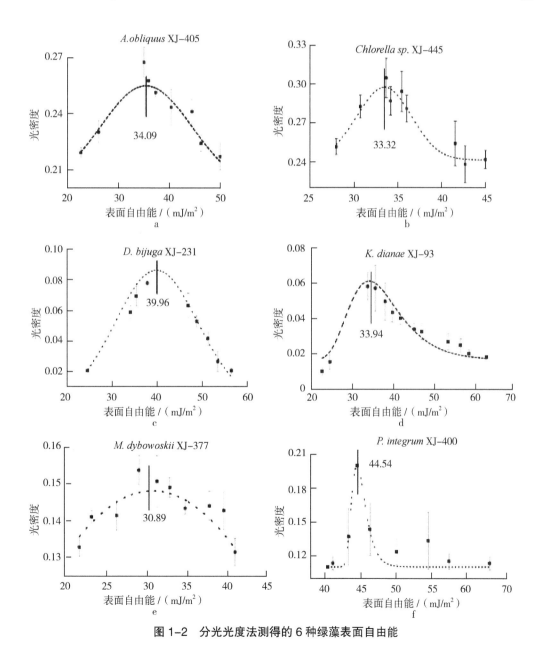

图 1-2　分光光度法测得的 6 种绿藻表面自由能

和接触角值，从大到小排序是 *M. dybovoskii* XJ-377、*Chlorella sp.* XJ-445、*A. obliquus* XJ-405、*K.dianae* XJ-93、*D. bijuga* XJ-231、*P. integrum* XJ-400。表面自由能小的细胞疏水性更强，与分光光度法测得的结果一致。液滴法测的接触角是滴到细胞片层上，然后间接通过接触角计算获得表面自由能。而分光光度法是直接测定细胞悬液中单个细胞的表面自由能（图 1-2）。所以，两种方法下数值的差异可以归结于藻细胞片层表面的不均一性。

表面自由能小的细胞疏水性更强，在固体表面的黏附性更强，从而很容易形成生物膜，而表面自由能大的则不易黏附，不容易形成生物膜。鉴于按疏水性能排序，分光光度法和接触角法测得的结果相同，可以说，分光光度法也是一种高效可行的测试手段。同时，该结果进一步证明接触角法是一种很好的测定细胞疏水程度的方法。

（4）表面电荷

除了疏水性和表面自由能，细胞表面电荷是涉及黏附的另一参数，且直接决定细胞聚合和浮选行为 [6, 11-12]。细胞表面电荷取决于表面官能团，特别是羧酸等官能团的质子化程度 [4, 13]，所以，酸解离模型中，藻悬浮行为只会随着酸性 pH 变化而变化 [6]。在对数期生活的微藻的表面电荷如表 1-3 所示，6 种绿藻表面都带负电荷，*M. dybovoskii* XJ-377 电荷最小，*D. bijuga* XJ-231 最大。该结果对应疏水性能即 *M. dybovoskii* XJ-377 表面疏水性最强。图 1-3 显示不同 pH 条件下 6 种绿藻表面电荷变化情况。在 pH 4～8 范围内，所有绿藻表面都带负电荷。*P. integrum* XJ-400 和 *A. obliquus* XJ-405 的等电点分别为 3.3 和 3.0，与前人研究的微藻等电点一般为 pH 3～4 结果相似 [4]。正因为微藻表面带负电荷，且在生长时表面净电量较高（pH＞9），所以一般使用阳离子药剂诱导微藻絮凝，比如阳离子淀粉、十六烷基三甲基溴化铵（cetyltrimethylammonium bromide，CTAB）、Al^{3+}、Fe^{3+} 等 [11, 14-16]。而且，微藻表面负电荷的属性可用于重金属去除。已经有研究 [17] 表明，将微藻含重金属废水处理和生物能源生产相结合可有效降低生物能源生产成本。

表 1-3　6 种绿藻的等电点和生活状态下表面电荷量

单位：mV

微藻	*A. obliquus* XJ-405	*Chlorella* sp. XJ-445	*D. bijuga* XJ-231	*K. dianae* XJ-93	*M. dybovoskii* XJ-377	*P. integrum* XJ-400
表面电荷量	−21.0 ± 1.0	−15.7 ± 0.6	−22.1 ± 1.5	−16.5 ± 0.9	−8.8 ± 0.9	−19.2 ± 1.2
等电点	3.0		4.7		2.0	3.3

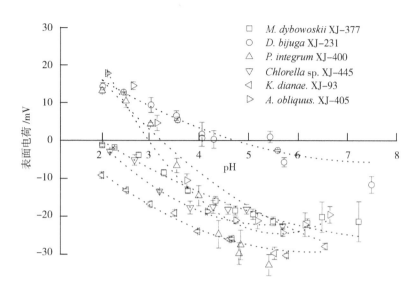

图 1-3　6 种绿藻在不同 pH 条件下表面电荷

（5）表面官能团

绿藻细胞壁都是由纤维素、葡聚糖、蛋白质和油脂组成，所以这 6 种绿藻表面性质的差异应归结于细胞表面官能团以及疏水基团的差异[13]。FTIR 分析的表面官能团数据见图 1-4，由图可知这几种绿藻主要峰形状都有差异。其中差异最大的是 $1700 \sim 850 \, cm^{-1}$ 和 $3000 \sim 2800 \, cm^{-1}$，分别表示肽骨架的甲基和亚甲基[13, 18]。900 到 $1200 \, cm^{-1}$（峰值在 1030、~ 1050 和 $\sim 1110 \, cm^{-1}$）主要代表 C—O—C 的伸缩振动，即多糖类物质，是微藻表面的主要成分。

主要峰值 $\sim 1390 \, cm^{-1}$ 和 $\sim 1455 \, cm^{-1}$ 代表 CH_2、CH_3 基团振动，主要是代表细胞壁蛋白成分[19]。其他两个特异峰 $1545 \, cm^{-1}$（N—H，C—N）和 $1655 \, cm^{-1}$（C═O），代表氨酰基官能团，即蛋白主要基团[18]。最高峰值 $1736 \, cm^{-1}$（自由 C═O）代表羧基基团，是主要起重金属吸附作用的基团[13]。另外，*M. dybovoskii* XJ-377 还有最强的 P—O（$1240 \, cm^{-1}$）和 P—O—P（$952 \, cm^{-1}$）振动峰，分别是磷脂和多磷酸盐主要基团[13]。另外，峰值在 $3420 \, cm^{-1}$ 的宽峰是—OH 振动峰，主要是酚类和醇类，可能是细胞表面纤维素和葡聚糖的组分基团[20]。

FTIR 只能对细胞表面官能团进行定性分析，另外通过电位滴定的方法，对 6 种绿藻表面官能团进行定量分析。如表 1-4 所示，6 种绿藻有不同的质子化常数和官能团浓度。pK_1、pK_2 和 pK_3 分别代表羧基、磷酸基和羟基。值得注意的是在 FTIR 检测中，

D. bijuga XJ-231 和 *K. dianae* XJ-93 有羧基存在，但是滴定实验并没有检测到羧基，这很可能是因为测试方法存在局限性，未来在藻细胞表面官能团测试方面还需要做很多工作。

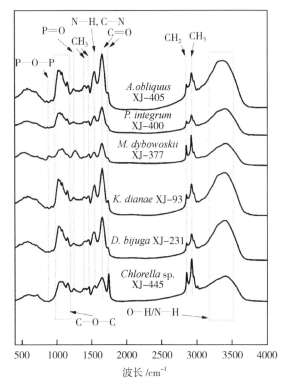

图 1-4　6 种绿藻 FTIR 图谱

所有藻细胞表面官能团浓度都在 10^{-3} mol/g 细胞，这个结果跟前人研究结果相似[13]。正因为有如此大量的官能团，才使得细胞在生活状态下表面带负电荷。*Chlorella* sp. XJ-445、*D. bijuga* XJ-231、*M. dybovoskii* XJ-377 和 *P. integrum* XJ-400 羟基官能团含量较高，分别是（0.225 ± 0.029）、（0.399 ± 0.128）、（2.891 ± 0.282）和（0.430 ± 0.151）mol/kg 生物质，而 *A. obliquus* XJ-405 磷酸基含量较高，达到（0.287 ± 0.512）mol/kg 生物质。*K. dianae* XJ-93 磷酸基和羟基官能团含量相当。这几种绿藻中，*M. dybovoskii* XJ-377 总官能团浓度最高，达到 4.912 mol/kg 生物质。高表面官能团浓度可用于重金属离子吸附[20]，而 *K. dianae* XJ-93 官能团浓度最低，且表面积最小，如果采用絮凝采收，其药剂用量最少，采收成本最低。鉴于微藻表面性质在微藻培养、采收等各个环节的重要作用，将微藻作为生物能源原材料鉴定的时候应考虑将其纳入考核标准。

表 1-4　6 种绿藻电位滴定模拟后官能团浓度

微藻	pK_1	$C_1/(10^{-3}\,\mathrm{mol/g})$	pK_2	$C_2/(10^{-3}\,\mathrm{mol/g})$	pK_3	$C_3/(10^{-3}\,\mathrm{mol/g})$	C_{tot}
A.obliquus XJ-405	4.840 ± 0.085	0.244 ± 0.036	6.445 ± 0.346	0.287 ± 0.512	9.225 ± 0.219	0.230 ± 0.074	0.761 ± 0.160
Chlorella sp. XJ-445	5.310 ± 0.070	0.155 ± 0.001	6.220 ± 0.679	0.183 ± 0.089	9.985 ± 0.148	0.225 ± 0.029	0.485 ± 0.008
D.bijuga XJ-231			7.005 ± 0.064	0.176 ± 0.020	10.505 ± 0.276	0.399 ± 0.128	0.576 ± 0.148
K. dianae XJ-93			6.463 ± 0.167	0.178 ± 0.062	8.745 ± 0.163	0.174 ± 0.011	0.318 ± 0.019
M. dybovoskii XJ-377	4.165 ± 0.035	0.048 ± 0.004	7.240 ± 0.057	1.973 ± 0.032	9.315 ± 0.276	2.891 ± 0.282	4.912 ± 0.318
P. integrum XJ-400	1.770 ± 0.566	0.149 ± 0.024	6.315 ± 0.021	0.120 ± 0.004	9.360 ± 0.071	0.430 ± 0.151	0.699 ± 0.171
C. vulgaris	5.500 ± 0.060	0.100 ± 0.006	7.700 ± 0.250	0.040 ± 0.004	9.900 ± 0.210	0.070 ± 0.009	0.220 ± 0.013
Chlamydomonas reinhardtii	4.90				9.00		0.97

pK: 质子化常数；C: 官能团浓度。

1.4.2　表面性质影响因素

（1）生长阶段

1）大小和 Zeta 电位

图 1-5 显示的是不同生长阶段下 *Botryococcus* sp. FACGB-762、*Chlorella* sp. XJ-445、*D. bijugatus* XJ-231 的粒度大小和 zeta 电位变化情况。由图 1-5a 可知，从对数期、稳定期到衰亡期，3 种微藻表面净电位都有一个下降的趋势，该结果与前人研究结果相似[21]。负电荷的存在保障藻细胞稳定悬浮在培养液中。即使这 3 种绿藻在生命周期各个阶段表面都带负电荷，但是微藻表面电荷仍然是有差异性的[4, 22]。而细胞粒度跟净 zeta 电位量正好呈相反的趋势。

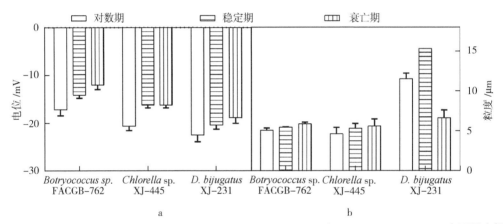

图 1-5　Botryococcus sp. FACGB-762、Chlorella sp. XJ-445 和 D. bijugatus XJ-231 在不同生长阶段下 zeta 电位（a）和粒度（b）变化

在对数期，因为细胞旺盛的生长力、高的细胞运动性以及培养基中较小的细胞密度，细胞与细胞之间联系较少，直接导致了较高的净电荷量，进而引起细胞间的高排斥力使细胞稳定悬浮在培养基中。然而当步入细胞生长后期，藻细胞代谢减缓，细胞运动性降低，导致细胞表面净电荷量减少，加剧细胞相互作用最终可能造成聚团[21]。该结果可通过 *Botryococcus* sp. FACGB-762 和 *Chlorella* sp. XJ-445 电荷变化以及粒度变化证实。而 *D. bijugatus* XJ-231 在衰亡期净电荷量增加、粒度减少可能是因为其处于衰亡状态，细胞粒度减少，而净电荷量反而增多了。

2）表面疏水性

3 种绿藻在不同生长阶段的表面张力参数和表面疏水作用参数如表 1-5 所示。如图 1-5 可知，以甲酰胺为溶剂测定的接触角与疏水相互作用能 ΔG_{coh} 结果相一致，与前一章研究结果相同[22]，即更高的接触角数值对应更低的 ΔG_{coh} 值，表达更高的疏水性质。但是，3 种微藻不同培养阶段下的疏水性质没有统一规律。就 ΔG_{coh} 而言，*Botryococcus* sp. FACGB-762 和 *Chlorella* sp. XJ-445 的疏水性从对数期、稳定期到衰亡期呈逐渐增强的趋势，而 *D. bijugatus* XJ-231 疏水性却呈现先增强后减弱的趋势，但是对数期的疏水性还是比衰亡期高。疏水性是微藻浮选采收过程中的一个重要指标，疏水性越高的微藻采收成本越低，药剂使用量越少[23]。但是，除了个体差异，不同生长阶段下的微藻疏水性也有显著性的差异（$P < 0.05$）。

3 种绿藻表面电子供体参数和电子受体参数分别为（20.9 ± 16.5）～（74.8 ± 1.2）mJ/m^2、0 ～（2.3 ± 1.8）mJ/m^2。对一种特定的一种藻来说，γ_s^- 和 γ_s^+ 值在不同生长阶段下没有显著性差异（$P > 0.05$）。不管在什么生长阶段，每种藻的 γ_s^- 都比 γ_s^+ 高很多，说明这几种藻具有较强的表面电子供体性质。该结果与前人研究结果相同[9, 24]。根据 Oss 模型，γ_s^+ 值趋近于 0，即显示几乎不存在的电子受体特性，这与前人研究结果相似[9, 22]。

3）表面官能团

3 种绿藻不同培养阶段下的表面官能团变化如表 1-6 所示。根据 Hadjoudja 等说明，$pK_a = 2$-6 属于羧基，$pK_a = 5.6$-7.2 属于磷酸基，$pK_a = 8.6$-9.0 属于氨基，$pK_a = 8$-12 属于羟基。本研究中 pK_1、pK_2 和 pK_3 分别代表羧基、磷酸基 / 氨基和羟基。由表 1-6 可知，*Botryococcus* sp. FACGB-762 和 *D. bijugatus* XJ-231 在对数期和衰亡期都未检测到羧基的存在，只在稳定期检测出，而 *Chlorella* sp. XJ-445 羧基含量从对数期、稳定期到衰亡期呈显著性升高的趋势。3 种绿藻的氨基和羟基在对数期和稳定期浓度变化均不大，但是到衰亡期显著升高（$P < 0.05$）。

因此，微藻的总官能团浓度从对数期、稳定期到衰亡期呈显著性升高的趋势（$P < 0.05$）。特别是在衰亡期，总官能团浓度是对数期的十多倍。这很有可能是因为在衰亡期，微藻细胞向胞外大量分泌糖类等有机物，使细胞表面官能团增多。几种官能团中，羟基官能团的浓度最高。随着培养过程的进行，培养基 pH 值偏碱性，而羟基官能团电离常数在 10 左右，由此也验证了电荷向正方向变化的趋势。

表 1-5　3 种绿藻不同生长阶段下接触角与表面物化性质参数

藻株	Botryococcus sp. FACGB-762			Chlorella sp. XJ-445			D. bijugatus XJ-231		
生长阶段	对数期	稳定期	衰亡期	对数期	稳定期	衰亡期	对数期	稳定期	衰亡期
接触角 /° θ_{W}	28.7±1.9	57.3±8.1	75.3±3.6	21.6±1.4	33.8±1.4	21.7±1.8	34.8±5.2	38.8±3.5	30.1±2.8
θ_{F}	34.4±7.1	53.1±4.4	70.9±2.1	24.1±2.8	19.5±0.7	10.6±2.3	51.1±4.3	63.3±4.1	38.6±11.1
θ_{D}	35.2±5.2	44.5±2.0	46.9±3.4	42.5±6.8	45.4±2.5	36.9±2.0	37.5±5.9	51.8±2.3	48.5±2.9
表面自由能 /(mJ/m²) γ_{s}^{LW}	41.9±2.5	37.3±1.1	36.0±1.8	38.3±3.4	36.8±1.3	41.1±1.0	40.7±2.9	33.3±1.3	35.1±1.6
γ_{s}^{AB}	3.1±2.2	2.5±0.6	0	11.0±4.7	15.3±1.8	14.3±1.4	0	0	10.4±3.6
γ_{s}^{-}	55.2±7.1	31.1±13.5	20.9±16.5	55.0±7.0	51.3±0.5	48.2±0.8	64.3±2.7	74.8±1.2	57.5±13.2
γ_{s}^{+}	0	0.2±0.2	0	0	2.3±1.8	1.1±0.2	0	0	0.6±0.5
ΔG_{coh}	39.4±11.4	16.4±9.9	−38.1±13.2	36.2±11.6	29.2±0.9	24.3±0.8	54.0±2.6	70.2±1.4	40.9±17.9

θ_{W}: 水接触角; θ_{F}: 甲酰胺的接触角; θ_{D}: 二碘甲烷接触角; γ_{s}^{LW}: 表面范德华自由能; γ_{s}^{AB}: 表面刘易斯酸碱自由能; γ_{s}^{-}: 电子供体能;
γ_{s}^{+}: 电子受体能; ΔG_{coh}: 疏水相互作用能。

表 1-6　3 种绿藻不同生长阶段下电位滴定模拟后官能团浓度

藻株	生长阶段	pK_1	C_1	pK_2	C_2	pK_3	C_3	C_{tot}
Botryococcus sp. FACGB-762	对数期	6.17±0.15	0.13±0.04	7.29±0.13	0.09±0.02	10.40±0.22	0.27±0.06	0.36±0.14
	稳定期			6.71±1.25	0.09±0.01	9.71±0.32	0.37±0.16	0.71±0.04
	衰亡期			6.56±0.43	0.53±0.09	10.60±0.35	2.15±0.35	8.16±1.53

续表

藻株	生长阶段	pK_1	C_1	pK_2	C_2	pK_3	C_3	C_{tot}
Chlorella sp. XJ–445	对数期	4.85 ± 0.57	0.06 ± 0.00	8.22 ± 0.62	0.06 ± 0.03	10.82 ± 2.63.	0.11 ± 0.05	0.40 ± 0.10
	稳定期	6.30 ± 0.33	0.15 ± 0.07	6.71 ± 0.58	0.06 ± 0.03	10.03 ± 0.15	0.96 ± 0.08	1.25 ± 0.16
	衰亡期	6.52 ± 0.40	0.27 ± 0.22	7.04 ± 0.05	0.09 ± 0.09	10.55 ± 0.29	3.24 ± 0.94	5.57 ± 2.88
D. bijugatus XJ–231	对数期			6.41 ± 0.09	0.19 ± 0.03	9.87 ± 0.46	0.47 ± 0.04	0.52 ± 0.31
	稳定期	5.74 ± 0.06	0.15 ± 0.01	6.85 ± 0.08	0.17 ± 0.09	9.96 ± 0.46	0.78 ± 0.03	1.19 ± 0.14
	衰亡期			6.32 ± 0.03	0.45 ± 0.06	9.97 ± 0.13	2.95 ± 0.62	6.49 ± 0.45

pK：质子化常数；*C*：官能团浓度。

（2）培养条件

藻类培养过程中不同的初始磷浓度会影响微藻同化产物的生成与积累。

Huang 等[25] 研究了 *Chlorella* sp. QB-102 藻在 0、20、40、120、280、580 mg/L 的不同初始磷浓度下的生长趋势，结果如图 1-6、表 1-7 所示，藻类生长速率随磷酸盐浓度增加而增加，在 280 mg/L 处达到峰值，表明 280 mg/L 磷酸盐浓度是最佳生长条件，在第 17 天时，以 280 mg/L 磷酸盐浓度进行培养，最大生物量浓度可达 1.90 g/L。

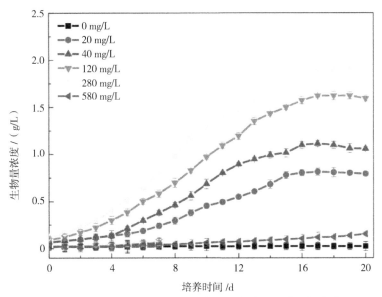

图 1-6 Chlorella sp. QB-102 在不同磷浓度下的生长曲线

表 1-7 不同磷浓度下培养 17 d 后的 Chlorella sp. QB-102 的生物量和磷酸盐去除

K_2HPO_4 浓度 / （mg/L）	生物量浓度 / （g/L）	细胞总磷 / （mg/g）	总磷去除率 /%	细胞磷吸收率 / （mg/g）
0.00	0.02	0.35	> 99	0.00
20.0	0.81	5.71	> 99	5.52
40.0	1.11	8.35	> 99	8.05
120	1.62	17.53	> 99	16.59
280	1.90	34.06	> 99	32.95
580	0.09	25.57	< 1.7	24.56

针对 *Scenedesmus obtusus* XJ-15 藻在 0、20、40、80、160 mg/L 不同初始磷浓度下的生长趋势，Li 等[26] 进行了系统研究。生长曲线（图 1-7）表明，细胞密度最初随培养时间急剧增加。培养 12 d 后，藻类生长处于稳定阶段，其中 0 mg/L 磷培养 2 d 后未出现明显生长。在第 12 天，不同磷浓度之间的生物量密度显示出显著差异，并且随着磷浓度的增加而增加，在 160 mg/L 磷培养下达到峰值 [（980.7 ± 5.4）mg/L]，将 P 浓度进一步提高至 320 mg/L 时生物量密度降低。此外，通过生长数据的线性回归分析，如表 1-8 所示在 160 mg/L 磷培养物中，最大生长速率 R_{max} 也明显高于其他培养物。

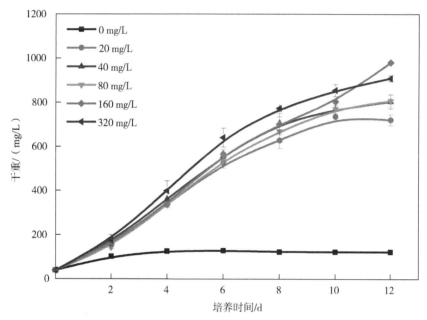

图 1-7　在不同磷浓度下 *Scenedesmus obtusus* XJ-15 的生长曲线

表 1-8　*Scenedesmus obtusus* XJ-15 在不同初始磷浓度下的生长和磷吸收参数采用单向方差分析，
然后采用 Tukey 多重检验评估治疗之间差异（磷浓度）的统计学显著性

呼附剂	磷浓度 /（mg/L）	生物量 /（mg/L）	R_{max}/ [mg（L·d）]	磷吸收率 /%	细胞总磷 /（mg/g）	多聚磷含量 /（mg/g）
B-0	0	122.6 ± 2.53e	0.026 ± 0.002d	—	14.52 ± 0.32f	1.449 ± 0.09c
B-20	20.00	720.6 ± 24.39d	0.197 ± 0.006c	99.94 ± 0.00a	13.38 ± 0.83e	1.449 ± 0.12c
B-40	40.00	804.3 ± 32.31c	0.203 ± 0.007bc	99.94 ± 0.01a	17.18 ± 0.21d	2.312 ± 0.08b
B-80	80.00	807.3 ± 26.00c	0.208 ± 0.015bc	99.04 ± 0.38b	28.58 ± 0.13c	3.176 ± 0.14a

续表

呼附剂	磷浓度 /（mg/L）	生物量 /（mg/L）	R_{max} /[mg（L·d）]	磷吸收率 /%	细胞总磷 /（mg/g）	多聚磷含量 /（mg/g）
B-160	160.00	980.7 ± 5.42a	0.226 ± 0.002a	94.79 ± 0.37c	26.84 ± 0.31b	2.970 ± 0.16a
B-320	320.00	908.9 ± 12.49b	0.214 ± 0.001ab	93.02 ± 0.45d	26.02 ± 0.17a	2.504 ± 0.07b

此外，王等人对 *Didymogenes palatina* XR 微藻在 40、80、160、200 mg/L 不同初始磷浓度下的生长趋势也做了相关研究。生长情况显示，随着培养基磷浓度的增加，微藻生物量有所提高，而 200 mg/L 下的微藻生物量明显低于其他条件，说明过高磷浓度会抑制微藻生长，最适宜微藻生长的磷浓度为 160 mg/L，生物量可达 1117.26 mg/L（图 1-8，表 1-9）。

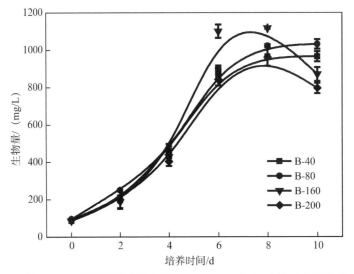

图 1-8　在不同磷浓度下 *Didymogenes palatina* XR 的生长曲线

表 1-9　*Didymogenes palatina* XR 在第 8 天的生物量及磷去除率参数

培养基磷浓度 /（mg/L）	生物量 /（mg/L）	磷去除率 /%
40	964.77 ± 29.22	99.02 ± 0.25
80	1022.58 ± 8.97	94.36 ± 0.82
160	1117.26 ± 4.22	90.41 ± 0.15
200	870.09 ± 6.34	90.42 ± 0.88

参考文献

[1] 邓祥元.应用微藻生物学 [M].北京：海洋出版社，2016.

[2] 胡鸿钧，魏印心.中国淡水藻类：系统、分类及生态 [M].北京：科学出版社，2006.

[3] 布莱克.微生物学：原理与探索 [M].6 版.蔡谨，译.北京：化学工业出版社，2008.

[4] HENDERSON R, PARSONS S A, JEFFERSON B. The impact of algal properties and pre-oxidation on solid-liquid separation of algae[J]. Water research，2008，42（8-9）：1827-1845.

[5] HU Q, SOMMERFELD M, JARVIS E, et al. Microalgal triacylglycerols as feedstocks for biofuel production：perspectives and advances[J]. The plant journal，2008，54（4）：621-639.

[6] HENDERSON R K, PARSONS S A, JEFFERSON B J W R. The impact of differing cell and algogenic organic matter（AOM）characteristics on the coagulation and flotation of algae [J]. Water research，2010，44（12）：3617-3624.

[7] GRIFFITHS M J, HARRISON S T L. Lipid productivity as a key characteristic for choosing algal species for biodiesel production[J]. Journal of applied phycology，2009，21（5）：493-507.

[8] BELLON-FONTAINE M N, RAULT J, VAN OSS C J. Microbial adhesion to solvents：a novel method to determine the electron-donor/electron-acceptor or Lewis acid-base properties of microbial cells[J]. Colloids and surfaces B：biointerfaces，1996，7（1-2）：47-53.

[9] OZKAN A, BERBEROGLU H. Physico-chemical surface properties of microalgae[J]. Colloids and surfaces B：biointerfaces，2013，112：287-293.

[10] LIU C Z, ZHENG S, XU L, et al. Algal oil extraction from wet biomass of Botryococcus braunii by 1，2-dimethoxyethane[J]. Applied energy，2013，102：971-974.

[11] COWARD T, LEE J G M, CALDWELL G S. Harvesting microalgae by CTAB-aided foam flotation increases lipid recovery and improves fatty acid methyl ester characteristics[J]. Biomass and bioenergy，2014，67：354-362.

微藻
环境与能源应用

[12] SHENG G P, YU H Q, LI X Y. Extracellular polymeric substances（EPS）of microbial aggregates in biological wastewater treatment systems: a review[J]. Biotechnology advances, 2010, 28（6）: 882–894.

[13] HADJOUDJA S, DELUCHAT V, BAUDU M. Cell surface characterisation of Microcystis aeruginosa and Chlorella vulgaris[J]. Journal of colloid and interface science, 2010, 342（2）: 293–299.

[14] VANDAMME D, FOUBERT I, MEESSCHAERT B, et al. Flocculation of microalgae using cationic starch[J]. Journal of applied phycology, 2010, 22（4）: 525–530.

[15] ZHANG X, AMENDOLA P, HEWSON J C, et al. Influence of growth phase on harvesting of Chlorella zofingiensis by dissolved air flotation[J]. Bioresource technology, 2012, 116: 477–484.

[16] FAROOQ W, MOON M, RYU B, et al. Effect of harvesting methods on the reusability of water for cultivation of Chlorella vulgaris, its lipid productivity and biodiesel quality[J]. Algal research, 2015, 8: 1–7.

[17] CHOI H J, LEE S M. Heavy metal removal from acid mine drainage by calcined eggshell and microalgae hybrid system[J]. Environmental science and pollution research, 2015, 22（17）: 13404–13411.

[18] MAYERS J J, FLYNN K J, SHIELDS R J. Rapid determination of bulk microalgal biochemical composition by fourier–transform infrared spectroscopy[J]. Bioresource technology, 2013, 148: 215–220.

[19] KIEFER E, SIGG L, SCHOSSELER P. Chemical and spectroscopic characterization of algae surfaces[J]. Environmental science & technology, 1997, 31（3）: 759–764.

[20] YALÇıN S, SEZER S, APAK R. Characterization and lead（Ⅱ）, cadmium（Ⅱ）, nickel（Ⅱ）biosorption of dried marine brown macro algae Cystoseira barbata[J]. Environmental science and pollution research, 2012, 19（8）: 3118–3125.

[21] DANQUAH M K, GLADMAN B, MOHEIMANI N, et al. Microalgal growth characteristics and subsequent influence on dewatering efficiency[J]. Chemical engineering journal, 2009, 151（1–3）: 73–78.

[22] XIA L, LI H, SONG S. Cell surface characterization of some oleaginous green

algae[J]. Journal of applied phycology，2016，28（4）：2323-2332.

[23]　GARG S，LI Y，WANG L，et al. Flotation of marine microalgae：effect of algal hydrophobicity[J]. Bioresource technology，2012，121：471-474.

[24]　GONÇALVES A L，FERREIRA C，LOUREIRO J A，et al. Surface physicochemical properties of selected single and mixed cultures of microalgae and cyanobacteria and their relationship with sedimentation kinetics[J]. Bioresources and bioprocessing，2015，2（1）：1-10.

[25]　HUANG R，HUO G，SONG S，et al. Immobilization of mercury using high-phosphate culture-modified microalgae[J]. Environmental pollution，2019，254：112966.

[26]　LI Y，SONG S，XIA L，et al. Enhanced Pb（Ⅱ）removal by algal-based biosorbent cultivated in high-phosphorus cultures[J]. Chemical engineering journal，2019，361：167-179.

第二章　微藻培养与采收

全世界的藻类约有 1800 属，已知种有 40 000 多个，并且平均以每周增加一个的速度不断发现新种，这其中仅有少数类（不到 1%）经过室内或室外培养研究[1]。

在两千多年前，人类就有应用微藻的历史，当时中国狩猎民族将一种胶状性蓝绿藻作为应急食物。而人类真正有计划地大量培养微藻，是在第一次世界大战时，有位德国科学家指出某些油脂含量高的微藻可用于解决当时食用油脂供应不足的问题。第一个人工培养的单种藻是 1890 年 Beijerinck 培养的 *Chlorella vulgaris*，后由 Warburg 于 1900 年研究扩展。20 世纪 50 年代，人们开始将微藻生产应用到商业中，从此开始了对微藻的规模培养。截至目前微藻规模培养历史不长，但是发展迅猛，研究和总结对于优化微藻生物质生产具有重要意义。

2.1　微藻培养模式

微藻的生长以及生化组成受到培养条件的极大影响，根据微藻生长对光源和碳源的选择，其营养类型包括自养、异养、兼养以及光能异养 4 种方式，培养方式以此分为自养、异养和混养[2]。

2.1.1　自养

自养培养方式是主要依靠微藻光自养的营养模式，是利用光为能源，以无机碳（如 CO_2）为碳源，将光能转化为化学能的一种培养方式。自养是微藻生长最常见的营养方式，操作简单、易于放大，几乎适用于所有的微藻培养。但是室外利用太阳光的自养培养容易遭受来自其他藻类以及细菌、原生动物的污染，而且这样的方式很难维持长时间的稳定培养，室外条件变化大，微藻的产量波动也很大[3]。在自养培养条件下，不同藻种油脂含量在 5% ～ 68% 变化[4]。即使易受污染但光自养可以利用的无机碳主要是 CO_2，可以原位利用电力厂等排放的尾气，极大节约了成本且促进减排。且相对于其他的营养方式来讲，自养的污染问题是比较小的[4]。因此，美国 1998 年的 ASP 计划工作总结报告指出相对低成本的开放式光自养培养是最有前景的培养模式[5]。

（1）分批培养

如图 2-1 所示，微藻的分批培养是指在培养体系内加入有限数量的营养物质后，接入藻种进行培养，并使藻细胞生长繁殖，在特定条件下完成一个生长周期的培养模式[6]。微藻的分批培养模式是普遍使用的一种培养模式，操作较为简单且培养成本低，有利于微藻培养过程中对氮、磷等营养盐的快速消耗。但微藻对营养盐的快速消耗也容易造成藻液中氮、磷等营养盐的缺乏，从而使藻细胞生长和胞内代谢受到限制。

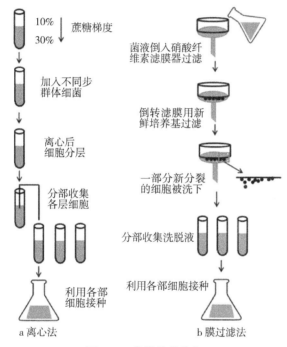

图 2-1　分批培养流程

补料分批培养也称为流加培养，是指先将一定量的培养液装入培养装置中并接种细胞进行培养，使细胞不断地生长，不断形成产物，而在此过程中，随着营养物质的不断消耗，持续向体系中补充新的营养成分，使细胞进一步生长代谢[7]。目前补料分批培养模式在微藻培养中广泛应用，该模式既可以有效地避免底物的抑制作用，又可以避免营养盐的缺乏，从而促进藻细胞生长并获得较高的生物量和油脂产率[8]。研究报道，氮源和磷源是微藻培养过程中消耗最快且最易缺乏的营养盐，但一次性加入过多会使藻细胞的生长受到限制[9]，而采用分批补料的方式添加氮、磷可改善这一缺点，提高细胞密度和目的产物的含量[10]。

（2）半连续培养

半连续培养是指在分批培养的基础上，当藻细胞密度达到某一浓度时，采收一定体积的藻液，再补充新鲜的培养基至原始培养体积的一种培养方式[11]。与分批培养相比，半连续培养可通过定时更新培养液，有效地解决分批培养中培养液老化和营养盐缺乏的问题，使培养液中的营养成分增加，生物密度下降，增加藻体光合效率与藻细胞生长速率，使藻细胞一直保持良好的生长状态[6]。

半连续培养模式近些年来在能源微藻培养方面的研究备受关注[12-13]，大量实验证明半连续培养是实现微藻能源产业化的最佳培养模式之一。由于藻细胞对营养盐的消耗速率差异，因此半连续培养不可无限次地进行培养，部分营养盐浓度会随着培养的继续而增加，最终导致这部分营养盐浓度过高，抑制细胞生长。

（3）连续培养

连续培养，即以一定均匀的流加速率连续向藻液中加入新鲜的培养基，与此同时，再以相同的速率流出藻液，从而使得培养体系中的藻细胞生长在某一个恒定环境中，如图2-2所示。

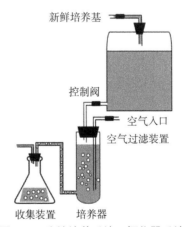

图 2-2　连续培养系统：恒化器系统

这种恒定状态使细胞的生长速率、代谢活性处于相对恒定的状态，从而达到稳定高速培养微藻或产生大量代谢产物的目的[14]。稀释速率是连续培养过程中最关键的要素，它直接影响微藻的生物质产量、细胞产率以及代谢物的积累。大部分能源微藻在某一条件下连续培养时，藻细胞密度会随着稀释速率的增加而提高，当稀释率超出某一临界值后，藻细胞还未得到充分培养便已被冲走，之后的藻细胞密度反而会随着稀释速率的增加而减少。研究表明，与批次培养相比，连续培养更有利于某些微藻细胞内代谢产物的积累，如富含 PUFA 的 *Pavlova lutheri* 在稀释速率为 0.297 d^{-1} 时，EPA 和 DHA 的产率均高于分批培养[6]。

2.1.2 异养

有些微藻像细菌一样，既能在光自养条件下生长，也能在黑暗条件下利用有机碳源进行生长。这种将有机碳同时作为能量和碳源的营养方式称为异养[15]。这种培养方式可以避免细胞密度大时的光限制问题，从而获得更高的生物量以及生物量生产率。有些藻种异养时油含量更高，如 *C. protothecoides*，从自养转到异养培养时油含量提高了 40%。微藻可以利用诸如葡萄糖、果糖、蔗糖、乳糖、半乳糖和甘露糖等糖类以及醋酸和甘油等作为碳源进行生长。由于这些碳源成本较高，很多研究致力于寻找便宜的碳源来培养微藻，例如，用玉米的水解产物代替糖获得了更高的生物量 [2 g/（L·d）]。即使异养培养获得的油脂产量可达自养的 20 倍，但是高成本和难以控制的污染使其应用受到了极大限制。

光异养又称为光能异养，是指微藻在利用有机碳源的同时还需要光能的一种营养方式。光异养和混养的主要区别是前者需要光作为能量来源，而后者利用有机物作为能量来源。所以，光异养需要同时提供光和糖类等有机物[15]。

2.1.3 混养

混养是指微藻在有光的条件下同时利用无机碳和有机碳作为碳源的一种营养方式。这意味着微藻能同时在自养、异养或混合的条件下生长。微藻同化吸收有机碳和 CO_2，然后释放 CO_2，释放出的 CO_2 又被微藻在自养时通过呼吸作用重新捕获利用[16]。微藻的混养培养虽可获得较高的细胞密度和细胞产率，但大规模混养过程中无法实现微藻无菌培养，易滋生杂菌（尤其是以易被微生物利用的糖类为碳源时）。所以混养一般使用封闭式光生物反应器，但由于这种光反应器成本高、难以放大等原因，迄今尚未应用于微藻的大规模培养。

（1）先自养，后异养

该模式以清华大学吴庆余课题组的研究为代表，先利用密闭式光生物反应器光自养培养 *C. prolothecoides* 以固定 CO_2，后利用发酵法进行异养以提高油脂含量。该模式的最大问题是光自养培养过程放大后，后续异养过程中的无菌培养很难实现，因而规

模化应用价值不大。

（2）先异养，后自养

该模式先利用发酵罐进行异养培养以获得高密度细胞，然后利用光生物反应器对藻细胞进行光自养培养，以提高藻体内蛋白质、色素、次级代谢产物等高附加值成分的含量。目前利用该模式培养能源微藻的以华东理工大学李元广课题组为代表，先异养发酵生产微藻种子，然后自养来扩大生产。该模式虽然能快速获得高生物量的种子，但是异养固有的成本和污染等问题还是无法解决，另外异养到自养过程中的污染问题也是制约该模式发展的一大问题。

2.2 微藻培养系统

2.2.1 光照

微藻作为生物能源原材料的一个很大优势就是净光合效率高，光合效率（net photosynthetic efficiency，PE）是光自养生长固定下的化学能占光能的百分比。在不考虑光饱和抑制和光呼吸等条件的影响下，绿色植物的理论光合效率最高上限是 13%。光合效率是决定藻细胞生产力的关键参数，可影响藻细胞生长以及油脂含量。藻细胞的生产力理论值在 $100 \sim 200 \, g/(m^2 \cdot d)$。净光合效率能够通过净面积产率（$P24$）和日照轻度（$E0$）来估算得到：$PE=6.4 \times 100 \times P24/E0$，转换因子 6.4 表示 1 g 干藻的能量。通常，PE 随着光合系统的光照量的升高而降低。光照包括光强、光质和频率，与藻细胞生长及其生化组成之间有着密切的关系。

（1）光强

在一定范围内，光强的升高能加速细胞生长，与此同时，藻细胞的生化组成也会发生相应的变化。光强也能改变脂肪酸的饱和度，*Nannochloropsis sp.* 在光限制条件下，主要的多不饱和脂肪酸 C20：5 保持稳定（约为 35%）；但是在光饱和条件下，多不饱和脂肪酸减少近 3 倍，伴随着饱和和单不饱和脂肪酸（C14：0，C16：0 和 C16：1）含量的增加。通常，低光照促进多不饱和脂肪酸的合成，用此来构建膜脂。而高光照促使合成更多的饱和与单不饱和脂肪酸，多用来补充中性脂。*Cladophora sp.* 在高光强下极性脂含量下降，中性脂含量即 TAG 含量升高[16]。红藻 *Tichocarpus crinitus* 在低光条件下膜脂含量升高，特别是 SQDG、PG 和 PC，而高光条件下 TAG 含量升高。高光条件下合成 TAG 可能是对细胞的一种保护机制：高光下光合机器电子受体可能瘫痪，而多合成的 TAG 形式的脂肪酸很可能帮助细胞重新建立电子受体库[15]。除了油脂组成，光强还对微藻色素组成有影响，绿藻 *Parietochloris incise* 在低光强下生长缓慢，类胡萝卜素和叶绿素的比值也很低，而在高光强下，生长快速且类胡萝卜素 – 特别是 β– 胡萝卜素和叶黄素含量升高。

室外培养时，光照对于微藻产量的影响尤为显著，Moheimani 研究发现光强与 *T. suecica* 和 *Chlorella* sp. 的生物质产量有正的线性关系，一定范围内，生物生产量随着光强的增加而增加。Hindersin 等的研究也发现 *S. obliquus* 室外培养的产量受光强的影响最大。室外培养除了通过调整反应器光径来改变细胞接受的光照外，还可以通过改变细胞密度来调整光强。接种细胞密度越大，细胞接收的光能越低，生物生产量升高但是油脂含量降低。所以筛选最适的接种密度对细胞生长和油脂生产都是非常重要的。

（2）光质

微藻对不同波长的光的吸收效率也是不同的，如 *Chlorella* 首先吸收红光，然后是黄光，接着是绿光，而 *Botryococcus braunii* 在红光下生长最好，蓝光、绿光次之，但是这三种光质下的光合效率没有明显区别。Hultberg 等研究发现 *Chlorella* 绿红白光下获得的生物质显著高于蓝绿紫光。此外，紫外辐射也可以改变微藻细胞组分，这种变化也是有种质差异的，*Odontella weissflogii* 在 UV–B 辐射下细胞油脂含量和组分变化较少，而 *Phaeocystis antarctica* 总脂和 TAG 含量升高，极性脂含量降低，*Chaetoceros simplex* 总脂含量也升高了。*Tetraselmis* sp. 在经过 4 h 连续 UV–B 辐射后，总的饱和脂肪酸和 MUFA 含量升高，而 PUFA 含量下降了一半。*P. tricornutum* 在 UV–A 辐射下，PUFA 含量升高而 MUFA 含量下降；*C. muelleri* 在 UV–A 和 UV–B 联合作用下，PUFA 含量下降而 MUFA 含量升高；*Nannochloropsis* sp. 在 UV–A 辐射下，饱和脂肪酸和 PUFA 比例升高。

（3）光照频率

光暗周期对微藻的影响也很显著，*S. obliquus* 在连续光照下的生物量和油脂产率比 14：10 h、10：14 h 光暗周期下的要高。比较短的光周期会促使细胞合成更多的 PUFA。户外培养存在昼夜变化，夜晚藻细胞密度和油脂含量会下降，导致了油脂产率的降低。且微藻一般在光照条件下积累 TAG，在黑暗条件下吸收利用 TAG 进行呼吸作用，这对油脂的产率也有影响。研究称提高白天光照时的温度，降低夜晚黑暗的温度能一定程度减少夜晚损失。光照强度和光暗周期的联合作用对微藻的生长和产油有显著影响，如 *Nannochloropsis* 在光照强度 200 μmol photons m^{-2} s^{-1} 和 18∶06 h 光暗周期联合作用时的生长和油脂积累最快，相同光强下的连续光照或者其他光暗周期，其生长和油脂含量都较低。生长阶段控制光暗周期对油脂积累也很重要，硅藻 *Thalassiosira pseudonana* 生长稳定期时，连续光照或者 12∶12 h 光暗周期比其他光周期下的饱和和单不饱和脂肪酸（MUFA）含量高，在指数生长期，高光下的多不饱和脂肪酸（PUFA）含量最高。

调整光暗周期还可以提高微藻的光合效率。细胞在光生物反应器中接受的光暗周期是另一个概念，即间歇光照（intermittent illumination），是指透光层（photic zone）的细胞接收光能后运动到内部黑暗区，这是一个光暗周期的过程。细胞产率会随着这种光暗周期频率的升高而升高，光生物反应器中，细胞混合快速，细胞的混合速度会改变光暗频率进而影响细胞产率。

2.2.2 营养

（1）碳

碳是微藻细胞的主要组成成分，占细胞干重的 50% 左右。自养的微藻能以多种形式吸收利用无机碳与有机碳。

无机碳包括大气里面的 CO_2、工业废气以及溶解形态的无机碳（$NaHCO_3$ 和 Na_2CO_3）。理论上，微藻每增加 1 g 干重需要吸收固定 1.83 g CO_2，固碳能力是陆生植物的 10 ~ 50 倍，所以微藻在 CO_2 减排方面有巨大的潜力。最适宜微藻生长的 CO_2 浓度一般在 2% ~ 5%，*N. oculata* 在 CO_2 为 2% 时生长速率最快，CO_2 吸收速率也最高。工业废气中 CO_2 含量在 10% ~ 20%，管道气（flue gas）的 CO_2 含量一般为 15%，要利用工业废气进行微藻培养，筛选高耐受 CO_2 的藻种很重要。很多微藻可以耐受高浓度的 CO_2 且生长良好，*Scenedemus obliquus* 在 10% 的 CO_2 浓度下生长最好，固碳速率高达 292.50 mg/（L·d），*Chlorella kessleri* 在 CO_2 浓度为 6% ~ 18% 范围内都可以很好生长，*Botryococcus braunii* 在 20% 的 CO_2 浓度下生长最好，*Chlorococcum littorale* 可以耐受 40% 的 CO_2 浓度，*S. obliquus* SJTU-3 和 *C. pyrenoidosa* SJTU-2 在高 CO_2 浓度下积累更多的油脂和 PUFA。除了 CO_2 以外，碳酸盐也是很好的碳源，微藻培养时添加 $NaHCO_3$ 能够提高微藻的光合效率和氮利用率，进而提高微藻生长速率，一定浓度的 $NaHCO_3$ 还能提高细胞油脂含量。碳也是限制油脂积累的一个重要因素，环境胁迫（氮缺失等）条件下，限制 CO_2 的供给会很大程度地降低油脂的积累。相对的，在营养限制条件下，补充碳能有效提高油脂含量。

常见的有机碳源主要有糖类、脂肪和某些有机酸。在某些特殊情况下（如碳源贫乏），蛋白质水解产物或氨基酸等也可以被某些微藻作为碳源使用。由于微藻所含的酶系统（包括透性酶）并不完全一样，各菌种能利用的碳源也有所不同。工业发酵中使用的糖类可分为单糖、双糖、淀粉质类和糖蜜等。葡萄糖是工业发酵最常用的单糖，由淀粉加工制备，其产品有固体粉末状葡萄糖与葡萄糖糖浆（含少量双糖）。工业发酵中使用的蔗糖和乳糖既有纯品，也有含这两种糖的糖蜜和乳清。麦芽糖多用其糖浆，蔗糖、乳糖、麦芽糖主要用于抗生素、氨基酸、有机酸、酶类的发酵。生产中使用的糖蜜有甜菜废糖蜜和甘蔗废糖蜜。玉米淀粉及其水解液是抗生素、氨基酸、核苷酸、酶制剂等发酵中常用的碳源。马铃薯、小麦、燕麦淀粉等用于有机酸、醇等生产中。液化淀粉可被微藻产生的胞外淀粉酶和糖化酶逐步分解成葡萄糖，被吸收利用。根据微藻利用碳源速度的快慢，可将碳源分为速效碳源（readily metabolized carbon source），如葡萄糖、蔗糖；迟效碳源（gradually metabolized carbon source），如乳糖、淀粉。葡萄糖等易被微藻迅速利用的糖类对许多产物合成有反馈调节作用，应注意控制浓度，或与被微藻利用缓慢的多糖组成混合碳源，有利于目标产物的合成。常见的有机酸、醇类有机碳主要有乳酸、柠檬酸、延胡索酸、氨基酸、低级脂肪酸、高级脂肪酸、甲醇、乙醇、甘油等，用于单细胞蛋白（SCP）、氨基酸、维生素、麦角碱和抗生素的发酵生产。乙醇在青霉素发酵中的应用取得了较好效果。甘油是很好的碳源，常用于抗生素和甾类转化的发酵。山梨醇是生产维生素C的重要原料。有机酸除了作为碳源，还能调节发酵液pH值，发酵液的pH值随有机酸的氧化而升高。碳氢化合物类有机碳源在单细胞蛋白、氨基酸、核苷酸、有机酸、维生素、酶类、抗生素等发酵中均有研究，但由于成本、市场、安全性等因素投入到工业化生产的很少。随着石油资源的减少和环境污染问题的日趋严重，可以预期围绕碳氢化合物的生物利用、转化、降解等的相关研究会受到更多关注。

（2）氮

氮被认为是影响微藻细胞生长最重要的因素。微藻能利用硝酸盐、铵盐和尿素等氮源进行生长。由于铵盐在高温灭菌时易降解，且被利用后培养液的pH值会急剧下降，所以比较常用的是硝酸盐，而尿素因为价廉在微藻培养特别是规模培养中获得了越来越多的关注。一般情况下，细胞生长会随着氮浓度的增加而加快，而高浓度的氮对细胞生长有抑制甚至毒害作用。所以筛选合适的氮源和氮浓度对微藻生物量的积累非常

重要。

同时氮也是影响微藻细胞油脂积累最重要的因素。在所有能提高微藻油脂积累的因素中，氮限制是最有效且应用最广泛的方法。氮限制条件下，*Chlorella sp*、*Desmodesmus sp*、*Scenedesmus obliquus*、*Nannochlorpsis sp*、*Neochloris oleabundans* 和 *Phaeodactylum tricornutum* 等细胞内储存的油脂会加倍甚至更多。氮限制条件下，细胞会调整主要代谢方向，减少合成或者吸收利用主要含氮化合物（色素和蛋白等），转而合成 TAG 和淀粉等贮存物质。除消耗自身的氮外，细胞还会持续固碳，同时由于色素的减少，光合系统受损，细胞会通过环式电子传递来提供能量积累油脂。除了提高油脂以及 TAG 含量外，氮限制能提高细胞饱和和单不饱和脂肪酸含量。但也有少数藻类（如一些硅藻和蓝藻）在缺氮源的条件下并没明显地积累油脂，可能是因为代谢途径不同。除了刺激油脂积累外，氮限制还能有效提高细胞内淀粉等糖类物质的含量。由于 TAG 和淀粉的合成利用有相同的前体物质，氮限制条件下，淀粉的合成限制了油脂的进一步提高，再利用基因工程手段阻断淀粉的合成，就可以获得更多的油脂含量。

（3）磷

磷是 DNA、RNA、ATP 及细胞膜的必要组成元素，与微藻的生长和代谢密切相关。合适的氮磷比对微藻的生长很重要，特别是利用废水来培养微藻时，控制氮磷比能有效提高氮磷吸收效率，报道称 *Chlorella* 的最适氮磷比是 8∶1，*Scenedesmus* 最适氮磷比是 5∶1～8∶1。最近也有很多研究报道，磷在氮缺失时，细胞积累油脂过程中起到很重要的作用。磷的缺失也能促进很多微藻细胞油脂的积累，*Scenedesmus sp.* 磷限制时油脂可以提高到 53%，磷限制也能提高 *Chlorella*、*P. tricornutum*、*Chaetoceros sp.*、*Isochrysis galbana* 等的油脂含量，提高它们的饱和脂肪酸和单不饱和脂肪酸含量。

2.2.3　培养装置

（1）开放式

开放池是目前微藻光自养培养中最为常用的培养系统，也是研究最多的，结构如图 2-3 所示。开放池可以分为天然湖（湖、咸水湖、池塘）和人工池两种类型，最常用的包括大型浅水池塘、水箱、环形池和跑道池。开放池的主要优点就是造价便宜，它利用桨来混合驱动细胞，相对封闭系统更加便宜且易操作。而它的主要缺点是细胞光能利用率低、蒸发损失大、CO_2 利用率低，最重要的是占地面积大，污染非常难以控制，且传质速率（mass transfer rate）低。通常，管理良好的跑道池反应器培养的微藻生物量面积产率在短期内能达到 $20 \sim 25$ g/($m^2 \cdot d$)，而长期的培养很少能超过 $12 \sim 13$ g/($m^2 \cdot d$)，商业化的跑道池培养微藻的成本在 $9 \sim 17$ €kg^{-1} 干藻。

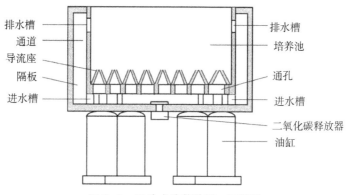

图 2-3　开放式培养装置：开放池

（2）封闭式

针对上述开放池的污染等问题，人们开始关注使用合适的封闭系统进行微藻培养，即光生物反应器（图 2-4）。光生物反应器为一种光合培养系统，其中光不能直接到达培养细胞而是透过透明材料接触培养细胞。光生物反应器主要可以分为平板式、垂直柱式和水平管式三大类。

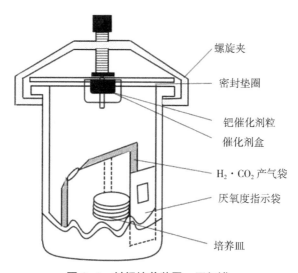

图 2-4　封闭培养装置：厌氧罐

（3）参数影响

影响反应器效率的因素有很多，最重要的是反应器照明面积和体积的比值（s/v），

s/v 决定了光进入系统的数量。通常，s/v 越高，反应器能达到的体积产率越高。产率越高，越易于细胞收获，微藻的培养成本也会随之降低。此外，对于垂直型（elevated）反应器来说，方位和倾斜度也很重要。研究显示低纬度地区反应器倾角对于培养细胞的产量没有大的影响，而高纬度下影响很明显。通常，高纬度下的反应器能达到比较高的体积产率，而对于垂直型的反应系统，通过错位排列可以获得比较高的光能利用率。影响反应器规模化的另一个重要因素是溶氧，反应器产生的氧气直接和体积产率相关，而一般反应器特别是室外培养的直径比较小（高的 s/v），溶氧很容易就高达空气中氧浓度的四五倍，对细胞的毒害作用非常大。另外，搅拌也是反应器设计的一个最基本因素，搅拌对于预防细胞沉淀、避免热分层和均匀营养、蒸发溶氧、保证细胞维持光暗周期是非常必要的。同时，温度也是影响细胞产率的一个重要因素，一般开放池培养的细胞早上的低温和管式光生物反应器（PBR）中午的高温都会限制细胞的生长。遮阴、水浴和喷水是 PBR 降温的常见方法，然而遮阴在降温的同时影响光照，从而降低产量，水浴很有效但是成本太高，喷洒水是相对比较可靠和经济的方法。

2.3 微藻采收技术

2.3.1 离心

离心分离是借助离心机旋转产生的离心力进行物料分离的分离技术，是应用最为广泛的生物分离法，也是目前微藻采收的常用方法之一，适用于大多数微藻采收[17]。在用离心法采收微藻时，离心效率不只受细胞自身性质和藻液浓度的影响，还受藻细胞在离心机中的停留时间、沉降深度和离心机功率的影响。Heasman 等通过对 9 种不同种类的微藻进行实验，研究离心分离法采收微藻生物量和对细胞活性影响，显示当离心力为 13 000×g 时，采收效率达到 95%，当降低离心力，采收效率也随之下降；当离心力为 6000×g 时，采收效率为 60%，当离心力为 1300×g 时，采收效率只有 40%[18]。Dassey 等在对离心法采收能源微藻经济效应分析时发现，当回收率为 95% 时，能耗在 20 kW·h/m³，同时可以通过增大流入量来降低能耗，但是回收率会降低。当流入量为 23 L/min 时，能耗能降低到 0.8 kW·h/m³，而此时的回收率只有 17%[19]。虽然采收效率较高，但是离心的方法存在能耗成本高和由于可自由移动部件而存在的更高仪器维修费用等缺点，而且当处理大量的培养液时，需消耗大量的时间，同时高引力和剪切力的环境也会损害微藻细胞[17]。

2.3.2 膜过滤（原理、优势与劣势）

2.3.3 絮凝

沉降是由于分散介质与分散相密度的差异，分散相粒子在重力场或离心力场的作用下发生的定向运动，从而达到分离的方法。由于微藻细胞个体小，密度与水体接近，且自身的电负性令细胞稳定悬浮在培养液中，所以沉降在微藻采收中的应用还和絮凝作用相结合。

（1）絮凝机理

扩展 DLVO（extended Derjaguin–Laudau–Verwey–Overbeek，XDLVO）理论是胶体化学中描述胶体稳定性的经典理论之一，已成功应用于描述活性污泥系统微生物细胞间的黏附聚集（絮凝）过程[20]。最近研究证实，该理论同样适应于描述微藻悬浮液中藻细胞的聚集过程[21-23]。在 XDLVO 理论中，胶粒间的相互作用主要考虑了以下 3 种非共价键的相互作用力：①范德华力［Lifshitz–van der Waals interaction，GLW（d）］，是色散力、极性力和诱导偶极力之和；②静电力［electrostatic interaction，GEL（d）］，源自胶粒表面所带电荷的静电相互作用；③ Lewis 酸 – 碱水合作用力［Lewis acid–base interaction，GAB（d）］，源自极性组分间的电子转移。胶粒间的总表面位能［GTOT（d）］为以上作用力的位能之和：

$$GTOT（d）= GLW（d）+ GEL（d）+ GAB（d）。 \qquad (2-1)$$

理论上，GTOT（d）> 0 则胶粒间相互排斥，处于聚集分散状态；GTOT（d）< 0 则胶粒相互聚集[20, 23]。典型的总位能曲线一般包含两个低位穴能（胶粒间距由远及近分别为第二低位穴能 Em2 和第一低位穴能 Em1），两者间存在一斥力能峰（Eb），当胶粒相互靠近，到达第二低位穴能点 Em2 时，胶粒间处于一种可逆的黏附状态；外界条件稍有变化则黏附的胶粒又将相互分离，是一种不牢的粘结状态。只有胶粒的动能大到足以克服斥力能峰到达第一低位穴能 Em1 时才能形成牢固的粘结状态，即发生絮凝[20]。

根据上述 XDLVO 理论，微藻絮凝的基本原理就是要通过降低 / 消除静电斥力（zeta 电位），使 Lewis 酸 – 碱水合作用力表现为引力等措施消除 / 降低藻细胞之间表面能的排斥能峰，使藻细胞能相互靠近到达第一低位穴能，从而紧密地粘结在一起形成絮体。其中，外加无机絮凝剂的主要作用机制是中和藻细胞表面的电负性，降低/消除静电斥力[24]。外加高分子有机絮凝剂则主要通过吸附架桥原理起作用：链状高分子物质（少数情况也可能是无机絮凝剂形成的大胶粒）在静电引力、范德华力和氢键力的作用下，一端吸附了某一胶粒后，另一端又吸附了另一胶粒，从而把不同的胶粒连接起来形成絮体（图 2-5）。生物絮凝剂和 EPS 诱导的自絮凝则可能是通过 Lewis 酸 - 碱水合作用力中的疏水引力及吸附架桥原理的综合作用实现絮凝。最后，投加絮凝剂形成的沉淀物和絮体等还可通过网捕和卷扫等物理作用进一步促进藻细胞的絮凝沉降。

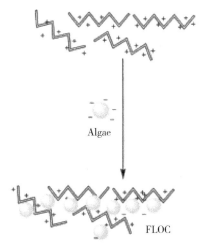

图 2-5 吸附架桥作用示意

（2）絮凝剂的选择

絮凝剂可以分为无机絮凝剂和有机高分子絮凝剂：无机絮凝剂主要是多价金属盐，如铝盐和氯化铁被广泛地用于水处理和采矿等行业的絮凝。常用的盐包括 $FeCl_3$、$Al_2(SO_4)_3$ 或明矾和 $Fe_2(SO_4)_3$。金属离子的絮凝效果随着离子电荷增加而增加，多价金属盐，如铝盐已广泛用于废水处理过程中絮凝微藻生物量，是采收栅藻和小球藻的一种有效絮凝剂。与传统的非聚合金属盐絮凝剂相比，聚合硫酸铁（PFS）被认为是一种更好的絮凝剂。聚合的金属盐能比未聚合的金属盐在更宽的 pH 范围产生絮凝效果。用聚合金属盐絮凝形成的絮体更容易脱水[25]。虽然金属盐被广泛地应用于微藻采收（如杜氏藻[26]），但是它们的投加会导致采收的生物量中有高浓度的金属，这些留在生物量里的金属盐会残留在提取的脂类或类胡萝卜素中[27]。此外，由于添加了化学物质来诱导絮凝采收微藻生物量絮凝后培养液会被污染。这些化学品会影响微藻生物量的应用（例如食物或饲料）或对生产生物燃料下游环节中脂质的提取产生干扰[24]。

常用的有机高分子絮凝剂有阳离子淀粉、壳聚糖和聚丙烯酰胺等。吸附微藻表面的负电荷要求这些有机聚合物带正电荷。壳聚糖是最常见的带正电荷的有机高分子絮凝剂，在低 pH 环境下用于絮凝过程是非常有效的，但是培养液中的 pH 值相对高很多。聚合 -γ- 谷氨酸和阳离子肉桂胶也常被用于微藻的采收[28]。另外一个常见的有机高分子絮凝剂是阳离子淀粉，通过在淀粉上嫁接季铵盐而带正电荷。这些季铵基团的电荷不受 pH 值的影响，因此阳离子淀粉比壳聚糖有更广泛的 pH 使用范围，其絮凝微藻的采收效果达到 80% 以上[29]。影响高分子絮凝剂絮凝效果的主要因素有：摩尔质量、电荷密度、投加量、藻细胞浓度、离子强度 / 盐度、pH 和搅拌强度等[30]。摩尔质量较高的高分子絮凝剂具有更多的吸附架桥结合点，因此一般具有更好的絮凝效果。电荷密度高的高分子絮凝剂具有更强的电性中和能力；此外，高电荷密度有助于高分子链的充分展开，增强架桥能力。投加量不足，絮凝效果不充分；但投加过量，又会对胶粒起到稳定保护作用。高的藻细胞浓度使颗粒间的碰撞更加频繁，在一定范围内促进絮凝作用。与无机絮凝剂相比，阳离子型高聚物的一个特点是，高的离子强度 / 盐度对其絮凝效果有显著抑制作用。这是因为在高离子强度 / 盐度情况下，阳离子型高聚物有团聚在一起的趋势，架桥作用将显著减弱[31]。这使阳离子型高聚物其在采收海洋微藻时受到限制。另外，有些有机高分子絮凝剂有毒，如聚丙烯酰胺会有丙烯酰胺残留，会污染微藻生物量[24]。

生物絮凝剂（Bioflocculant）是近几年微藻絮凝的研究热点之一。生物絮凝剂一般是指微生物代谢活动中产生的具有絮凝效果的胞外聚合物（EPS）。细菌、真菌和放线菌都是能产生生物絮凝剂的常见微生物[32]。生物絮凝剂在微藻采收中的具体应用方式主要包括以下几种：①投加絮凝微生物的混合培养液（微生物细胞＋培养液）；②菌 - 藻混合培养（需在微藻培养系统添加有机碳源）；③絮凝微生物的胞外抽取液（离心后的上清液）作为絮凝剂；④分离纯化后的胞外提取物作为絮凝剂；⑤直接投加絮凝微生物细胞作为絮凝剂。生物絮凝剂的絮凝效率很高，一般在投加量为 10 ～ 30 mg/L 藻液时便可达到 > 80% 的絮凝效果。一些研究显示絮凝效果会随 pH 升高明显加强[33]，但也有研究显示絮凝效果基本不受 pH 影响[34]。另外，多数研究表明多价阳离子能显著促进絮凝甚至是形成絮凝的必要条件[33, 35]，但在少数研究中多价阳离子对絮凝效果基本没影响[36]。生物絮凝剂有两种机制：①长链 EPS 在不同部位吸附多个带负电的藻细胞形成架桥作用（bridging）；②短链 EPS 在局部逆转藻细胞的电负性，从而形成所谓的静电互补效应（patching）（图 2-6）。虽然细菌或真菌作为絮凝剂避免了化学物质污染微藻生物量，但会导致微生物污染，这也可能会干扰微藻生物质在食物或饲料领域的应用。

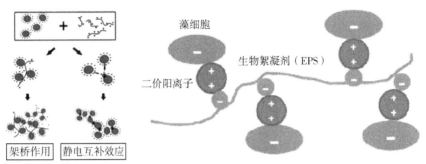

图 2-6　生物絮凝剂的絮凝机制

除用絮凝剂外，微藻还能发生自絮凝现象。微藻自发絮凝是通过改变培养液的 pH 值，诱导细胞自发絮凝的一种现象[37]。Shelef 等[38] 和 Nurdogan 等[39] 研究发现培养液 pH 值升高时，Ca^{2+} 或 Mg^{2+} 离子形成沉淀会发挥网捕卷扫等作用，使微藻絮凝；而当培养液中缺乏 Ca^{2+} 和 Mg^{2+} 离子时，微藻细胞便不易自发絮凝。Wu 等[40] 通过 pH 值诱导 3 种淡水微藻和 2 种海洋微藻絮凝采收时发现：pH 值越高，微藻的絮凝效果越好。当 pH 值达到一定数值时，絮凝效果趋于稳定。同时，絮凝前后培养液中 Mg^{2+} 的变化表明，Mg^{2+} 在 pH 值诱导微藻絮凝过程中起着关键作用[40]。Liu 等[41] 通过降低培养基 pH 值诱导絮凝，雪绿球藻、椭圆绿球藻和栅藻在高生物量浓度下（＞ 1 g/L）絮凝效率分别高达 90%，最佳絮凝效率在 pH 为 4.0 时。其絮凝机制为当 pH 值降低时，黏附于微藻细胞的有机物中的 –COO 接受质子，中和了微藻细胞的表面负电荷，从而破坏了细胞的分散稳定性，导致了细胞的絮凝[41]。改变 pH 值的方法比较适用于淡水微藻。

2.3.4　浮选

气浮又称为浮选，基本原理是在固液悬浮液中通入微气泡，形成气、液、固三相混合流，固体颗粒与微气泡黏附形成共聚体，在浮力作用下，共聚体上浮，从而达到固液分离的目的。浮选法作为一种高效的固液分离技术，在水处理以及选矿方面应用较多。近几年，随着能源微藻这一新型生物质能源的研究工作的深入，气浮法采收能源微藻的研究报道也随之增多（图 2-7）。

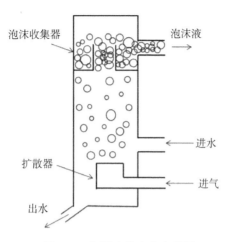

泡沫收集器

泡沫液

扩散器

进水

进气

出水

图 2-7 气浮法基本分离装置

（1）原理

气浮分离法是在水中通入或产生大量的微细气泡，使其附着在悬浮物上造成密度小于水的状态，利用浮力原理使它浮于液面，从而达到固、液分离目的的方法。实现有效气浮分离有两个必要条件：其一，必须向水体提供足够数量的微细气泡；其二，必须使目的物处于悬浮状态或具有疏水性质，使其与气泡附着或接触，利于借气泡的浮力往上浮升。按产生气泡方式可将气浮分为三类：分散空气气浮法、电解气浮法和溶解空气气浮法。

（2）分散空气气浮法

分散空气气浮法的主要种类有曝气气浮、水泵吸水管吸气气浮、射流制气气浮、叶轮搅拌产气气浮等。通过机械搅拌或空气喷射等作用将通入的空气剪切成微气泡（直径一般为 700～1500 μm[42]）的分散空气气浮法虽然主要用于矿物浮选和油水分离的石化工业，但其在微藻细胞的采收方面同样表现不俗。Cheng 等[43] 利用分散臭氧气浮法采收 Scenedesmusobliquus，回收率可达 95%；他们通过射流微气泡发生器产生微气泡进行 Chlorella sp. 采收，通过对操作条件的优化，回收率可达 90%[44]。

（3）溶解空气气浮法

溶解空气气浮法主要是通过空压机向水中通入空气，气体在压力的作用下溶解在水中，然后通过微气泡释放器进行减压消能释气，产生微气泡（直径一般为 10～100 μm[45]）。藻液和混凝剂由给料泵引入气浮柱上部，与微气泡形成逆流共聚，从而达到采收目的。溶解空气气浮法采收效率主要受溶气压力、回流比、含气水与絮体接触时间、颗粒浮升速率等因素的影响[45]。最近十几年，溶解空气气浮法用于水体中藻类去除和微藻采收的研究日益增多。

（4）电解气浮法

电解气浮法是指通过正、负电极电解水产生的微气泡实现微藻采收的目的。这种方法得到的气泡不但直径非常微细（一般 5～10 μm），而且均匀。Gao 等的研究电解絮凝气浮（electro-coagulation-flotation，ECF）法去除水体中藻类表明，在最优条件下，去除率可达 100%[46]。Uduman 等通过电解絮凝采收绿球藻和扁藻两种能源微藻时，对采收条件进行优化，回收率可分别达到 98% 和 99%[47]。虽然电解气浮法可获得较高的采收效率，但是用于能源微藻的采收目前还主要处于实验室研究阶段，尚未得以大规模应用。

总之，气浮分离法由于其流程和设备简单、条件温和、操作方便、采收效率高、可连续操作、对细胞损伤小等优点，在能源微藻采收上具有较大的发展潜力。但气浮法易受气泡尺寸、细胞表面性质、溶液化学条件、气浮环境等因素的影响，因此，需要根据不同的能源微藻选择不同的气浮方法和采收条件。

参考文献

[1] BOTT S G, SHEN H, RICHMOND M G. Thermally induced dual P--C bond cleavage routes from the imido-capped cluster Ru3（CO）7（μ3-CO）（μ3-NPh）（bpcd）: synthesis, spectroscopic properties, and X-ray diffraction structures of Ru3（CO）[J]. Journal of organometallic chemistry, 2004, 689（21）: 3426-3437.

[2] 吕旭, 孙仁旺, 张红兵. 微藻规模化培养技术研究进展 [J]. 应用化工, 2019, 48（6）: 1487-1490.

[3] SATOH N. Developmental genomics of ascidians[M]. New York: John Wiley & Sons, 2013.

[4] CHEN C Y, YEH K L, AISYAH R, et al. Cultivation, photobioreactor design and harvesting of microalgae for biodiesel production: a critical review[J]. Bioresource technology, 2011, 102（1）: 71-81.

[5] SHEEHAN J, DUNAHAY T, BENEMANN J, et al. A look back at the US Department of Energy's aquatic species program: biodiesel from algae[J]. National renewable

energy laboratory，1998，328：1-294.

[6] 蒋礼玲，张亚杰，范晓蕾，等.不同培养模式对能源微藻生物质产率的影响[J]. 可再生能源，2010，28（2）：83-86.

[7] 王长海，温少红，欧阳藩.紫球藻培养条件优化[J]. 化工冶金，1999，20（3）：272-277.

[8] SUN H，KONG Q，GENG Z，et al. Enhancement of cell biomass and cell activity of astaxanthin-rich Haematococcus pluvialis[J]. Bioresource technology，2015，186：67-73.

[9] ARUMUGAM G，MANJULA P，PAARI N. A review：anti diabetic medicinal plants used for diabetes mellitus[J]. Journal of acute disease，2013，2（3）：196-200.

[10] 王克明.复合载体固定化细胞红曲色素发酵条件的研究[J]. 中国酿造，2005（6）：9-12.

[11] 许波，王长海.微藻的平板式光生物反应器高密度培养[J]. 食品与发酵工业，2003，29（1）：36-40.

[12] MOHEIMANI N R. Inorganic carbon and pH effect on growth and lipid productivity of Tetraselmis suecica and Chlorella sp（Chlorophyta）grown outdoors in bag photobioreactors[J]. Journal of applied phycology，2013，25（2）：387-398.

[13] QUINN P. US approves Egypt military aid despite rights fears [M]. London：Reuters，2012.

[14] MARSOT P，PELLETIER E，ST-LOUIS R. Effects of triphenyltin chloride on growth of the marine microalga Pavlova lutheri in continuous culture[J]. Bulletin of environmental contamination and toxicology，1995，54（3）：389-395.

[15] CHOJNACKA K，NOWORYTA A. Evaluation of Spirulina sp. growth in photoautotrophic，heterotrophic and mixotrophic cultures[J]. Enzyme and microbial technology，2004，34（5）：461-465.

[16] MATA T M，MARTINS A A，CAETANO N S. Microalgae for biodiesel production and other applications: a review [J]. Renewable and sustainable energy reviews，2010，14（1）：217-232.

[17] BARROS A I，GONCALVES A L，SIMOES M，et al. Harvesting techniques applied to microalgae: a review [J]. Renewable and sustainable energy reviews，2015，41：1489-1500.

[18] HEASMAN M，DIEMAR J，O'CONNOR W，et al. Development of extended shelf - life microalgae concentrate diets harvested by centrifugation for bivalve molluscs - a summary[J]. Aquaculture research，2000，31（8-9）：637-659.

[19] DASSEY A J，THEEGALA C S. Harvesting economics and strategies using centrifugation for cost effective separation of microalgae cells for biodiesel applications [J]. Bioresource technology，2013，128：241-245.

[20] 刘晓猛. 微生物聚集体的相互作用及形成机制 [D]. 合肥：中国科学技术大学，2008.

[21] OZKAN A,BERBEROGLU H. Physico-chemical surface properties of microalgae [J]. Colloids and surfaces B：biointerfaces，2013，112：287-293.

[22] OZKAN A，BERBEROGLU H. Cell to substratum and cell to cell interactions of microalgae [J]. Colloids and surfaces B：biointerfaces，2013，112：302-309.

[23] OZKAN A，BERBEROGLU H. Adhesion of algal cells to surfaces [J]. Biofouling，2013，29（4）：469-482.

[24] VANDAMME D，FOUBERT I，MUYLAERT K. Flocculation as a low-cost method for harvesting microalgae for bulk biomass production [J]. Trends in biotechnology，2013,31(4)：233-239.

[25] GRIMA E M，BELARBI E H，FERNÁNDEZ F G A，et al. Recovery of microalgal biomass and metabolites：process options and economics[J]. Biotechnology advances，2003，20（7-8）：491-515.

[26] BEN-AMOTZ A，AVRON M. The biotechnology of cultivating the halotolerant algaDunaliella[J]. Trends in biotechnology，1990，8：121-126.

[27] RWEHUMBIZA V M，HARRISON R，THOMSEN L. Alum-induced flocculation of preconcentrated Nannochloropsis salina：residual aluminium in the biomass，FAMEs and its effects on microalgae growth upon media recycling[J]. Chemical engineering journal，2012，200：168-175.

[28] BANERJEE C，GHOSH S，SEN G，et al. Study of algal biomass harvesting through cationic cassia gum，a natural plant based biopolymer[J]. Bioresource technology，2014，151：6-11.

[29] VANDAMME D，FOUBERT I，MEESSCHAERT B，et al. Flocculation of

microalgae using cationic starch[J]. Journal of applied phycology，2010，22（4）：525-530.

[30]　CHEN C Y，YEH K L，AISYAH R，et al. Cultivation，photobioreactor design and harvesting of microalgae for biodiesel production：a critical review[J]. Bioresource technology，2011，102（1）：71-81.

[31]　GRIMA E M，BELARBI E H，FERNÁNDEZ F G A，et al. Recovery of microalgal biomass and metabolites：process options and economics[J]. Biotechnology advances，2003，20（7-8）：491-515.

[32]　LAM M K，LEE K T. Microalgae biofuels：a critical review of issues，problems and the way forward[J]. Biotechnology advances，2012，30（3）：673-690.

[33]　POWELL R J，HILL R T. Rapid aggregation of biofuel-producing algae by the bacterium Bacillus sp. strain RP1137[J]. Applied and environmental microbiology，2013，79（19）：6093-6101.

[34]　ZHENG H，GAO Z，YIN J，et al. Harvesting of microalgae by flocculation with poly（γ-glutamic acid）[J]. Bioresource technology，2012，112：212-220.

[35]　KIM D G，LA H J，AHN C Y，et al. Harvest of Scenedesmus sp. with bioflocculant and reuse of culture medium for subsequent high-density cultures[J]. Bioresource technology，2011，102（3）：3163-3168.

[36]　WAN C，ZHAO X Q，GUO S L，et al. Bioflocculant production from Solibacillus silvestris W01 and its application in cost-effective harvest of marine microalga Nannochloropsis oceanica by flocculation[J]. Bioresource technology，2013，135：207-212.

[37]　SUKENIK A，SHELEF G. Algal autoflocculation—verification and proposed mechanism[J]. Biotechnology and bioengineering，1984，26（2）：142-147.

[38]　SHELEF G，SUKENIK A，GREEN M. Technion Research and Development Foundation[Z]. Ltd.，Haifa（Israel），1984.

[39]　NURDOGAN Y，OSWALD W J. Enhanced nutrient removal in high-rate ponds[J]. Water science and technology，1995，31（12）：33-43.

[40]　WU Z，ZHU Y，HUANG W，et al. Evaluation of flocculation induced by pH increase for harvesting microalgae and reuse of flocculated medium[J]. Bioresource technology，2012，110：496-502.

[41]　LIU J，TAO Y，WU J，et al. Effective flocculation of target microalgae with self-

flocculating microalgae induced by pH decrease[J]. Bioresource technology，2014，167：367-375.

[42]　RUBIO J，SOUZA M L，SMITH R W. Overview of flotation as a wastewater treatment technique[J]. Minerals engineering，2002，15（3）：139-155.

[43]　CHENG Y L，JUANG Y C，LIAO G Y，et al. Harvesting of Scenedesmus obliquus FSP-3 using dispersed ozone flotation[J]. Bioresource technology，2011，102（1）：82-87.

[44]　林喆，匡亚莉，张海阳 . 射流发泡与小球藻的批次气浮采收 [J]. 中国矿业大学学报，2012，41（5）：839-843.

[45]　UDUMAN N，QI Y，DANQUAH M K，et al. Dewatering of microalgal cultures：a major bottleneck to algae-based fuels[J]. Journal of renewable and sustainable energy，2010，2（1）：012701.

[46]　GAO S，YANG J，TIAN J，et al. Electro-coagulation‐flotation process for algae removal [J]. Journal of hazardous materials，2010，177（1）：336-343.

[47]　UDUMAN N，BOURNIQUEL V，DANQUAH M K，et al. A parametric study of electrocoagulation as a recovery process of marine microalgae for biodiesel production[J]. Chemical engineering journal，2011，174（1）：249-257.

第三章　微藻废水脱氮除磷

未经适当处理的废水排入地表径流中，会导致自然水体的富营养化。我国水体主要污染指标除 COD、BOD_5 外，还有磷。已经有广泛的研究证明，微藻不仅对污水有高效的净化效果，对于渔业、养殖业、厌氧废水等各类废水中的氮和磷也有显著的去除效果和产油潜力[1-7]。微藻生长快、培养耗能低，还可产生油脂能源，在净化污水方面受到关注[8]。

3.1　主要废水氮磷含量、特点及微藻应用情况

由于不同来源废水中的存在形态、氮磷含量和比例不同，在其他方面还有各自的特点，所以微藻处理的重难点也有所不同。废水根据来源可分为市政废水、工业废水、农业废水和厌氧废水[9]。从废水中回收营养素有助于结束从农场到食品到城市废水的营养循环，城市污水氮磷同步回收的工艺流程如图 3-1 所示。

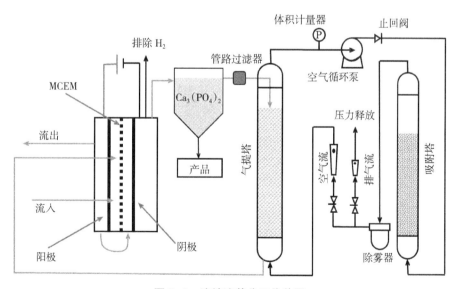

图 3-1　连续流养分回收装置

（1）市政废水

随着城镇化建设的加速，经济、社会得到快速发展，市政废水的产量也逐年攀升。市政废水成分比较稳定，表3-1列出了不同种类废水中的氮磷含量[10]。

表3-1　不同种类废水中氮磷含量

废水种类		$\rho/（mg/L）$			$\rho（TN）/\rho（TP）$
	TN	TKN	TP	$PO_4^{3-}-P$	
市政废水	15～90		5～20		3.3
养殖废水	乳业 185～2636		30～727		3.6～7.2
	家禽 802～1825		50～446		4～16
	牛场 63～4165		14～1195		2.0～4.5
	猪场	1110～3213			3.0～7.8
工业废水	纺织	21～57		1.0～9.7	2.0～4.1
	酿酒	110	52		2.1
	制革	273		21	13.0
	造纸 1.1～10.9		0.6～5.8		3.0～4.3
	榨油 532		182		2.9
厌氧消化废水	乳业粪便 125～3456		18～250		7.0～13.8
	家禽粪便 1380～1580		370～382		3.6～4.3
	市政污泥 427～467		134～321		
	餐厨废弃物	1640～1885	296～302		

TN：总氮含量；TKN：总凯氏氮；TP：总磷含量；$PO_4^{3-}-P$：正磷酸盐。

（2）工业废水

工业废水有不同类型的工业来源，性质差异很大。但工业废水往往会存在重金属和较少的氮和磷[11]。而藻类对重金属离子有较强的富集能力，某些微藻对金属离子的吸附速度很快，效果比较稳定，已经有很多微藻处理含重金属元素的工业废水的研究和应用[12-13]。可以通过对藻株的筛选来寻找可耐受或吸收重金属离子的特定藻类，从而加强微藻对工业废水的脱氮除磷。有文献指出，固定化技术对微藻重金属离子的去除有有利作用。

（3）农业废水

农业废水包括养殖业、种植业和农产品加工业产生的废水。种植业产生的污染水大多渗入土壤或随着雨水冲刷流入地表水中，产生面源污染而非可集中处理的废水点源污染，因此不能够通过一般的生物方法去除，这也是我国自然水体中氮磷问题难以攻克的一个重要原因。有很多学者探究了微藻对农业废水的脱氮除磷效能，并证明了其可行性，可实现较高的去除效率[14-17]。

（4）厌氧废水

厌氧发酵处理高含量有机废水和固体废物已经是一个比较成熟的技术，它不仅能很大程度去除原水中的有机物，还能产生沼气回收能源。但厌氧发酵过程中不可避免产生的大量沼液是主要问题。对于沼液的处理，现在主要将其作为有机肥灌溉农田。但是如果没有经过合适的处理，直接排放的沼液由于 N/P 不适宜土壤吸收、含有重金属等问题会引起新的环境问题。另外，我国还存在消纳土地不足的情况，所以沼液的处理不容忽视。目前，已有很多学者对于微藻处理厌氧废水的问题进行实验探究[3, 5, 13]。

3.2 藻种筛选

微藻藻株的筛选是微藻脱氮除磷的重要内容之一。具有高效脱氮除磷性质、对特殊环境可耐受和无藻毒素产生的藻株是希望分离得到的优势藻株[18]。除了单一藻株的筛选，多种微藻混合培养或藻菌共同培养可以实现更高的氮磷的去除效率[4, 6, 19-21]。

3.2.1 单一藻株

很多学者对单一藻株废水脱氮除磷进行了广泛研究，他们将几种藻类的脱氮除磷和产油能力进行了对比。Deng 等[22]在低中高 3 种氮磷含量下进行实验，证明了蛋白核小球藻的脱氮除磷能力均优于斜生栅藻；刘磊等[23]研究了当地自然水体中的 3 种藻类生长情况和对人工废水的氮磷去除能力，发现 3 种藻类均具有较高净化能力，其中小球藻的生长情况及脱氮除磷能力均为最优；蔡元妃等研究了水华鱼腥藻、蛋白核小球藻、水网藻等 6 种藻类在典型氮磷模拟废水中 6 d 的脱氮除磷能力，其中蛋白核小球藻表现最优；Liu 等[14]对多种栅藻、球藻和其他藻类进行了猪场养殖废水的脱氮除磷实验，

发现不同种类的藻株对不同形态的氮有不同的去除效果，但对于磷则都有较高的去除效率，达 91% 以上[14]；Zamani 等[24]对比了 10 种藻类对市政污水厂二级出水的正磷酸盐去除效果，筛选出 *Chroococcus dispersus* MCCS006 为最优菌种。以上实验显示，小球藻具有较好的脱氮除磷性能和生长情况。

3.2.2　藻株菌种混合培养

不同藻类对于不同形态的氮和磷具有不同的去除效率，所以可以将 2 种或多种藻类共同培养以得到最优去除效果。Silva-Benavides 等[20]对比了 *Chlorellavulgaris*、*Cyanobacterium* 分别培养和联合培养的脱氮除磷性能，发现联合培养表现最佳。Ruiz-Martinez 等也证明了多种藻类混合培养对去除厌氧 MBR 废水氮磷的有效性[6]。自然水体中，藻类和细菌常构成复杂的共生系统。细菌降解有机质产生的 CO_2 可成为藻类利用的碳源，藻类释放的氧又可促进细菌的呼吸代谢[23, 25]。国外学者对藻菌共生培养的探究较为广泛，Riano 等[4]对渔业废水采用藻菌共生的方法进行脱氮除磷，证明其有效性和经济性；Posadas 等[21]对比了细菌生物膜和藻菌共生生物膜对市政废水的脱氮除磷效果，发现藻菌共生体系对磷的去除有显著优势；Olguin 等[26]认为虽然在某些系统中藻菌共生的磷去除效率较低，但藻菌共生体系有利于降低藻类的培养成本；Bordel 等[25]则建立了工业废水藻菌共生的光生物反应器系统的运行机制模型，为系统优化提供了参考。

3.3　微藻培养系统

微藻培养系统的设计不仅要考虑微藻的生长状态和去除效率，还要考虑微藻的收获，即从水体中的分离。大规模的微藻培养系统要求培养系统在经济上可行、技术上容易操作。当今微藻应用中，最大的挑战是培养规模的扩大和微藻的收获[27]。

3.3.1　悬浮培养工艺

藻类塘是藻类养殖中最早应用的培养系统，它对污染物的降解主要通过藻类植物和异养细菌的共同作用，二者在生理功能上会产生协同作用。近年来，大部分的大规模藻类养殖都使用藻类塘这一开放培养系统，原因是成本低，方便提高规模[10]。但缺点也很突出，它受环境因素的影响极为明显，特别是气温和光照等自然条件。自然条件下的光照只能间歇提供，这大大影响了藻类的光合作用和对污染物降解的处理效果。当夏季气温过高或冬季温度较低时，藻类的生长会受到抑制，从而影响处理效果。若在高效藻类塘后连高等水生生物塘，则在冬季温度较低时，高等水生生物塘中的植物会逐渐枯萎或生长缓慢，影响最终的处理效果。光生物反应器被认为是最有发展前景的微藻培养系统。它与藻类塘不同，是一个封闭的悬浮态系统。在这个培养系统中，藻类可以得到充足的光照。温度、光强、碳源的供给都可以实现有效控制，从而更高效地脱氮除磷。由于强化了人工控制，该培养系统中的生物量也得到较大的提升。但由于存在氧气中毒、过热、生物泡沫和控制复杂成本高等问题，光生物反应器并没有取得突破性的进展[28]。

3.3.2 固定化培养工艺

以上 2 种悬浮态培养系统都存在微藻收获困难的问题，但固定化技术可以使微藻与水体容易分离。在废水生物处理过程中，微生物固定化技术能保持与纯化高效菌种，并且有良好的固液分离效果，相较于悬浮培养，有微生物含量高、污泥产生量少的特点，在许多领域已经广泛应用。固定化培养系统操作较简单，可以实现更大的生物量，避免生物过滤的困难，可对废水中有害物质有较强的抵抗，可以通过固定不止一种微生物实现可控混合培养。但同时也需要关注包括污染物去除的有效性、载体的价格和性能、固定化和脱附等问题[29]。固定化培养也常出现由于生物密度过大导致的透光性不好的现象。总体来说，大量相关研究证明，在各类污水的净化中，固定化培养系统的脱氮除磷效率都要高于悬浮态培养系统[7, 30-32]。细胞固定化的方法通常有 4 种：包埋法、共价结合法、交联法和吸附法[33]。在藻类培养中，由于包埋法和吸附法（生物膜）对藻类生长影响较小而得到了较为广泛的研究。目前学者对于固定化微藻的研究主要集中于寻找廉价、易得、性能优的载体及其制备方法和反应器设计方面。近几年一些固定化微藻的研究总结至表 3-2。固定化培养微藻生长及其保存提供了一种简单、经济、实用的方法，这使得微藻处理废水更加方便实用，具体的操作方法说明如图 3-2 所示。

表 3-2 固定化微藻实验研究

序号	研究重点	方法	载体	微藻种类	进水种类	水力停留时间	处理结果	参考文献
1	加 LED 光波	包埋法	褐藻酸钠	小球藻	二级出水	$\leqslant 24\ h$	NO_3^-/NO_2^- 100%	[27]

续表

序号	研究重点	方法	载体	微藻种类	进水种类	水力停留时间	处理结果	参考文献
2	新载体，不同运行参数	包埋法	NaCS–PDMDAAC	*Chlorella* sp	二级出水	≤96 h	PO_4^{3-} 93%	[33]
3	新载体与载体的组合使用	生物膜光生反应器	聚偏二氟乙烯中空生物滤膜	小球藻	二级出水	48 h	NH_4^+ 96%，TIN 82.5%，PO_4^{3-} 85.9%	[2]
4	载体尺寸	圆形平板	海藻酸钠	*Chroocuccus dispersus*	二级废水	12 d	PO_4^{3-} 72.3%	[24]
5	不同运行参数，微藻泄漏情况	包埋法	海藻酸钠	*Chlorella sorokiniana* GXNN01	人工市政废水	72 h	NH_4^+ 41.5%，TP 84.8%	[31]
6	工艺组合的创新	光生物反应器生物滤床	砂子	蛋白核小球藻	乳品废水	≤96 h	NH_4^+ 100%，PO_4^{3-} 99%	[34]
7	不同进水水质	双层膜光反应器	尼龙生物膜	*Halochlorella rubescens*	市政废水	24 h	NH_4^+ 100%，PO_4^{2-} 70%～85%	[1]
8	藻菌共生的固定化	生物膜	PVC 覆砂	微藻 & 好氧菌	厌氧废水	10 d	TN 70%±8%，TP 85%±9%	[21]

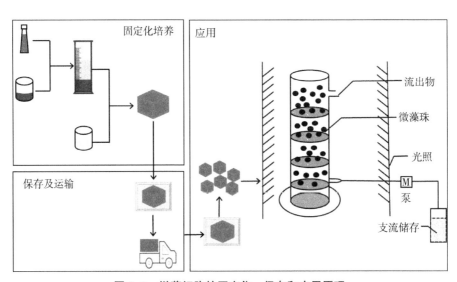

图 3-2　微藻细胞的固定化、保存和应用原理

3.4 微藻脱氮除磷处理效果

3.4.1 混合氮源培养产油链带藻

微藻生物质能源被认为是最有望替代化石能源的清洁能源。微藻的培养只需要少量的土地，甚至还可以在荒漠和盐碱地区进行。另外，它可以利用废水进行培养，去除氮磷等营养物质[35]。目前关于微藻的培养研究多集中在室内小型反应器中，而减少生产成本需要在室外利用自然光在大型的反应器中进行。根据以上结论，首先在室内用不同氮源培养两种链带藻（*Desmo desmus* sp. T28-1 和 *Desmo desmus* sp. NMX451），研究其生长和油脂积累特性。其次在室外中规模培养系统下，研究最适的混合氮源对这两株链带藻生长和油脂积累情况的影响，进一步证实用混合氮源在室外培养微藻的可行性[36]。

（1）氮源对两种链带藻生长的影响

图 3-3a、b 分别显示不同氮源培养条件下 *Desmo desmus* sp. T28-1 和 *Desmo desmus* sp. NMX451 的生长曲线。

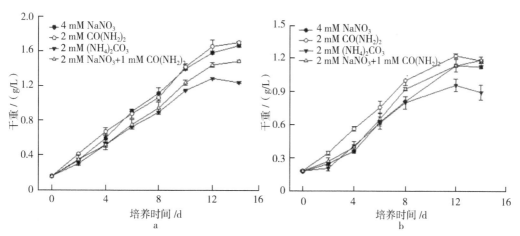

图 3-3 不同氮源培养下 *Desmo desmus sp*.T28-1
（a）和 *Desmo desmus* sp.NMX451（b）在室内的生长

由图可知，两株链带藻在硝态氮（$NaNO_3$）、尿素态氮 $[CO(NH_2)_2]$ 和铵态氮 $[(NH_4)_2CO_3]$ 以及混合氮源 $[NaNO_3+CO(NH_2)_2]$ 条件下都能生长，但是生长速度不一。培养到第 12 天后两株链带藻都步入稳定期。第 14 天，链带藻 T28-1 在硝态氮和尿素态氮下的生物量密度没有显著性差别（$P > 0.05$），都达到约 1.7 g/L。14 天时，链带藻 NMX451 在尿素态氮和混合氮源下的生物量最高，达到 1.2 g/L，且两种氮形态下生物量没有显著性差别（$P > 0.05$），但显著高于硝态氮和铵态氮下的生物量（$P < 0.05$）。两株链带藻都在铵态氮条件下生长最慢，且都生长到第 12 天后细胞密度下降，T28-1 从 1.34 g/L 降到 1.23 g/L，而 NMX451 从 1.01 g/L 下降到 0.88 g/L。

（2）氮源对两种链带藻油脂积累的影响

取稳定期微藻，即培养到 14 d 的藻液，干燥后测定油脂含量。总脂含量和油脂生产率汇总到表 3-3 和表 3-4。如表所示，T28-1 和 NMX451 的油脂含量都是在混合态氮下最高，分别达到 26.09% 和 30.02%；而在尿素态氮下最低，分别是 23.43% 和 24.93%。且 NMX45 的油脂含量在混合态氮下显著高于尿素态氮下（$P < 0.05$）。

表 3-3　不同氮源培养下 *Desmo desmus* sp.T28-1 油脂含量和油脂产率

	油脂含量 /（%，w/w）	微藻细胞生物量浓度 /（g/L）	生物量产率 /[mg/（L·d）]	油脂产率 /[mg/（L·d）]
NaNO$_3$	24.94 ± 0.01	1.67 ± 0.15	94.38 ± 9.32	23.53 ± 2.32
CO（NH$_2$）$_2$	23.43 ± 3.74	1.70 ± 0.11	96.69 ± 6.75	22.52 ± 2.03
（NH$_4$）$_2$CO$_3$	25.40 ± 2.38	1.23 ± 0.01	67.52 ± 0.44	17.14 ± 1.49
NaNO$_3$+CO（NH$_2$）$_2$	26.09 ± 0.70	1.48 ± 0.16	83.07 ± 9.91	21.70 ± 3.17

表 3-4　不同氮源培养下 *Desmo desmus* sp. NMX451 油脂含量和油脂生产率

	油脂含量 /（%，w/w）	微藻细胞生物量浓度 /（g/L）	生物量产率 /[mg/（L·d）]	油脂产率 /[mg/（L·d）]
NaNO$_3$	27.74 ± 1.65	1.15 ± 0.23	60.80 + 14.7	16.99 ± 5.07
CO（NH$_2$）$_2$	24.93 ± 0.65	1.17 ± 0.08	61.74 ± 4.80	15.38 ± 0.79
（NH$_4$）$_2$CO$_3$	29.20 ± 0.76	0.88 ± 0.06	43.44 ± 3.37	12.67 ± 0.66
NaNO$_3$+CO（NH$_2$）$_2$	30.02 ± 2.77	1.20 ± 0.01	63.69 ± 0.91	19.11 ± 1.49

生物量产率方面，两株链带藻在铵态氮下最低，且都显著低于其他氮源（$P < 0.05$），

从而造成了最低的油脂产率。而尿素态氮下，生长虽然略占优势，但是油脂产率没有达到较高值。可以看到，T28-1除铵态氮外，其他氮源下的油脂产率都没有显著性差异（$P > 0.05$）。但是NMX451的油脂产率在混合态氮下最高，显著高于其他氮源（$P < 0.05$），达到19.11 mg/（L·d）。另外，两株链带藻在硝酸钠和尿素下的生物量生产率都没有显著性差异（$P > 0.05$），虽然硝酸钠油脂含量略高于尿素，相差不大。

混合氮源培养时，室内的培养研究表明T28-1和NMX451的油脂产率没有显著性差异，但是室外研究发现NMX451比T28-1的油脂含量和油脂产率都要高，且生产成本更低，加上更好的生物柴油品质，说明NMX451比T28-1更适于室外的培养环境。而且，在用混合氮源进行微藻培养的同时笔者也用单一的硝态氮对微藻进行了培养，但培养到一周时微藻就受到污染且生物量大量下降至死亡（这部分结果未列出）。由此可见尿素的存在对微藻在室外抵御污染具有非常重要的作用，其作用机制还需要进一步深入研究。目前的多数研究都集中在室内小规模培养，往往也能获得很高的油脂产率。但是要进一步推动微藻产业化生产，在室外利用自然光的培养研究必不可少。本研究在室内筛选氮源的基础上，进行室外规模的培养，进一步评价混合氮源培养的可行性，这是较科学的评价微藻作为生物柴油生产原材料的流程。在该培养流程下，筛选出NMX451作为室外培养用于生物柴油生产的优先藻种。综上，用混合氮源是非常可行且有效的微藻培养方法，值得进一步推广应用[36]。

3.4.2 微藻处理高磷浓度废水

磷作为微藻生长的营养元素，微藻生长的过程中可以通过吸收磷来降低该物质对水体的污染。有实验将小球藻（*Chlorella* sp. QB-102）在无磷BG-11培养基中预饥饿48 h后，再将其接种于不同磷浓度的培养基中，磷浓度分别为0、20、40、120、280、580 mg/L[37]。不同初始磷浓度下*Chlorella* sp. QB-102培养17 d的吸磷速率见表3-5，表中数据显示0～280 mg/L的磷几乎可被微藻100%去除，然而，在磷浓度达到580 mg/L时，去除率只有1.7%。同时，表中数据显示微藻吸收磷的效率在磷浓度为0～280 mg/L时，吸收效率逐渐升高，之后磷浓度升高，微藻对磷的吸收能力降低。在磷浓度达到280 mg/L时，微藻对磷的吸收能力最高，达到32.95 mg/g，对总磷的去除能力也处于最高，达到34.06 mg/g。*Chlorella* sp. QB-102具有良好的除磷能力，有望应用于城市污水和大部分工业废水的处理。此外，在小球藻等微藻中，高磷酸盐浓度抑制磷酸盐去除。这主要是由于大多数藻类对磷的吸收依赖于氮的供应[38]。低氮磷比与微藻对氮的快速吸收导致了高浓度磷酸盐的低吸收[10, 38]。我们的研究也发现，在处理高磷浓度废水后，微藻藻体碳水化合物含量较高，蛋白质含量较低，造成了营养物质的消耗，在磷浓度低于 120 mg/L 时，碳水化合物和蛋白质含量均最高。结果表明，*Chlorella* sp. QB-102 可以耐受大范围的磷浓度，实现较高的生物量产量和较高的磷去除率[37]。不仅小球藻对降低废水高磷浓度有帮助，栅藻如 *Scene desmusobtusus* XJ-15 等也对废水中的磷有较好的去除效果[39]。

表 3-5　不同磷浓度培养 17 d 后 *Chlorella* sp. QB-102 的生物量产量和除磷能力

培养基磷浓度 / (mg/L)	微藻生物量 / (g/L)	碳水化合物含量 / (mg/g)	蛋白质含量 / (mg/g)	高磷酸盐含量 / (mg/g)	总磷含量 / (mg/g)	总磷去除率 /%	磷吸收量 / (mg/g)
0	0.02	414.9	151.5	—	0.35		
20	0.81	387.7	220.6	0.1396	5.71	99.99	5.52
40	1.11	561.5	230.6	0.2979	8.35	99.60	8.05
120	1.62	664.9	273.1	0.9117	17.53	99.82	16.59
280	1.90	495.1	210.1	1.2810	34.06	99.01	32.95
580	0.09	658.5	151.8	0.6144	25.57	< 1.70	24.56

3.4.3　藻菌固定化用于市政污水深度脱氮除磷

以活性污泥为固定化细菌，采用小球藻和栅藻分别比较固定化藻菌、固定化微藻及悬浮态微藻在藻体生长、污水脱氮除磷和微藻产油方面的差异，拟实现对市政污水深度脱氮除磷的同时诱导富集微藻油脂[7]。

（1）固定化藻菌的藻体生长

比较小球藻、栅藻的固定化藻菌与固定化微藻、悬浮态微藻的藻体生长，固定化藻菌的藻体生长明显高于固定化微藻，悬浮态微藻的藻体生长高于固定化微藻，培养 4 d 后，固定化小球藻和固定化小球藻菌的生物量分别为 0.98、1.05 mg/L，固定化栅藻和固定化栅藻菌的生物量分别为 1.11、1.23 mg/L，小球藻与栅藻混合固定化比单一固定化生物量多 0.07、0.12 mg/L，而悬浮态小球藻和栅藻的藻体生物量分别为 1.05、1.15 mg/L，可见固定化藻菌的藻体生长较固定化微藻和悬浮态微藻更快。

（2）固定化藻菌脱氮除磷

固定化会阻碍微藻接受阳光以及吸收水体中的营养盐，抑制微藻的生长，固定化小球藻与栅藻的生物量均低于悬浮态，但是采用活性污泥和微藻共固定化，藻与菌两者就可以互补。小球藻和栅藻在生长过程中进行光合作用，产生为细菌所利用的氧气，同时又能吸收污水中的氮磷；而活性污泥中的细菌代谢过程中产生 CO_2 供给藻类，结果显示固定化藻菌可能有更高的脱氮除磷作用[40]。

对比小球藻和栅藻的固定化藻菌、固定化微藻和悬浮态微藻的脱氮效果，4 d 后，污水中的 NH_4^+-N 质量浓度显著降低，其中固定化藻菌的脱氮效果明显高于固定化微藻和悬浮态微藻，栅藻的脱氮效果高于小球藻。培养 4 d 后，空白对照组中未固定细菌的胶球在污水中达到吸附稳定态后，污水水体中 NH_4^+-N 质量浓度为 22.8 mg/L。可以计算得出空白固定化胶球对 NH_4^+-N 的吸附量为 2.8 mg/L。固定了细菌的胶球在污水中达到吸附稳定态后，污水水体中 NH_4^+-N 的质量浓度为 21.9 mg/L，因此固定化细菌胶球对 NH_4^+-N 的吸附量为 3.1 mg/L。

污水脱氮过程中，扣除固定化胶球吸附的 NH_4^+-N，培养 4 d 后，经固定化栅藻菌处理的污水中 NH_4^+-N 质量浓度由初始 21.9 mg/L 下降到 0.1 mg/L，经固定化栅藻处理的污水中 NH_4^+-N 质量浓度由初始 22.8 mg/L 下降到 1.3 mg/L，而经悬浮态栅藻脱氮后污水中 NH_4^+-N 质量浓度由初始 25 mg/L 下降到 3.6 mg/L。由此可得，固定化栅藻菌、固定化栅藻和悬浮态栅藻藻体处理的 NH_4^+-N 的吸附量分别为 21.8、21.5 和 21.4 mg/L，因此，不同固定化形态栅藻在污水中的脱氮效果由大到小为：与菌共固定态＞单独固定态＞悬浮态。

对比了小球藻和栅藻的与菌共固定态、单独固定态和悬浮态 3 种固定化形态在污水中的脱氮除磷效果。结果表明，栅藻的除磷效果好于小球藻。小球藻和栅藻的除磷与脱氮效果均良好，4 d 后，污水中的 $PO_4^{3-}-P$ 质量浓度显著下降，但小球藻和栅藻的除磷效果相对脱氮效果更好，表现为去除曲线在相同时间内更陡峭，下降更快。微藻与菌共固定态在污水中的除磷效果也明显好于微藻单独固定态和悬浮态。培养 4 d 后，空白胶球在污水中达到吸附稳定态后污水水体中 $PO_4^{3-}-P$ 质量浓度为 2.5 mg/L，由此计算得出空白胶球吸附的 $PO_4^{3-}-P$ 为 0.5 mg/L；固定化细菌胶球吸附稳定的水体中 $PO_4^{3-}-P$ 的质量浓度为 2.4 mg/L，因此固定化细菌胶球吸附的 $PO_4^{3-}-P$ 质量浓度为 0.6 mg/L。进一步地，在除磷过程中，扣除固定化胶球吸附的 $PO_4^{3-}-P$ 的量，培养 1 d 后，经处理的污水中与菌共固定态、单独固定态和悬浮态栅藻吸附的 $PO_4^{3-}-P$ 分别为 2.5、2.4 和 2.3 mg/L，

而 4 d 后污水中的磷完全去除。因此，不同固定化形态栅藻的除磷效果规律与脱氮效果一致，表现为与菌共固定态＞单独固定态＞悬浮态。

当氮和磷的初始质量浓度分别为 25 mg/L 和 3 mg/L 时，栅藻的固定化藻菌在培养 4 d 后能够完全去除水体中的磷，氮的质量浓度也下降到 0.1 mg/L，Wang 等 [41] 对小球藻与活性污泥的固定化研究发现，在氮磷初始质量浓度分别为 20～30 mg/L 和 2～3 mg/L 时，经固定化胶球处理 4 d 后，污水中的氮磷含量分别为 12～18 mg/L 和 1～1.2 mg/L。固定化藻菌可以同时解决藻菌共生系统中生物量少、藻类难以收获等问题，大大提高了藻菌质量浓度，达到很好的脱氮除磷效果。该研究表明固定化藻菌在市政污水深度脱氮除磷及资源化利用方面具有一定的应用潜力。

3.5 微藻脱氮除磷影响因素

微藻的生长和脱氮除磷性能与众多环境因素有关。微生物学将这些环境因素分为非生物因素和生物因素。生物因素包括与其他微生物的协同和抑制作用，微藻生物因素影响主要指混合培养体系中藻菌间的作用。非生物因素包括能源、营养物质、温度和 pH 等。

3.5.1 光照

大部分微藻是光合自养型微生物，直接能量来源是光照。所以光照的强度和时间是影响微藻生长和脱氮除磷性能的重要因素，培养系统在设计过程中也应多考虑光照因素。足够强度的光照能够为微藻光合作用提供充足的能量来源，但保证光照强度和时长也必然会提高培养成本，在规模化应用中需要注意二者的平衡。

微藻在光量子通量密度为 60～120 μmol/($m^2 \cdot s$) 时生长较快，超过 200 μmol/($m^2 \cdot s$) 时易产生光饱和现象进而抑制微藻的生长 [42]。然而微藻对光照强度的需求与营养物质、生长速度、培养密度等因素有关。一方面营养元素可以提高微藻对光的需求能力；另一方面较高光照强度也可以促进微藻对营养元素的需求。故而，微藻在间歇光照下的氮磷去除效率低于连续光照条件。除了光照强度和时间，Filippino 等 [43] 在研究中证明了波长较长的红色 LED 光线会比波长较短的蓝色获得更好的脱氮效果。与光照共同参与光合作用的还有 CO_2，充足的碳源保证光合作用正常进行，但过多的 CO_2 会使 pH 下降，不利于氮和磷的脱除。

3.5.2　营养物质

营养物质氮磷的含量比值，以及存在形态直接地影响微藻脱氮除磷效果。Deng 等[44]在研究中发现不同氮磷含量培养液对微藻叶绿素 a 的合成有很大影响，中等氮磷含量下叶绿素 a 的得率最高，具有较高的生长速率，可实现较高的氮磷去除效率；杨福利等[45]发现不同的氨氮含量下，微藻的脱氮除磷效率不同；章斐等发现不同种类的微藻具有不同的优化氮磷比[44]。也有其他很多学者对最优氮磷比做了探究[19]。

3.5.3　其他

pH、温度、微量元素也是影响微藻脱氮除磷的因素。pH 可以间接影响微藻的脱氮除磷效果。而温度直接通过酶反应动力学影响着微生物生长速率和化合物的溶解度，从而影响微藻对污染物的转化和降解。微量元素的供给也会增强生物过程活性，如与光合作用有关的 Mg，有利于微藻脱氮除磷[19]。另外，一般在通过微生物方法降解污染物的过程中，搅拌可以使微生物与污染物有更多的接触机会，得到更好的净化效果。但对于微藻系统，搅拌对其生长有利，却并未对脱氮除磷有有利影响[20]。

3.6　微藻脱氮除磷原理

氮和磷都是重要的细胞物质组成元素，蛋白质、酶、能量转运物质二磷酸腺苷（ADP）、三磷腺苷（ATP）和遗传物质等含有大量的氮磷元素，这是微藻利用氮磷元素的基础。但微藻对于氮磷的处理除合成细胞物质以外（公式 3-1），还可以通过间接的方式实现。由于氮磷元素在废水中存在的状态不同，因此微藻对于不同形态的氮和磷也有不同程度的去除效果。

$$106CO_2+16NO_3^-+HPO_4^{2-}+122H_2O+18H^+ \rightarrow C_{106}H_{263}O_{110}H_{16}P+138O_2 \quad (3-1)$$

3.6.1　脱氮机制

微藻对氮的去除主要依靠细胞体的同化作用。废水中存在的氮元素可分为无机氮和有机氮。无机氮主要以硝酸盐、亚硝酸盐、氨氮的形式存在。微藻的同化作用可以将硝酸盐转化为亚硝酸盐，再转化为铵盐然后被纳入自身物质的碳骨架中[10]。这一转化发生在细胞膜上，硝酸盐和亚硝酸盐的转化分别要用到硝酸盐还原酶和亚硝酸盐还原酶，分别利用烟酰胺腺嘌呤二核苷酸（NADH）来转移电子。最后铵根的利用依靠谷

氨酸合成酶 ATP 的过程参与实现。因此铵根可以直接被利用，消耗最少的能量，也最容易被吸收，其次为亚硝酸盐和硝酸盐。但过多的铵态氮会对微藻生长产生负面影响。对于有机氮，如尿素和氨基酸，微藻可以通过自养异养混合营养的方式直接吸收。微藻对氮的间接去除主要是通过光合作用导致 pH 偏高，进而引起和促进氨态氮的挥发来实现的。另外适当增加温度也有利于氨态氮的挥发。某些微藻，如蓝藻，还可吸收大气中的氮气。

3.6.2　除磷原理

磷是参与能量传递和核酸合成等细胞过程的重要元素。微藻的除磷原理主要是使磷通过磷酸化作用进入细胞中的能量传递物质 ATP 中。微藻细胞内的磷酸化过程有底物水平磷酸化、氧化磷酸化和光合磷酸化 3 种形式。微藻通过此方式利用的磷元素形态主要包括磷酸氢根和磷酸二氢根。有实验表明，正磷酸盐也可以被微藻有效去除[5, 24]。Fang 等实验发现，厌氧废水下，质量浓度 4.053 mg/L 的 PO_4^{3-} 经过 14 d 的处理后被完全去除。Zamani 等[24] 证明微藻可以去除市政废水中正磷酸盐并筛选出了优势藻株，12 d 的处理中其对正磷酸盐的去除最高可达到 72.3%。同样，某些微藻也可以直接吸收废水中的有机态磷。微藻对磷的间接去除原理与氮相同，pH 的升高促进了磷的沉淀，光合作用带来的较高氧含量也对其有利。

3.7　藻－菌共生体系脱氮除磷

废水中过高的氮、磷浓度使水体富营养化问题日益严重，菌藻系统能有效降解废水中的氮、磷、有机质等污染物，并将其转化为生物质，具有良好的环境与经济效益。

3.7.1　研究案例

（1）活性污泥的菌落组成

活性污泥在处理二级出水的过程中出现的微生物种类繁多，其中有细菌，如贝式硫菌等；有藻类，如蓝藻、裸藻等；有原生动物，如漫游虫、变形虫、累枝虫、表壳虫等；有后生动物，如线虫、轮虫等。微生物种类多样表明活性污泥性能良好[46]。

（2）混合藻的菌落组成

混合藻在处理二级出水的过程中，初期有小球藻、栅藻、颤藻、卵形藻等多种藻类，其中小球藻和栅藻数量较多，颤藻次之；中期微藻种类发生改变，卵形藻不再出现，颤藻数量明显减少；后期只有小球藻、栅藻、颤藻 3 种微藻，颤藻的数量很少，小球藻和栅藻成为优势藻种。说明在混合藻处理二级出水的过程中，发挥主要作用的是小球藻和栅藻[46]。

（3）菌藻系统的菌落组成

菌藻系统在处理二级出水的过程中，初期有大量的小球藻和四尾栅藻，颤藻的数量很少，出现少量轮虫、变形虫和表壳虫；中期微藻的种类几乎不变，但是轮虫消失，出现了少量草履虫；后期微藻种类与中期相同，但是原生生物只有少量变形虫和表壳虫。说明在菌藻系统处理二级出水的过程中，活性污泥与混合藻共同发挥作用[46]。

活性污泥中大部分是菌类；混合藻中小球藻和栅藻一直是优势藻种；菌藻系统则是由菌类和微藻共同组成的；对二级出水氮、磷的去除效果，菌藻系统最好，混合藻次之，活性污泥最差。菌藻系统中菌类和微藻的协同作用在处理废水方面有很大的优势。将活性污泥、混合藻、菌藻系统处理二级出水时的群落组成与对二级出水中氨氮和磷的去除效率结合分析可知，菌类对氨氮和磷的去除效果比微藻差；通过测定活性污泥、混合藻及菌藻系统的生物质含量可知，菌藻系统的生物质含量更高。

3.7.2 氮磷的去除

用活性污泥、混合藻及菌藻系统去除二级出水中氮、磷，经过 6 d 的处理，二级出水中的氮、磷大量减少，第 6 天时对二级出水的处理基本完成，其中，菌藻系统对氨氮和磷的去除率最高，分别为 94.16%、83.30%；混合藻对氨氮和磷的去除率次之，分别为 93.54%、78.46%；活性污泥对氨氮和磷的去除率最差，分别为 80.53%、61.72%。菌藻系统的去除效果优于混合藻和活性污泥。

结合活性污泥、混合藻及菌藻系统处理二级出水时的群落组成可知，菌藻系统的群落组成最复杂，其中菌类和微藻协同处理二级出水时，微藻通过光合作用产生氧气供给菌类，菌类新陈代谢产生碳源提供给微藻进行光合作用。研究表明：当小球藻与活性污泥共同处理废水时，可去除 90% 的氮、磷[47]，而且微藻的光合作用能引起 pH 值升高，使水中的钙离子与磷酸盐形成沉淀，促成氨氮的挥发[48]，所以菌藻系统的去除效果最好。活性污泥中绝大多数都是菌类，由实验结果可知菌类对氮、磷的去除效果比微藻差。菌类的生长周期较短，在处理后期处于衰亡期。在处理初期，活性污泥的去除速率与菌藻系统基本相同，混合藻的处理速率最低。原因可能是微藻处在新环

境的适应期，活性污泥中的菌类及细菌的胞外聚合物有一定的脱氮除磷能力[49-51]，这时活性污泥的去除效果更好。

参考文献

[1] SHI J, PODOLA B, MELKONIAN M. Application of a prototype-scale Twin-Layer photobioreactor for effective N and P removal from different process stages of municipal wastewater by immobilized microalgae[J]. Bioresource technology, 2014, 154: 260-266.

[2] GAO F, YANY ZH, LI C, et al. A novel algal biofilm membrane photobioreactor for attached microalgae growth and nutrients removal from secondary effluent[J]. Bioresource technology, 2015, 179: 8-12.

[3] FERNANDES T V, SHRESTHA R, SUI Y, et al. Closing domestic nutrient cycles using microalgae [J]. Environmental science & technology, 2015, 49 (20): 12 450-12 456.

[4] RIANO B, MOLINUEVO B, GARCIA-GONZALEZ M C. Treatment of fish processing wastewater with microalgae-containing microbiota[J]. Bioresource technology, 2011, 102 (23): 10 829-10 833.

[5] JI F, LIU Y, HAO R, et al. Biomass production and nutrients removal by a new microalgae strain Desmodesmus sp in anaerobic digestion wastewater[J]. Bioresource technology, 2014, 161: 200-207.

[6] VIRUELA A, MURGUI M, GÓMEZ-GIL T, et al. Water resource recovery by means of microalgae cultivation in outdoor photobioreactors using the effluent from an anaerobic membrane bioreactor fed with pre-treated sewage[J]. Bioresource technology, 2016, 218: 447-454.

[7] CHEN L N, SHEN Q H, FANG W Z, et al. Removal of nitrogen and phosphorus and the lipid production by co-immobilized microalgae and bacteria in municipal wastewater[J]. Science & technology review, 2015, 33 (14): 65-69.

[8] LIU X, LI Z, XIE D. Functions and resource utilizing of algae removing nitrogen and phosphorus from water[J]. Enuivonmental science and technology, 2014, 37 (3): 18-24.

[9] 甄茜，蔡婕，郭行，等. 微藻在废水脱氮除磷中的应用 [J]. 水处理技术，

2017，43（8）：7-12.

[10] CAI T, PARK S Y, LI Y. Nutrient recovery from wastewater streams by microalgae：Status and prospects [J]. Renewable & sustainable energy reviews，2013，19：360-369.

[11] AHLUWALIA S S, GOYAL D. Microbial and plant derived biomass for removal of heavy metals from wastewater[J]. Bioresource technology，2007，98（12）：2243-2257.

[12] 邢丽贞 . 固定化藻类去除污水中氮磷及其机理的研究 [D]. 西安：西安建筑科技大学，2005.

[13] RUIZ-MARTINEZ A, GARCIA N M, ROMERO I, et al. Microalgae cultivation in wastewater：nutrient removal from anaerobic membrane bioreactor effluent[J]. Bioresource technology，2012，126：247-253.

[14] LIU L, HUANG X, WEI L, et al. Removal of nitrogen and phosphorus by 15 strains of microalgae and their nutritional values in piggery sewage[J]. Acta scientiae circumstantiae，2014，34（8）：1986-1994.

[15] 马红芳，李鑫，胡洪营，等 . 栅藻 LX1 在水产养殖废水中的生长、脱氮除磷和油脂积累特性 [J]. 环境科学，2012，33（6）：1891-1896.

[16] 赵云，陈家城，沈英，等 . 利用微藻同步实现 CO_2 生物固定与养殖废水脱氮除磷 [J]. 环境工程学报，2014，8（9）：3553-3558.

[17] 袁梦冬 . 菌藻固定化小球对水产养殖废水脱氮除磷效果的研究 [D]. 济宁：曲阜师范大学，2012.

[18] ZHANG F, CHEN X, JIANG Z, et al. Growth characteristics and removal efficiency of nitrogen and phosphorus of two kinds of non-toxic microalgae under different nitrogen and phosphorus concentrations[J]. Chinese journal of environmental engineering，2015，9（2）：559-566.

[19] TUANTET K, TEMMINK H, ZEEMAN G, et al. Nutrient removal and microalgal biomass production on urine in a short light-path photobioreactor[J]. Water research，2014，55：162-174.

[20] SILVA-BENAVIDES A M, TORZILLO G. Nitrogen and phosphorus removal through laboratory batch cultures of microalga Chlorella vulgaris and cyanobacterium Planktothrix isothrix grown as monoalgal and as co-cultures[J]. Journal of applied phycology，

2012，24（2）：267-276.

[21] POSADAS E，GARCÍA-ENCINA P A，SOLTAU A，et al. Carbon and nutrient removal from centrates and domestic wastewater using algal - bacterial biofilm bioreactors[J]. Bioresource technology，2013，139：50-58.

[22] DENG X，DING W，FAN L，et al. Comparative study on N and P removal ability of Chlorella pyrenoidosa and Scenedesmus obliquus[J]. Journal of Jilin Agricultural University，2013，35（6）：694-698，726.

[23] 刘磊，杨雪薇，陈朋宇，等 .3 种微藻对人工污水中氮磷去除效果的研究 [J]. 广东农业科学，2014，41（11）：172-176.

[24] ZAMANI N，NOSHADI M，AMIN S，et al. Effect of alginate structure and microalgae immobilization method on orthophosphate removal from wastewater[J]. Journal of applied phycology，2012，24：649-656.

[25] BORDEL S，GUIEYSSE B，MUNOZ R. Mechanistic model for the reclamation of industrial wastewaters using algal-bacterial photobioreactors[J]. Environmental science & technology，2009，43（9）：3200-3207.

[26] OLGUIN E J. Dual purpose microalgae-bacteria-based systems that treat wastewater and produce biodiesel and chemical products within a Biorefinery[J]. Biotechnology advances，2012，30（5）：1031-1046.

[27] GUO L，WEI Q，ZHOU J，et al. Biokinetic study on nitrogen and phosphorus removal by algal biofilms[J]. Chinese journal of environmental engineering，2015，9（1）：39-44.

[28] CHRISTENSON L，SIMS R. Production and harvesting of microalgae for wastewater treatment，biofuels，and bioproducts[J]. Biotechnology advances，2011，29（6）：686-702.

[29] DE-BASHAN L E，BASHAN Y. Immobilized microalgae for removing pollutants：review of practical aspects[J]. Bioresource technology，2010，101（6）：1611-1627.

[30] LIU K，LI J，QIAO H，et al. Immobilization of Chlorella sorokiniana GXNN 01 in alginate for removal of N and P from synthetic wastewater[J]. Bioresource technology，2012，114：26-32.

[31] YUAN B，SUN L，HOU S，et al. Preparation of immobilized Chlorella and impact

on N and P uptake[J]. Marine environmental science, 2011, 30（6）: 804-808.

[32]　ZENG X, DANQUAH M K, ZHENG C, et al. NaCS-PDMDAAC immobilized autotrophic cultivation of Chlorella sp for wastewater nitrogen and phosphate removal[J]. Chemical engineering journal, 2012, 187: 185-192.

[33]　XI Y, JIAO H, LIU X. Cell immobilization technique and its application development[J]. Chemistry of life, 2013, 33（5）: 576-580.

[34]　YADAVALLI R, HEGGERS G R V N. Two stage treatment of dairy effluent using immobilized Chlorella pyrenoidosa[J]. Journal of environmental health science and engineering, 2013, 11（1）: 1-6.

[35]　CHINNASAMY S, BHATNAGAR A, CLAXTON R, et al. Biomass and bioenergy production potential of microalgae consortium in open and closed bioreactors using untreated carpet industry effluent as growth medium[J]. Bioresource technology, 2010, 101（17）: 6751-6760.

[36]　XIA L, HU C. The feasibility of cultivation oil-rich desmodesmus under mixed nitrogen source[J]. Acta hydrobiologica sinica, 2016, 40（6）: 1241-1248.

[37]　LI Y, SONG S, XIA L, et al. Enhanced Pb（Ⅱ）removal by algal-based biosorbent cultivated in high-phosphorus cultures[J]. Chemical engineering journal, 2019, 361: 167-179.

[38]　BEUCKELS A, SMOLDERS E, MUYLAERT K. Nitrogen availability influences phosphorus removal in microalgae-based wastewater treatment[J]. Water research, 2015, 77: 98-106.

[39]　HUANG R, HUO G, SONG S, et al. Immobilization of mercury using high-phosphate culture-modified microalgae[J]. Environmental pollution, 2019, 254（Pt A）: 112966.

[40]　YEH K-L, CHANG J-S. Nitrogen starvation strategies and photobioreactor design for enhancing lipid production of a newly isolated microalga Chlorella vulgaris ESP-31: Implications for biofuels[J]. Biotechnology journal, 2011, 6（11）: 1358-1366.

[41]　WANG A, SONG Z, WANG F. Uses of co-immobilization algae-bacteria for wastewater purification[J]. Environmental pollution & control, 2005, 27（9）: 654-657.

[42]　WAHIDIN S, IDRIS A, SHALEH S R M. The influence of light intensity and

photoperiod on the growth and lipid content of microalgae Nannochloropsis sp[J]. Bioresource technology，2013，129：7–11.

[43] FILIPPINO K C，MULHOLLAND M R，BOTT C B. Phycoremediation strategies for rapid tertiary nutrient removal in a waste stream[J]. Algal research，2015，11：125–133.

[44] DENG G，ZHANG T，YANG L，et al. Studies of biouptake and transformation of mercury by a typical unicellular diatom Phaeodactylum tricornutum[J]. Chinese science bulletin，2013，58（2）：256–265.

[45] 杨福利，李秀辰，白晓磊，等.小球藻脱氮除磷及其生物量增殖潜力的研究 [J]. 大连海洋大学学报，2014，29（2）：193–197.

[46] 郝凯旋，陈文兵，母锐敏，等.菌藻系统对废水中氮磷去除规律的研究 [J]. 山东建筑大学学报，2019，34（5）：50–54.

[47] 陈红芬.固定化藻菌强化水产养殖废水脱氮除磷研究 [D].无锡：江南大学，2019.

[48] 李晨旭，彭伟，方振东，等.微藻用于城市污水深度处理的研究进展 [J]. 化学与生物工程，2017，34（11）：5–10.

[49] 刘亚男，于水利，赵冰洁，等.胞外聚合物对生物除磷效果影响研究 [J]. 哈尔滨工业大学学报，2005（5）：623–625.

[50] 王然登，程战利，彭永臻，等.强化生物除磷系统中胞外聚合物的特性 [J]. 中国环境科学，2014，34（11）：2838–2843.

[51] 陈彪.重金属镉胁迫下胞外聚合物在小球藻脱氮除磷过程中的作用 [D].湘潭：湘潭大学，2015.

第四章　微藻废水重金属脱除

4.1　微藻吸附剂制备

随着农业、工业的不断发展，汞、镉、铅、镍、铜、锌等重金属污染对水生态环境、生物生存及人类健康造成的威胁，已成为人类迫切需要解决的难题之一[1]。目前，多种生物体包括细菌、真菌、酵母、藻类以及大型植物作为生物吸附剂[2]，被用来吸附水环境中的重金属。其中，与其他生物吸附剂相比，藻类对诸多重金属都有很好的吸附能力，且资源丰富，不仅是水体重金属污染检测剂，也可以作为生物吸附剂，广泛地应用在被重金属污染导致其他生物难以生存的水体的改造上[3]。2010年，吴海一等[4-5]研究指出，鼠尾藻对 Zn^{2+} 和 Cd^{2+} 的富集能力较强，故而在修复重金属污染的海洋水环境，尤其是锌污染时，可以利用鼠尾藻。2011年，Zakhama 等[6]研究报道，石莼对 Cu^{2+}、Pb^{2+}、Cd^{2+} 和 Ni^{2+} 的吸附量分别为112、230、127和67 mg/g，石莼能有效去除水环境中部分重金属离子。

4.1.1　活藻吸附剂制备

活藻吸附剂是将微藻培养至对数期后期，离心洗涤保持微藻活性的前提下直接与重金属作用的一种特殊吸附剂。不同微藻对同一重金属的耐受性不一样，同一微藻对不同重金属的耐受性和吸附性能也不同。

Huang 等[7]的研究如图4-1所示，不同磷酸盐改性下活藻吸附剂的制备可以看出，随着时间的推移，微藻生物质含量在增加，并且在活藻吸附剂的制备过程中，不同的培养条件会得到不一样的微藻，这与具体的实验研究要求有关，后续在微藻表面改性章节也会给出相关内容。微藻吸附剂细胞相关参数如表4-1所示，可以看出活藻生物吸附剂的生物质和表面官能团含量等与培养条件密切相关，同时也可以看出微藻细胞对培养环境条件的变化十分灵敏，能够根据环境的不同而产生不同的产物量，因此，可以通过改变环境来制备需要的微藻生物吸附剂。

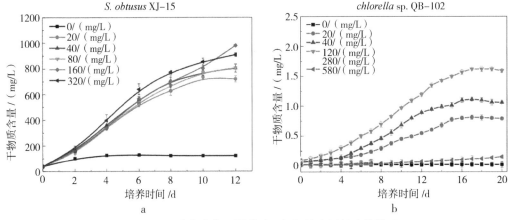

图 4-1　两种藻类在不同磷酸二氢钾浓度下的生长情况

表 4-1　不同磷酸盐改性微藻的相关参数

活藻吸附剂	磷改性浓度 / （mg/L）	生物质含量 / （mg/L）	生物质最大量 / [mg/（Ld）]	磷去除率 /%	干物质磷含量 / （mg/g）	干物质聚磷酸盐含量 / （mg/g）
B-0	0	122.6 ± 2.53e	0.026 ± 0.002d	——	14.52 ± 0.32f	1.449 ± 0.09c
B-20	20.00	720.6 ± 24.39d	0.197 ± 0.006c	99.94 ± 0.00a	13.38 ± 0.83e	1.449 ± 0.12c
B-40	40.00	804.3 ± 32.31c	0.203 ± 0.007bc	99.94 ± 0.01a	17.18 ± 0.21d	2.312 ± 0.08b
B-80	80.00	807.3 ± 26.00c	0.208 ± 0.015bc	99.04 ± 0.38b	28.58 ± 0.13c	3.176 ± 0.14a
B-160	160.0	980.7 ± 5.42a	0.226 ± 0.002a	94.79 ± 0.37c	26.84 ± 0.31b	2.970 ± 0.16a
B-320	320.0	908.9 ± 12.49b	0.214 ± 0.001ab	93.02 ± 0.45d	26.02 ± 0.17a	2.504 ± 0.07b

注：不同的小写字母表示处理之间的显著差异（$P < 0.05$）。

4.1.2　藻渣吸附剂制备

　　微藻提脂残渣是微藻能源化利用中最主要的副产物之一，它主要是由微藻提取生物油脂后的固体残渣构成[8]。这些残渣保留了绝大部分原藻的形貌结构特点，细胞表面多糖成分以及官能团分布与原藻也基本一致，是一种较为理想的生物吸附剂原料。有文献报道小分子有机酸在较为温和的改性条件下就能够有效增加吸附剂比表面积，提高吸附性能。彭阳[9]选取 3 种小分子量的一元有机酸：甲酸、乙酸及丙酸，分别对微藻提取油脂后的残渣进行改性，采用水平振荡吸附法研究改性后微藻残渣对 Hg（Ⅱ）的脱除性能。残渣的有机酸改性实验流程如图 4-2 所示。其表征结果表明，甲酸、乙酸和丙酸 3 种一元有机羧酸能够通过溶解小分子矿物成分在残渣表面及内部形成丰富的孔洞通道，显著提高提脂残渣的比表面积，增加孔隙结构；同时还能够在酸浸渍过程中，通过与微藻细胞中的碱性基团发生交互而促进酸性官能团的引入。从物理结构、表面化学特性两个方面提高了材料对重金属离子的捕集能力。

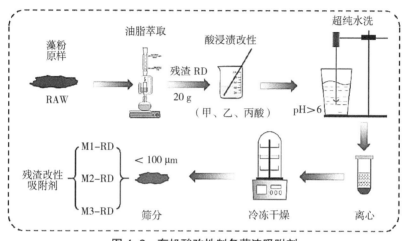

图 4-2 有机酸改性制备藻渣吸附剂

对不同浓度有机酸浸渍获得的改性材料进行 Hg（Ⅱ）吸附效率的预实验，结果如图 4-3 所示。在同一个有机酸浓度条件下得到的样品中，甲酸改性材料吸附效率最高，丙酸最低，但差距不明显；随着有机酸改性浓度从 0.5 mol/L 增加到 1.0 mol/L，3 种改

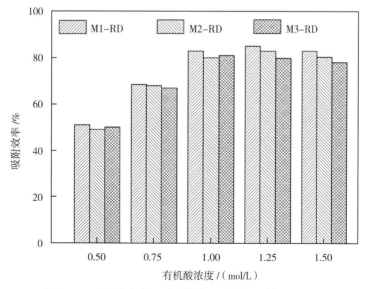

图 4-3 不同浓度有机酸对藻渣吸附剂吸附效率的影响

性材料的吸附效率均明显增加，说明材料表面的物理化学结构均有明显改善；而进一步将有机酸浓度从 1.0 mol/L 提高到 1.5 mol/L，3 种材料的效率均没有明显增加，这可能是有机酸的过量导致的材料表面活性位点饱和。

Li 等[10]，Huang 等[7] 也用磷酸盐对微藻进行了改性，制备具有高吸附性能的藻渣吸附剂。结果表明，磷酸改性制备的藻渣吸附剂表面产生大量含磷基团，在微藻对重金属的固定中起主导作用。图 4-4 是藻渣吸附剂的制备过程，可以看出制备过程较为简单，是方便可行的。

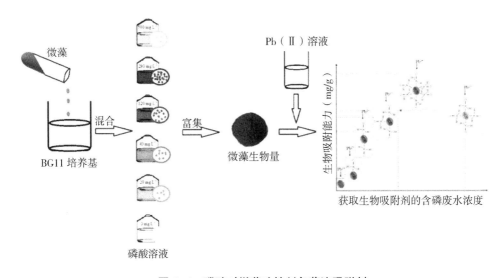

图 4-4　磷酸对微藻改性制备藻渣吸附剂

4.1.3　微藻生物炭吸附剂制备

生物炭是指生物质在无氧或缺氧条件下发生热转化得到的一种碳含量极其丰富的固体产物，因其含碳量高、孔隙发达、稳定性高等优点，被认为是改良土壤、净化水质、减缓碳排放的优质原料。由于原材料、技术工艺及热解条件等差异，生物炭在结构、pH、挥发分含量、灰分含量、持水性、表观密度、孔容、比表面积等理化性质上表现出非常广泛的多样性。大型海藻、海草等水生植物具有不占用农业用地、生长周期短、产量高、不需要农业投入品（农药、化肥、淡水等）、易粉碎和干燥、预处理成本低等优点[11]，被联合国粮食及农业组织（Food and Agriculture Organization of the United Nation，FAO）视为最适合作生物质资源的藻类。自 2009 年以来，基于大型海藻和海草富含木质纤维素的特点，国内外学者开展了以其为原料制备活性炭的研究，目前见诸文献报道的包括裙带菜（*UndariaPinnatifida*）[12]、长托马尾藻（*SargassumLongifolium*，S. L.）和鹿角沙菜（*HypneaValentiae*，H. V.）[13] 及波喜荡海草（*Posidonia Oceanic*，L.）[14-15] 等。

选取浙江一种优势大型海藻——铜藻为原料，采用水热炭化法制备铜藻基水热炭，并在此基础上进行工艺优化、性能测定[16]。结果如图 4-5 所示，两者在峰的形状和强度方面均不一样，表明水热法和干法裂解的热分解是不一样的过程。水热炭的吸收谱带表明较干法炭而言，水热炭表面含有大量极性官能团。铜藻基水热炭的酸性与表面含有的酚羟基有关。干法炭的谱图较平坦，因为高温干法裂解将极性官能团（含氧官能团等）分解。水热炭铜藻基生物炭表面存在更丰富的含氧、含氮官能团，亲水性更强，碳回收率和得率更高，铜藻基水热炭将比干法炭具有更好的吸水和保水效果，可作为性能优良的土壤改良剂；另一方面，水热炭表面的含氧基团使其具备更好的重金属吸附效应[17]，可作为性能优良的水处理吸附剂。

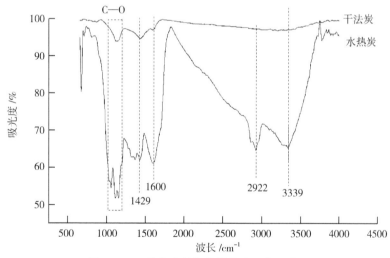

图 4-5 两种方法制备的微藻生物炭红外分析

4.2 微藻表面改性

为了满足不同的需求，通常需要改变微藻的培养环境或者对微藻细胞进行改性[18-22]。现有的微藻改性策略主要有：①利用基因工程技术改变某种蛋白多肽的表达或者定向改造细胞的代谢途径，改善产物的形成和细胞的性能；②基于化学和材料的技术，将材料与微藻细胞的结合，赋予微藻细胞特殊的微环境，从而改变微藻细胞的性能。

（1）物理法

物理诱变辐射源有紫外线、X 射线、γ 射线、α 射线、重离子束、超声波和激光等。其中对藻类诱变效果好，应用较广泛的有紫外线、X 射线、γ 射线和离子束[21]。

1）光诱变改性[23]

He-Ne 激光诱变是一种高效的诱变育种新技术，具有能量密度高、靶点小、单色性、方向性好以及诱变当代就可出现遗传性突变等特点，在微生物育种中得到广泛的应用。赵炎生等采用 He-Ne（632.8 nm）激光，照射时间为 30、60、30+30（照 30 min，24 h 后再照 30 min）、60+30 min，研究在光斑面积 15.89 cm^2、激光能量 1.1 mJ/cm^2、波长 632.8 nm 条件下，钝顶螺旋藻因照射引起的生理生化特性。研究结果表明，与出发菌株相比，经激光照射后，藻体在形态、干重、含氮量和胞外多糖等方面都有不同程度的变化，其中胞外多糖含量提高 193%，展示出激光诱变螺旋藻的良好前景。另外，赵萌萌等[24]利用 He-Ne 激光（波长 632 nm，功率 10 mW），时间为 5、10、15、20、25、30、35、40 min，诱变钝顶螺旋藻（*Spirulina platensis IS*），选取生长较快的藻种测量 β- 胡萝卜素、蛋白质及多糖含量，进一步筛选出生长快、高产胡萝卜素或高产蛋白质的藻种。试验结果表明，经 He-Ne 激光 15 和 25 min 照射后的藻种 MS-1、MS-2 和 MS-3 藻丝形态发生变化，藻丝变短，螺旋变紧密，生长速度明显加快，其中 MS-1 的 β- 胡萝卜素含量增幅为 18.1%，MS-3 的蛋白质和多糖含量均有较大增加。通过比较出发藻种和诱变藻种的叶绿素 a 和胡萝卜素的紫外吸收光谱，发现诱变藻种与出发藻种相比，最大吸收峰值略有变化，说明 He-Ne 激光对钝顶螺旋藻的诱变效应。

陈必链等[25]采用半导体激光（波长 650 nm，功率 40 mW，功率密度 13 mW/cm^2）辐照钝顶螺旋藻，辐照时间为 30、15、8 min，通过测定藻丝形态参量、叶绿素 a、β- 胡萝卜素，研究半导体激光对藻生长的影响。结果表明，3 个辐照时间都对藻丝形态产生影响，使得藻丝长、螺旋数、螺旋长发生变化；30 min 辐照组抑制藻体叶绿素 a、β- 胡萝卜素的合成，8、15 min 辐照组促进藻体叶绿素 a 和 β- 胡萝卜素的合成，β- 胡萝卜素增幅最高达 17.9%，8 min 促长作用最明显，比对照组生长速率提高 10.9%，15 min 略有促长作用，而 30 min 则会抑制生长。

李建宏等采用紫外诱变的方法，筛选获得两株优良的稳定钝顶螺旋藻突变株 M1-3

和 M5-1[26]。与出发株相比，M5-1 较粗大，M1-3 较细，但很长，M1-3 藻体螺旋数超过 40；两株突变株的生长速度和光合放氧速率均有明显提高；M1-3 的藻蓝蛋白含量高于出发藻株 20.2%；突变株的长碳链不饱和脂肪酸含量高于出发藻株，总脂中 M1-3 含花生四烯酸 4.93%，M5-1 含二十碳五烯酸 EPA（Eicosapntemac nioc acid，属于 Ω-3 系列多不饱和脂肪酸）2.49%；两株突变株对 NH_4^+ 和 Zn^{2+} 的抗性也发生改变。此外，王妮等[27]用功率为 15 W 的紫外灯，照射时间分别为 0、15、30、45、60、75、90、120 s，选出耐低温的突变藻株 ZW1 和 ZW2，比较出发藻株和突变藻株的形态和生理生化特征。结果表明，突变藻株的藻丝体变长，螺距加大，螺旋数目略有增加，最适生长温度低于出发藻株，而且在 4 ℃低温处理 6 h 后仍具有较高的放氧活性；ZW1 藻体的蛋白质含量增幅为 11.8%，ZW2 的蛋白质和多糖含量的增幅分别为 26.0%、28.6%。可见，突变藻株 ZW1、ZW2 是耐低温藻种。

2）电诱变

许永哲[28]用电晕电场对钝顶螺旋藻进行诱变处理，从中选育出优秀的螺旋藻藻种。采取的处理条件为 3 min（1.2、3.2、4.2、5.2、6.2、8.0、10.0、11.0、12.0、13.0 kV），4 min（3.0、4.0、6.0、7.0、8.0、9.0、10.0、11.0、12.0 kV），研究不同电场对螺旋藻的影响。结果表明，当诱变场强为 8.0 kV、时间为 3 min 时得到高蛋白含量藻种，蛋白含量比出发藻种提高 18.29%；当场强为 10.0 kV、时间为 3 min 时得到高多糖藻种，多糖含量提高 5.01%。电场诱变螺旋藻是一个新的诱变方法，为今后螺旋藻诱变提供新的研究方法和基础。

3）磁诱变

李志勇等[26]研究了磁场作用下钝顶螺旋藻中蛋白质、氨基酸以及矿物质含量的变化，同时从水溶液性质改变和离子结合的角度对电磁场效应的机制进行分析。研究表明，磁感应强度（B）为 0.25 T 的电磁场处理虽然对蛋白质和氨基酸含量的影响不大，但可以使必需氨基酸含量明显提高；此外，还可显著增加螺旋藻中的矿物质，尤其是微量元素。电磁场的生物效应可能来源于磁化水性质和离子吸收过程的改变。磁处理培养是进一步提高螺旋藻营养价值的一种较有效的手段。郑必胜等研究外加磁场作用对螺旋藻生长及其胞外多糖分泌的影响，发现在 40 kA/m 以下，磁处理有利于螺旋藻细胞生长及生物量的积累，当磁场强度为 24 kA/m 时，生长速率最高；当磁场强度高于 40 kA/m 后，螺旋藻的生长受到一定抑制；80 kA/m 以上时，生长受到明显抑制；400 kA/m 以上则基本停止生长。在较高的磁场强度下螺旋藻生长缓慢，但有利于螺旋藻胞外多糖的分泌，在螺旋藻对数期进行磁处理效果最好。

（2）化学法

常见的化学改性方法主要包括无机酸、强氧化物、无机碱以及部分金属氯盐[9]。化学改性通常将化学物质投加到微藻中，使其和微藻在短时间内充分接触，从而表面发生一些化学变化。赵济金等[29]用铁锰来改性微藻，发现改性后的藻粉表面负载有大量金属氧化物，主要成分为 Fe_2O_3 和 MnO_2，并且改性藻粉对 Sb（Ⅲ）和 Sb（Ⅴ）的吸附性能明显提升。这些改性方法被证实能有效提高材料吸附能力，但仍存在许多弊端，如容易造成二次污染、生理毒性高以及制备条件要求较为苛刻等，因此有必要开发更温和环保的改性方法。有机酸是一类能够直接从自然界生物体内提取的酸性物质，小分子有机酸绝大部分没有生理毒性，且获取成本较为低廉。已有文献报道这类溶剂的改性条件较为温和，能够有效改善吸附剂比表面积，提高吸附性能。Cheng 等[30]利用柠檬酸、酒石酸以及乙酸等3种有机酸改性了基于桉树木屑衍生得到的生物焦，并发现这种改性生物焦对亚甲基蓝的脱除效率较原样明显上升；Feng 等[31]也利用酒石酸对一种欧洲产油菜进行了改性并利用改性材料对亚甲基蓝进行了吸附，发现吸附效果提高明显。

（3）生物法

生物法改性微藻主要是通过改变微藻的生长条件，从而对微藻的生物质有了一定改性。一般生物法需要和化学法相结合，在微藻生长初期的培养液中加入特定的化学物质（如磷酸盐，硫酸盐，氮磷化合物以及一些重金属元素等），使微藻在生长过程中利用培养液中的相关物质，促进自身细胞形成所需的官能团，与对照组相比，微藻的生物质有了一定的改变，也就是微藻表面发生了生物改性[7, 10, 32]。如图4-1和表4-1所示，在培养液中加入不同浓度磷酸盐，可以得到不同浓度的微藻培养液，微藻细胞中磷含量和聚磷酸盐的含量也不一致，说明微藻被磷酸盐成功改性。表4-2显示，微藻表面官能团含量发生了变化。培养液中加入不同浓度磷酸盐能对微藻进行改性，从微藻的生物质上改变其组成和含量，并且该改性方法得到的微藻性质稳定，特异性明显。

表 4-2　不同磷改性微藻官能团浓度变化

单位：mol/kg

电离常数 / 官能团浓度	磷浓度 /（mg/L）						功能官能团
	0	20	40	80	160	320	
pK_1	5.50 ± 0.01a	5.50 ± 0.01a	5.50 ± 0.01a	5.50 ± 0.01a	5.50 ± 0.01a	5.50 ± 0.01a	羧基
C_1	3.43 ± 0.01c	3.50 ± 0.01b	3.52 ± 0.01b	3.50 ± 0.01b	4.20 ± 0.01a	4.20 ± 0.01a	
pK_2	6.58 ± 0.06d	6.97 ± 0.08a	6.63 ± 0.06cd	6.70 ± 0.03bc	6.72 ± 0.06b	6.41 ± 0.06e	磷酰基
C_2	0.93 ± 0.05e	1.50 ± 0.05d	1.90 ± 0.04c	3.21 ± 0.04a	2.39 ± 0.04b	2.30 ± 0.04b	
pK_3	8.69 ± 0.01b	8.53 ± 0.02c	8.74 ± 0.01a	8.39 ± 0.01d	8.73 ± 0.01a	8.67 ± 0.01b	氨基
C_3	0.46 ± 0.02e	0.81 ± 0.01a	0.61 ± 0.02c	0.71 ± 0.02b	0.52 ± 0.02d	0.82 ± 0.02a	
pK_4	11.87 ± 0.01b	11.71 ± 0.01c	11.86 ± 0.01b	11.92 ± 0.01a	11.98 ± 0.01a	11.66 ± 0.01d	羟基、 酚羟基
C_4	1.34 ± 0.03d	1.98 ± 0.02bc	1.97 ± 0.03c	2.05 ± 0.03ab	2.11 ± 0.03a	1.94 ± 0.03c	
C_{tot}	6.16 ± 0.04e	7.79 ± 0.05d	8.00 ± 0.04c	9.47 ± 0.06a	9.22 ± 0.04b	9.26 ± 0.03b	

注：不同的小写字母表示处理之间的显著差异（$P < 0.05$）。

4.3　微藻对水中重金属的去除性能

4.3.1　吸附量的研究

等温吸附模型是用来描述在同一温度下，重金属离子在两相界面上被吸附达到平衡时，其在两相中的浓度关系[2, 33-34]。它通过吸附方程来拟合该温度下重金属离子在固相和液相中的浓度关系。通过建立等温吸附模型，研究人员可以大致分析出吸附剂和被吸附物之间的作用方式，其中有通过单分子层吸附当中的化学键作用，由化学吸附作用引发吸附；有通过多分子层吸附中的力作用，由物理吸附作用引发吸附；还有介于单分子层和多分子层之间的，也是最接近真实吸附的吸附方式。建立等温吸附模型是分析吸附剂吸附特征的基本方法。目前关于微藻富集重金属离子的等温吸附模型有多种，本文选择最为常用的 Langmuir、Freundlich 和 Temkin 3 种模型[7, 10, 32]。

（1）Langmiur 等温吸附模型

Langmiur 等温吸附模型主要描述化学吸附，认为吸附过程是单分子层吸附，表面的吸附位点对于重金属离子有相同的亲和力，且最终吸附位点将被占满达到一个饱和的状态。该模型对应的 Langmiur 吸附方程有非线性和线性两种形式，分别用于建立非

线性和线性 Langmiur 模型，其表达式分别为

$$Q_e = \frac{Q_m K_e C_e}{1 + K_e C_e},\qquad(4-1)$$

$$\frac{C_e}{Q_e} = \frac{1}{K_1 Q_m} + \frac{1}{Q_m} C_{e\circ}\qquad(4-2)$$

其中，Q_e（mg/g）和 C_e（mg/L）分别是吸附反应平衡时，单位质量吸附剂的重金属吸附量和溶液中重金属的剩余浓度；K_1 为 Langmiur 方程的平衡常数；Q_m 是单位吸附剂的最大重金属吸附量，值越大表明其表面活性位点越多。

（2）Freundlich 等温吸附模型

Freundlich 等温吸附模型主要描述既有物理吸附又有化学吸附的过程，认为吸附过程是多分子层吸附，表面的吸附位点对于重金属离子的吸附能力是不均的。该模型对应的 Freundlich 吸附方程有线性和非线性两种形式，分别用于建立非线性和线性 Freundlich 模型，其表达式分别为

$$Q_e = K_f C_e^{\frac{1}{n}},\qquad(4-3)$$

$$\ln Q_e = \ln K_f + \frac{1}{n}\ln C_{e\circ}\qquad(4-4)$$

其中，Q_e（mg/g）和 C_e（mg/L）分别是吸附反应平衡时，单位质量吸附剂的重金属吸附量和溶液中重金属的剩余浓度；K_f 为 Freundlich 方程的平衡常数，Q_m 是单位吸附剂的最大重金属吸附量；n 是经验常数，与能量的不均衡性有关。

（3）Temkin 等温吸附模型

Temkin 方程考虑的是当吸附剂吸附溶液中的吸附质时，与被吸附的溶质发生相互作用力，影响吸附行为和过程，具体能量关系为吸附热随吸附量线性降低。方程式为

$$Q_e = A + B\ln C_{e\circ}\qquad(4-5)$$

其中，Q_e 为平衡吸附量（mol/g）；C_e 为吸附达到平衡时溶液的残余浓度（mol/L）；A（mg/g）和 B（J/mol）都是 Temkin 拟合常数。

李银塔研究了不同生长时期的微藻对 Pb（Ⅱ）的等温吸附拟合曲线，如图 4-6 和表 4-3 所示。这些结果都表明了 Pb（Ⅱ）在微藻表面的吸附等温线更符合 Freundlich 模型（线性回归系数 R^2 最高），同时 Freundlich 等温线数据显示，铅离子在藻类表面呈多层沉积。表 4-3 显示，拟合后 *Chlorella* sp. QB–102 对 Pb（Ⅱ）的吸附量性能可以得

到更准确的具体数据，稳定期的微藻吸附量最大（153.13 L/g），高于对数期（64.83 L/g）和衰亡期（30.71 L/g）。

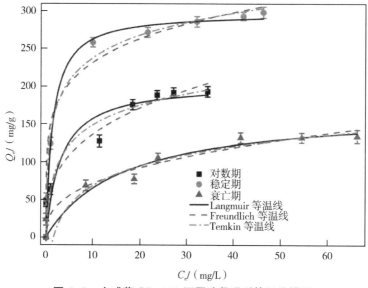

图 4-6　小球藻 QB-102 不同阶段吸附等温线模型

表 4-3　不同生长阶段微藻对 Pb（Ⅱ）的吸附等温模型拟合参数

阶段	Langmuir 模型			Freundlich 模型			Temkin 模型		
	q_{max}/（mg/g）	K_l/（L/g）	R^2	K_f/（L/g）	$1/n$	R^2	A	B	R^2
对数期	205.5	0.326	0.9672	64.83	0.324	0.9729	60	37.55	0.8715
稳定期	298.2	0.738	0.9912	153.13	0.181	0.9957	100	42.56	0.8939
衰亡期	171.9	0.061	0.9761	30.71	0.367	0.9861	-20	37.35	0.8861

　　Huang 等[7]的微藻吸附汞的研究中，也利用了 Langmuir、Freundlich 和 Temkin 3 种模型来探究微藻的吸附量。如图 4-7 和表 4-4 所示，生物吸附剂对 Hg（Ⅱ）的吸附能力随初始 Hg（Ⅱ）浓度的变化而变化（a）。实验数据拟合的 Langmuir，Freundlich 和 Temkin 等温线模型及其线性曲线如图 4-7b、c 和 d 所示。结果表明，在不同磷浓度条件下，所有生物吸附剂的 R^2 大多数较低，Langmuir 模型高于 Freundlich 模型和 Temkin 模型。Hg（Ⅱ）的生物吸附等温更符合 Langmuir 等温线模型，表明在生物吸附剂的外表面形成了一层 Hg（Ⅱ），该吸附过程更偏向于单分子层吸附。同时也可以从拟合的结果中探究得到最大吸附量为 95 mg/g，结果可信度高，减少了后续的实验操作。

表 4-4 小球藻 XJ-15 对 Hg（Ⅱ）的吸附模型参数

模型	参数	B-0	B-20	B-40	B-80	B-160	B-320
Langmuir	Q_m/（mg/g）	57.95	85.27	79.38	95.01	83.38	86.13
	K_l	0.117	0.055	0.029	0.033	0.036	0.149
	R^2	0.911	0.999	0.941	0.927	0.904	0.988
Freundlich	K_f	9.859	17.05	14.55	40.00	39.48	20.54
	n	0.517	0.436	0.417	0.224	0.171	0.325
	R^2	0.769	0.973	0.771	0.728	0.719	0.917
Temkin	A	3.731	-3.996	-9.846	30.69	33.51	9.471
	B	15.97	23.74	22.22	17.07	11.48	16.88
	R^2	0.704	0.993	0.883	0.832	0.778	0.986

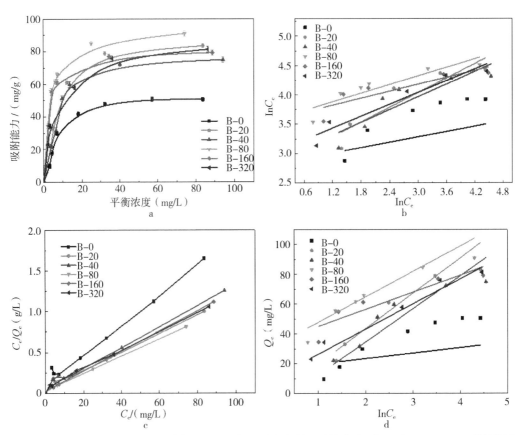

图 4-7 不同浓度磷改性下，小球藻 XJ-15 对 Hg（Ⅱ）的吸附能力（a），以及 Langmuir 模型拟合（b）、Freundlich 模型拟合（c）、Temkin 模型拟合（d）（实验条件 25 ℃，pH5.0，时间 3 h）

4.3.2 吸附过程的探究

吸附动力学描述的是吸附过程，研究溶液中的重金属离子到达吸附剂并发生吸附的速率问题。常用的吸附动力模型有准一级、准二级动力学方程和离子内扩散方程等[10, 32]。

（1）准一级动力学吸附模型

准一级动力方程的表达式为

$$\ln(Q_e - Q_t) = \ln Q_e - K_1 t。 \tag{4-6}$$

其中，Q_e（mg/g）表示吸附平衡时单位吸附剂的吸附量，Q_t（mg/g）表示在时间为 t 的时刻吸附剂的吸附量，K_1 是准一级动力吸附常数。以 $\ln(Q_e - Q_t)$ 对 t 作图，通过斜率和截距就可以求得 K_1 和 Q_e。

（2）准二级动力学吸附模型

准二级动力方程的表达式为

$$\frac{t}{Q_t} = \frac{1}{K_2 Q_e^2} + \frac{1}{Q_e} t。 \tag{4-7}$$

其中，Q_e（mg/g）表示吸附平衡时单位吸附剂的吸附量，Q_t（mg/g）表示在时间为 t 的时刻吸附剂的吸附量，K_2 是准一级动力吸附常数。以 t/Q_t 对 t 作图，通过斜率和截距就可以求得 K_2 和 Q_e。

（3）粒子内扩散吸附模型

粒子扩散方程的表达式为

$$Q_t = K_p t^{\frac{1}{2}} + C。 \tag{4-8}$$

其中，常数 C 是截距，K_p 是粒内扩散常数。根据这个方程，以 Q_t 对 $t^{1/2}$ 作图，如果符合粒内扩散模型的话，画得出的线是线性的，如果这条线通过了原点，说明粒内扩散是速率控制的一个步骤，而如果没有经过原点，说明有某种程度的边缘层控制，也表明粒内扩散不是唯一的速率控制因素，可能同时存在几种速率控制形式。直线的斜率可以用来推出粒内扩散常数 K_p。

Li 等[10]研究了 3 种生长时期小球藻 QB-102 生物量对 Pb（Ⅱ）的吸附能力随时间的变化，如图 4-8 所示。在每个发展阶段，Pb（Ⅱ）生物吸附效率迅速增加，超过 85% 的生物吸附是在 5 min 内完成。然后，吸附容量增加缓慢，直到 30 min，300 min 时，由于微藻表面结合位点达到饱和状态，达到平衡的饱和状态，不再出现明显的变化。实验数据的一级和二级以及粒子扩散模型拟合如图 4-8 和表 4-5 所示，从表中的 R^2 结果可以看出，微藻对 Pb（Ⅱ）的吸附更符合二级动力学吸附模型，进一步推测微藻对 Pb（Ⅱ）的吸附行为为化学吸附。

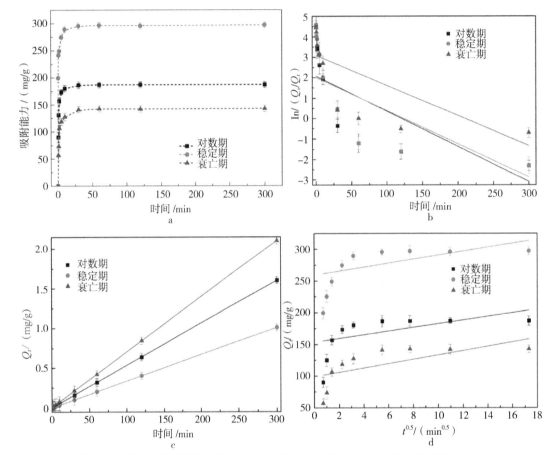

图 4-8　不同时期微藻吸附 Pb（Ⅱ）的实验数据拟合（a）[拟一级模型（b）、
拟二级模型（c）和颗粒内扩散模型（d）的吸附动力学曲线]

表 4-5　不同生长阶段微藻对 Pb（Ⅱ）的动力学吸附模拟参数

生长阶段	准一级动力学模型				准二级动力学模型					粒子内扩散模型		
	$Q_{e, exp}$/ (mg/g)	$Q_{e, cal}$/ (mg/g)	K_1/ (/ min)	R^2	$Q_{e, cal}$/ (mg/g)	K_2/ (/min)	R^2	h/mg/ g·min	$t_{1/2}$/ (min)	Kn/ (mg/ g·min)	C	R^2
对数期	187.1	182.3	1.222	0.6736	188.8	0.0111	1	395.6	0.4772	16.55	12.074	0.2294
稳定期	297.1	287.8	2.001	0.7217	295.7	0.0128	1	1119	0.2642	25.63	19.71	0.2722
衰亡期	142.5	136.7	0.813	0.697	142.6	0.0088	1	179	0.7968	11.47	7.51	0.3841

4.3.3 吸附能的探究

通过吸附等温线和吸附方程的计算，学者们可以了解吸附的过程，但有时也需要进一步了解吸附过程热力学参数的变化，分别是 Gips 自由能（ΔG）、焓变（ΔH）和熵变（ΔS）的变化。如果计算得到 Gips 自由能（ΔG）< 0，说明吸附过程是可以自发进行的，重金属镉离子容易被吸附剂结合，反之吸附过程则不是自发的；若随着温度的升高，焓变（ΔH）> 0，说明在该温度范围内吸附是吸热反应，升高温度有利于吸附的发生，反之则是放热反应，适合在低温下进行吸附。

Gips 自由能（ΔG）一般通过 Langmiur 平衡参数进行推算，其计算方法为

$$\Delta G = -RT\ln K_1。 \tag{4-9}$$

其中，R 为气体常数（8.314 J/mol·K），R 为吸附反应时对应的开尔文温度，K_1 为 Langmiur 方程的平衡常数。

得到 Gips 自由能（ΔG）的值后，可以将 Van't Hoff 方程：

$$\Delta G = \Delta H - T\Delta S。 \tag{4-10}$$

带入公式得到

$$\ln K_1 = -\frac{\Delta H}{RT} + \frac{\Delta S}{R}。 \tag{4-11}$$

根据不同温度下得到的曲线，以 $\ln K_1$ 对 $1/T$ 作图，可以得到斜率和截距分别为 $-\Delta H / R$ 和 $\Delta S / R$，可以得到具体的焓变（ΔH）和熵变（ΔS）的值。

Li 等[10]的实验研究了吸附能力随温度的变化规律。随着温度从 298 K 升高到 328 K，所有吸附剂的吸附量都增加了 82 ～ 642 mg/g。用实验数据计算的热力学参数见表 4-6，Gips 自由能的负值表明了吸附过程的热力学可行性和自发性，在较高的磷胁迫下，吸附的净值随温度的升高而增大。另外，ΔH 的值为正数，证实了微藻对铅的吸附是吸热反应。从温度升高，微藻对铅的吸附量增加这一结果也可以看出。热力学计算表明，在 298 ～ 328 K 时，微藻对 Pb（Ⅱ）的吸附行为是可行性、吸热性、自发性和随机性的，并且吸附过程为物理吸附（带负电荷表面），同时倾向于化学吸附。

表 4-6　微藻吸附 Pb（Ⅱ）的热力学参数

吸附剂	$C_0/$ （mg/L）	$T/$ （K）	K_1	$\Delta G/$ （KJ/mol）	$\Delta H/$ （KJ/mol）	$\Delta S/$ [J/（mol·K）]	R^2
B-0	100	298	0.743	0.736			
		308	0.831	0.473	79.18	24.129	0.998
		328	0.997	0.883			
	500	298	0.172	4.363			
		308	0.192	4.230	78.55	11.738	0.999
		328	0.230	4.009			
	1000	298	0.088	6.011			
		308	0.097	5.968	77.41	5.785	0.999
		328	0.117	5.840			
B-20	100	298	0.916	0.217			
		308	1.033	−0.083	75.32	24.617	0.987
		328	1.214	−0.530			
	500	298	0.256	3.380			
		308	0.285	3.212	74.78	13.789	0.996
		328	0.338	2.962			
	1000	298	0.103	5.623			
		308	0.116	5.5117	73.49	5.860	0.987
		328	0.136	5.439			
B-40	100	298	2.205	−1.959			
		308	2.429	−2.273	64.48	28.252	0.994
		328	2.804	−2.811			
	500	298	0.652	1.059			
		308	0.719	0.846	61.24	17.051	1.000
		328	0.820	0.541			
	1000	298	0.288	3.083			
		308	0.311	2.992	57.74	9.032	1.000
		328	0.357	2.812			

续表

吸附剂	$C_0/$ (mg/L)	$T/$ (K)	K_1	$\Delta G/$ (KJ/mol)	$\Delta H/$ (KJ/mol)	$\Delta S/$ [J/(mol·K)]	R^2
B-120	100	298	4.505	-3.729			
		308	4.919	-4.079	62.83	33.618	0.999
		328	5.687	-4.7406			
	500	298	0.893	0.280			
		308	0.961	0.102	59.49	19.007	0.999
		328	1.111	-0.288			
	1000	298	0.393	2.314			
		308	0.427	2.179	52.48	9.891	0.988
		328	0.478	2.012			
B-280	100	298	35.025	-8.810			
		308	37.645	-9.291	64.66	35.721	0.992
		328	43.933	-10.315			
	500	298	1.617	-1.191			
		308	1.769	-1.459	56.27	19.238	0.976
		328	1.974	-1.855			
	1000	298	0.647	1.080			
		308	0.691	0.947	52.06	10.192	995
		328	0.784	0.664			
B-580	100	298	5.370	-4.164			
		308	5.930	-4.558	61.81	50.277	0.997
		328	6.835	-5.242			
	500	298	1.035	-0.084			
		308	1.138	-0.332	53.09	21.875	0.979
		328	1.278	-0.670			
	1000	298	0.415	2.177			
		308	0.449	2.053	52.28	10.002	1.000
		328	0.504	1.868			

4.4 影响因素

大量研究表明影响藻类去除重金属的因素主要分为藻种类、形态、大小，水溶液中的环境条件和重金属种类。其中人为可控的，对藻类吸附重金属能力影响最大的，是水溶液的环境条件。已有大量研究对光照、pH 值和离子强度对藻类吸附重金属能力的影响进行考察，而在其他条件，如是否为活体藻以及藻表面性质方面研究较少。

4.4.1 非生物因素

（1）pH

pH 会影响重金属在溶液中的溶解度、毒性和存在形态，微藻自身的耐受性以及藻细胞表面的金属结合位点，可能是影响微藻吸附重金属最重要的参数。早期便有人在对藻类研究的报告中证实了重金属毒性发挥与 pH 值的紧密联系[35]。pH 对重金属吸附的影响，与溶液中的金属离子类型和小球藻细胞表面官能团的酸碱性息息相关。在 pH 值较低时，官能团都连接着 H^+，细胞表面正电荷数量增多，阻碍了与金属阳离子的靠近与结合，随着 pH 值升高，那些功能位点逐渐失去质子，细胞表面负电荷数量增加，与金属阳离子的吸引力增强，结合数量增加。在用水绵富集铜的过程中，当 pH 从 1 上升到 7 时，Cu^{2+} 的吸附量从 31% 上升到了 86%。在用色球藻富集 3 种重金属的过程中，当 pH 从 4 上升到 7 时，色球藻对 Cu、Cd、Zn 的富集量都有所提高[36]。

当 pH 较高时，大多数金属离子开始生成沉淀，这也会降低金属的吸附量。因此，确定藻类和重金属相互作用的最佳 pH 是非常重要。例如，李英敏等[37]考察了小球藻对 Cu^{2+} 和 Pb^{2+} 的吸附行为特征和机制，结论表明小球藻对 Cu^{2+} 吸附的最适 pH 值为 6～8，对 Pb^{2+} 吸附的最适 pH 为 7。Aksu[38] 报道小球藻吸附 Cd^{2+} 的最适 pH 值为 4，高 pH 值会使吸附能力下降。李银塔小球藻 Chlorella sp. QB–102 对 Pb^{2+} 吸附结果表明，随着 pH 值从 3.0 增加到 4.5，吸附能力急剧上升，然后缓慢上升直到 pH 值达到 6.0，说明 pH 对微藻的吸附能力影响较大。

pH 值的变化还会改变参与富集金属离子的官能团。在 pH 为 2～5 时，羧基占主导作用；在 pH 为 5～9 时，磷酸基团开始介入；当 pH 达到 9～12 时，羧基、磷酸盐和羟基（或氨基）基团可能都会参与到吸附过程中。羧基基团参与反应的 pH 范围非常广，可与不同金属离子生成螯合物，而羟基和氨基则在 pH 较高时发挥作用，这个规律在螺旋藻吸附 Pb 的实验中得到证实。

（2）温度

与 pH 值相比，温度对藻类吸附重金属的影响并不明显。一般来说，高温通常会促进吸附，因为表面能增加，溶质的动能增加，甚至藻体内相关酶的活性也会增加，均能导致金属结合位点的数量和其亲和活性增加[39]。

温度改变金属离子吸附行为，主要通过对金属离子的稳定性、配体和配位络合物的稳定性以及金属离子的溶解度等因素的影响而实现。通常，更高的温度会增加金属离子在溶液中的溶解度，减弱金属离子的生物吸附。此外，在热力学背景下，如果吸附过程是吸热的，则升高温度会促进反应进行；如果是放热的，则升高温度会减缓反应进行。基本上，金属与羧酸盐的相互作用是吸热的，而与胺类的相互作用是放热的。

截至目前，关于温度对微藻去除重金属影响，研究得出的规律随着金属种类的不同发生变化。例如，Aksu[40] 发现升高温度，干燥小球藻对 Ni^{2+} 的吸附量会提升，他在之前的研究中也曾报道过温度的上升会造成 Cd^{2+} 吸附量的下降。Gupta 等[41] 用鞘藻富集 Cd^{2+}，发现富集量随温度的升高而降低。还有一些报道称，温度对富集金属的过程没有影响。总而言之，温度对生物吸附金属的影响多样且广泛，但影响程度远不及 pH。

（3）光照

光是藻类光合作用的能量来源，对微藻生长至关重要。有研究认为，微藻可以根据光照强度的变化来改变自身光合作用，以优化光合效率或防止光损伤。有学者将特定生长速率与光强度相关联的动力学表达式和从实验数据拟合得到的模型广泛应用于悬浮藻类培养，以预测藻类生产力。光照直接影响微藻的生长，从而影响微藻去除水体中重金属的能力，因此有效利用可用光和避免光抑制对于微藻在废水处理中的成功应用至关重要。

李英敏等[37] 发现，小球藻的去除率在有光照条件下比无光照条件下显著增高。杨敏志等[42-43] 发现，波吉卵囊藻（*Oocystis borgei*）对 Cu^{2+}、Zn^{2+} 的吸附量随光照度的增大而增加，当光照度大于 3000 lx 时吸附量则无显著变化。相关研究结果表明，用藻类去除水中重金属离子时应尽量保持充足的光照。但也有研究发现，缺乏光照可增强有些藻类对于某些重金属离子的吸附能力。Subramanian 等[44] 研究发现，*Aphanocapsa pulchra* 在黑暗中对 Zn^{2+} 的吸附能力比光照下略强。

（4）初始重金属浓度

在特定 pH 值下，藻表面官能团的数量是一定的，可吸附金属离子的吸附位点数量

会随着离子强度的增加而减少，因此金属离子去除率在离子强度较高的环境下会比较低。用藻类处理重金属污染废水时，高浓度一价阳离子（Na^+、K^+）的存在会使废水的离子强度增加，降低藻类的生物吸附能力。

初始金属离子浓度对藻类的去除效果有很大的影响，一般来说，藻类的生物吸附量随着金属离子初始浓度增加而增加，当金属离子浓度增加到某一浓度后，再继续增加会导致，单位藻类生物量对重金属去除率会有所下降。从去除率来看，通常金属离子浓度越低，去除率越高。吴文娟等[45]研究发现，初始重金属离子浓度分别为20、60、100、140 μg/mL 时，150 mg 干质量微囊藻对 Cu^{2+} 的去除率分别为67%、37%、35%、34%，对 Cd^{2+} 的去除率分别为73%、65%、60%、42%，对 Ni^{2+} 的去除率分别为47%、31%、28%、21%。Mehta 等[46]报道，小球藻对初始浓度为 2.5 mg/L 溶液中 Ni^{2+}、Cu^{2+} 的去除率分别为69%、80%，而将它们的初始浓度增加到 10 mg/L，去除率则分别降低至37%、42%。

通常含重金属的废水都携带多种离子，而多金属离子的系统综合效应也会影响藻类的吸附效果，因此在解决实际环境问题中探讨溶液中混合金属阳离子的影响比单一金属离子的影响更有意义。在多金属离子系统中，金属离子会竞争结合藻类配体位点，从而影响藻类细胞对其他金属离子的吸收。在含有多种重金属离子的污水中，金属离子竞争结合藻类细胞表面活性位点直接受各离子浓度及其比例的影响，主要体现在金属离子的电性和离子半径，如 Al^{3+} 就可以通过阻止 Cu^{2+} 结合到藻细胞表面的位点，从而干扰 Cu^{2+} 的生物吸附[47]。

（5）溶解性有机质

溶解性有机质（DOM）指能够溶解于水或酸碱溶液的有机质，目前对其仅有操作上的定义，为一切能通过 0.45 μm 滤膜的有机质。根据它们在酸碱溶液中的溶解度可以将其划分为 3 类：第 1 类为腐殖酸（humic acid），不溶于酸但可溶于稀碱溶液，相对分子质量从数千到数万不等；第 2 类为富里酸（fulvic acid），既可溶于酸又可溶于碱，相对分子质量从数百到数千不等；第 3 类为腐黑物（humin），既不溶于酸也不溶于碱[48-49]。

DOM 是生物化学和地球化学众多过程的关键组分，结构上含有大量亲水基团和疏水基团，是天然水体中重要的吸附剂和络合剂，直接影响水体中有毒污染物的毒性和迁移转化行为，在对水生生态环境的风险评价中有着重要地位。在水中，DOM 会与藻类直接相互作用，易吸附于藻细胞表面位点，且是一个快速过程，增加了重金属的吸附位点，使水中能与 DOM 结合的配体会加速向细胞表面移动。DOM 可以穿透细胞膜，影响细胞膜的相关特性，如改变通透性、离子运输通道和电化学性质，对有毒污染物配体的跨膜运输造成影响[50-51]。Slaveykova 等[52] 在测试 Pb 和富里酸对藻细胞膜通透性影响的实验中发现，Pb 会降低细胞膜的通透性，而加入富里酸之后，通透性回升到了初始状态。

另外，DOM 也会影响金属离子的行为和性质，DOM 表面带有的负电荷有与碱金属离子（如 Na^+、K^+ 等）及碱土金属离子（如 Mg^{2+}、Ca^{2+} 等）形成离子键的趋势，与其他多价金属离子则不易形成，趋于形成配位键[53]。DOM 与重金属离子结合生成有机金属络合物，会影响水体中重金属离子的溶解度、毒性、生物有效性及与其他颗粒间的相互作用，这个过程受 DOM 的化学性质和环境因素影响，还与金属种类有关。例如，低分子量有机酸（苹果酸、柠檬酸）会增加 Cu 的生物有效性，而高分子量的腐殖酸则正相反；降低体系中的离子强度可以促进腐殖酸对 Cd 和 Cu 的吸附[54]。金属种类对金属与 DOM 相互作用的影响，则取决于该种重金属离子是否能在生物配体表面形成三元配合物，如 Pb 和 DOM 的结合物能与细胞膜表面的吸附位点形成三元配合物，而 Cu 和 Cd 则不能。

（6）其他

藻类对金属离子的生物吸附与其新陈代谢密切相关，可分为非代谢依赖和代谢依赖 2 个阶段，前者是快速的，后者是缓慢的。因此，所有可影响藻类代谢的外界因素都会影响藻类对重金属的富集[55]。如环境中硝酸盐浓度的变化会影响藻类生长和生物产量，氮营养供给不足，既会减少生物量，又会改变藻细胞代谢产物的积累，如增加脂类的合成，减少了多糖和蛋白质的相对量，从而导致金属离子生物吸附减少[56]。因此，对于待处理的含重金属污水，须综合分析其物理化学组成，评价它们对藻类吸附重金属的影响。

4.4.2　生物因素

（1）微藻的活性

运用微藻吸附重金属，可分为活体藻和死亡藻 2 种方式。通常情况下，活体藻对重金属的富集量比死藻要高，主要原因是活体藻不但可以在胞外吸附重金属，还可以通过生长代谢吸收一定量的重金属。非活性的微藻或其衍生产品，如烘干后或是衰亡期的微藻，可能更易用于实际操作，因为不需要养分供应和复杂的生物反应器系统。通过减少操作的复杂性，在吸附过程中不需要对其进行维护，能降低吸附成本。非活性的微藻只能进行被动吸附，吸附作用的时间也很短，具有很高的效率。但也有学者指出，活性细胞因为可以利用多种吸附机制，通常能够实现更大的吸附量，更加适合作为重金属吸附的吸附剂。

Pirszel 等[57]的研究表明，死亡的藻细胞对重金属也具有较强的吸附能力，并且认为利用死的藻体吸附微量元素比活体更经济、高效。Mohamed 等[58]也发现，死亡的蓝藻（*Gloeothece magna*）比活体对 Cd^{2+} 和 Mn^{2+} 的吸附量更大。Hasse 等[59]用活的藻细胞和预先用热水杀死的藻细胞对 Cu^{2+} 进行吸附对比试验，结果表明，死细胞对 Cu^{2+} 的吸附速度要大于活细胞。究其原因，有分析认为，可能是活藻细胞膜具有高度选择通透性，一般只允许中性分子通过而离子不易通过；而死亡藻细胞壁破碎较多，有更多的内部功能团（如金属螯合蛋白、多糖等）暴露出来与金属离子结合，且细胞膜因失去选择通透性功能而更容易让离子通过，最终表现为死亡状态的藻细胞比活体状态对重金属吸附量更大。

（2）不同种类的差异

不同微藻对重金属的耐受性和选择性吸附差异较大，因此针对性选择合适的藻株用于富集重金属尤为重要。Monteiro 等[60]比较了斜生栅藻（*Scenedesmus obliquus*）和鼓藻（*Desmodesmus pleiomorphus*）对 Cd^{2+} 和 Zn^{2+} 的吸附性能，对 Cd^{2+} 的吸收量分别是 0.058、1.92 mg/L，对 Zn^{2+} 的吸收量分别是 16.99、4.87 mg/L。可见，不同种类的微藻对不同重金属的吸附能力不同。研究也显示，不同微藻对不同离子的吸附能力也有很大差别，如微藻 *Castilleja miniata*、*C. vulgaris* 和 *Chlamydomonas reinhardtii* 可去除二价金属阳离子如：汞（Hg^{2+}）、镉（Cd^{2+}）、铅（Pb^{2+}）、镍（Ni^{2+}）、铜（Cu^{2+}）、锌（Zn^{2+}），而 *C. vulgaris* 和 *Spirulina platensis* 可去除三价金属阳离子铁，如 Fe^{3+} 和 Cr^{3+}，而 *C. miniata* 和 *C. vulgaris* 可去除 Cr^{6+}[61]。

耐受机制是藻类应对不良环境的一个重要适应性应激反应。Wong 等[62]比较了2 种藻类，证明在高浓度重金属湖泊中，绿藻 *Chlorella fusca* 可以存活，而另一种绿藻 *Ankistrodesmus bibraianum* 对金属非常敏感。Silverberg 等[63]在栅藻（*Scenedesmus spp.*）培养基中放入 1 mg/L Cu^{2+} 溶液，发现栅藻在生长过程中产生了对 Cu^{2+} 的耐受性，并且藻粉干质量中含铜量为 0.76 mg/g，而未产生耐受性的栅藻在 Cu^{2+} 浓度 > 0.15 mg/L 的溶液中却不能生长[61]。

生物体的大小和不同生长期对重金属的毒性敏感程度也不同。大小是藻类生态学的一个根本因素，藻类的生化反应、代谢、生长等过程，都与藻的大小有关。体积较小的藻类通常有较高的光合作用率和生长速率，单位生物量的营养物质运输速度快，具有最大比表面积的微藻，通常是富集金属最有效的藻，体积小的藻（表面与体积比较大）比体积大的藻类对铜更敏感[64]。

（3）生物量浓度

藻类在溶液中吸附重金属离子的数量与藻类的生物量浓度有关，一般藻类生物量浓度与重金属的去除量呈正相关。Mehta 等[39]发现，小球藻的生物量浓度增加 100 倍时，对于 Ni^{2+} 和 Cu^{2+} 的去除效果明显增加。此外，生物量浓度的变化对生物吸附能力也有影响，有研究发现，通过增加吸附剂量，增加了藻类表面活性位点，从而增加了金属离子吸附量，去除率也会增加直至达到平衡，但是单位质量吸附剂吸收的金属离子量减少。可能是由于细胞表面存在多种亲和力大小不同的功能基团，在高浓度重金属溶液中，高、低亲和性的功能基团都参与吸附，在低浓度重金属溶液中，高亲和性的功能基团参与吸附；此外，吸附剂量增加后，由于吸附剂的活性位点过多，溶液中的金属离子不足以覆盖所有活性位点，同时，结合位点之间的干扰作用也不能忽略，从而导致了较低的单位吸附量。Romera 等[65]使用不同的藻株和金属离子，发现在一定范围内，最低的生物量浓度有最大的生物吸附效率。Bishnoi 等发现，当生物量浓度增加时，螺旋藻对铜的摄取量减少。

4.5　脱除机制

藻类对金属离子的生物富集不同于一般简单的吸附、沉积或离子交换，而是一个复杂的物化与生化过程。藻类生物富集重金属的机制包括生物吸附和生物富集这 2 个类型[1]。微藻吸附重金属机制如图 4-9 所示，为了减弱重金属对微藻的不利影响，藻细胞发展出多种对有毒金属的抗性机制，如物理吸附、离子交换、化学吸附、络合和螯合等胞内胞外的金属结合机制[49]。由于藻细胞表面存在的多糖、蛋白质或脂质等物质成分中含有不同类型的负电结合基团，如羟基（—OH）、磷酸基（—PO_3）、羧基（—COOH）、巯基（—SH）、氨基（—NH_2）等，故通过静电相互作用可使金属离子被动地吸附在细胞表面。

此外，吸附在藻细胞表面的重金属会与藻细胞内的金属络合，这些被吸附在表面的重金属离子与质膜上的某些酶结合，进而被细胞主动转移至细胞内。这一过程是重金属跨膜进入细胞内富集的过程，与代谢活动有关，且缓慢不可逆，被称为生物富集。

生物富集是一个能量驱动的新陈代谢过程，受到能量（如糖分）和阻止新陈代谢过程的物质的影响，速度较慢。该阶段是一个生物富集的过程，与细胞代谢直接相关，胞外的金属离子被运至胞内并储存起来。吴海锁等[66-67]用小球藻吸附Cu^{2+}，4 h 后的吸附量达到 48 h 后的 81%，可见后期富集重金属的效率较低。以下将从微藻细胞的结构组分及代谢基础方面具体阐述其对重金属吸附的影响。

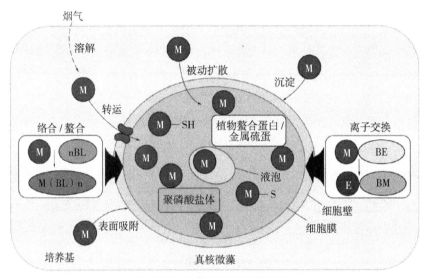

图 4-9　微藻吸附重金属机制

目前研究较多的是微藻对重金属的生物吸附机制，其中发挥主要作用的是微藻细胞壁。重金属可被吸附在藻细胞表面主要是由于金属离子与细胞壁上的基团发生吸附反应，如图 4-10 所示。该过程反应速度较快，且与生物的代谢过程无关，也不需要提供能量，金属离子是被动地吸附在细胞表面，该过程为生物吸附，通常 80%～90% 的重金属可以被微藻吸附到细胞表面，而且具有可逆性。生物吸附速度较快，与代谢无关，金属离子可能通过配位、离子交换、表面络合、氧化还原、微沉淀以及物理吸附等作用中的一种或几种附着在细胞表面；在这一过程中，金属和生物基质的作用较快，典型的吸附过程数分钟或数小时内就可完成。Ye 等[68]对藻类的生物吸附动力学行为的研究表明蓝绿藻可在 2 h 内吸附 90% 的 Pb（Ⅱ）和 75% 的 Cd（Ⅱ）。Vogel 等[69]研究了死亡的微藻（*Chlorella vulgaris*）对铀的吸附作用，结果表明，超过 90% 的溶解铀在前5 min 被吸附。Klimmek 等[70]用鞘颤藻吸附 Pb^{2+} 和 Cd^{2+}，在前 5 min 内对 Pb^{2+} 和 Cd^{2+}的吸附量就达到饱和吸附量的 90%，在 30 min 后达到吸附平衡。

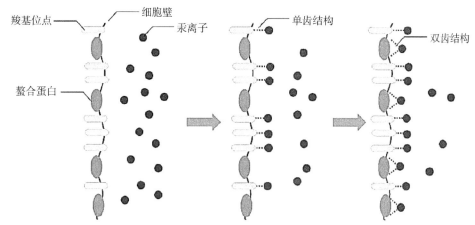

图 4-10　微藻细胞壁对汞的作用机制

微藻细胞壁结构组分不仅对重金属吸附能力有着重要的影响，甚至决定藻类与特定金属离子的互作特性[71]。藻类细胞壁通常是由纤维素、果胶质、藻酸铵岩藻多糖和聚半乳糖硫酸酯等多层微纤维组成的多孔结构，具有较大的表面积；细胞壁上的多糖、蛋白质、磷脂等多聚复合体给藻类提供了大量可以与金属离子结合的官能团（如氨基、硫基、巯基、羧基、羰基、咪唑基、磷酸根、硫酸根、酚、羟基、醛基和酰氨基等），这些官能团在特定 pH 值下水解释放出阳离子和质子，使得细胞壁带负电荷，从而对污水中的金属阳离子有很高的亲和力[72]。李建宏 等[73] 在对极大螺旋藻（*Spirulina maxima*）富集重金属的机制研究中，比较了藻体与细胞外壁多糖对 Co^{2+}、Ni^{2+}、Cu^{2+}、Zn^{2+} 的吸附量后发现，多糖的吸附量是藻体的 8 倍左右，推测该藻细胞对 4 种离子的吸附主要是多糖起主导作用。赵玲等[74] 通过对海洋原甲藻（*Prarocentrum micans*）吸附重金属离子的研究发现，从原甲藻中分离出来的多糖对金属的吸附量是藻体对金属吸附量的 5 倍，认为多糖对金属离子的吸附起主要作用。此外，Davis 等[75] 都在各自研究的藻类上得出细胞壁多糖是主导重金属吸附的结论。Chojnacka 等[76] 用化学方法对螺旋藻细胞表面的主要官能团进行修饰后发现，该藻失去了对重金属的吸附能力[77]。

在对微藻细胞壁和汞离子的作用研究中[9]发现，小球藻表面主要存在两种对 Hg（Ⅱ）具有特异性吸附效果的位点结构，分别是羧基类官能团位点和表面载体螯合蛋白位点。其中羧基类官能团位点为扩散控制与化学反应控制的被动吸附型结合位点，不需要生物体提供能量；而表面螯合蛋白位点为功能性主动运输结合位点，需要生物体提供能量。在 Hg（Ⅱ）与细胞表面接触时，由于羧酸类位点为弱质子结合位点，更容易失去质子形成负电位表面电势，从而导致汞离子优先于此类位点形成单齿结合位点，同时与质子进行等摩尔量离子交换过程；同时由于生物体活性螯合蛋白的存在，汞离子会在由生物能参与反应的过程中与螯合蛋白形成双齿金属环螯合形式，进一步穿过细胞壁及细胞膜进入到微藻细胞质内参与生理调节过程。

　　这些试验也验证了微藻细胞壁功能基团对重金属吸附具有极其重要的作用，但仅仅靠功能基团还不能保证重金属的有效吸附，环境条件（如 pH 值、离子强度、竞争性阳离子等）的改变、空间位阻、构象变化或者共价交联，都可能阻碍重金属离子的表面吸附。总的来说，金属离子在细胞表面被吸附，一些不溶性金属配合物在其上生成沉淀。细胞外的金属离子与藻细胞排出的代谢产物之间的络合作用降低了金属毒性；重金属离子的价态发生变化，使得金属在细胞内部从有毒的形态通过酶促反应氧化或还原为另一种毒性较低的形态；金属离子在细胞质中与蛋白质或多糖结合，从而限制金属毒性。Mehta 等 [39] 则认为微藻对有毒金属的抗性机制以离子交换作用为主导地位，同时络合作用和微沉淀作用也不可忽视。

　　（1）SEM 和 EDS 分析

　　利用不磷酸盐改性的微藻对铅进行吸附，吸附结果见图 4-11，在 Pb 负载前后，生物吸附剂的表面充满了褶皱。能量色散光谱（EDS）元素图显示，除 B-0 外，碳、氮、氧、磷均分布在生物吸附剂表面。生物吸附后，所有生物吸附剂表面均发现 Pb。结果表明，大部分细胞具有良好的结构，能提供丰富的金属结合活性位点。细胞壁上大量的碳水化合物和蛋白质，特别是聚磷酸盐，具有优良的金属隔离和螯合能力。

　　（2）FT-IR 分析

　　Li 等 [10] 研究了小球藻对 Pb（Ⅱ）脱除的机制，吸附前后生物质的红外光谱为如图 4-12，3310 ～ 3370 cm^{-1} 处强而宽的条带反映了存在碳水化合物、脂类或蛋白质时，羟基的伸缩振动，在 2923 cm^{-1} 和 1451 cm^{-1} 处的峰值归因于脂质或蛋白质的脂肪族基团和羧基基团—CH 和—COO 的拉伸，此外，出现在 1743 cm^{-1} 和 1655 cm^{-1} 左右的峰值，代表脂质（脂肪酸酯）和有机物中的酰胺类化合物肽的拉伸。在 1248 cm^{-1} 处的峰只出现在含磷培养物中，与磷拉伸条带一致，该官能团充分参与 Pb（Ⅱ）络合，B-20、B-40、B-120、B-280、B-580 有较大位移，而 B-280 的移峰变化最大。此外，P＝O 振动（1045 ～ 1080 cm^{-1}）在磷含量较高的微藻样品中也发现了。在 1248 和 1045 ～ 1080 cm^{-1} 处酸磷脂和磷脂为铅负载提供了活性基团。同时，在 Huang 等 [7] 的研究中，也给出了小球藻对汞的吸附机制，如图 4-13。微藻对 Hg（Ⅱ）的作用主要通过有机物中的 C＝O，蛋白质上的氨基以及大量含磷基团的参与，这一结果和 Li 等 [10]

的研究相吻合。

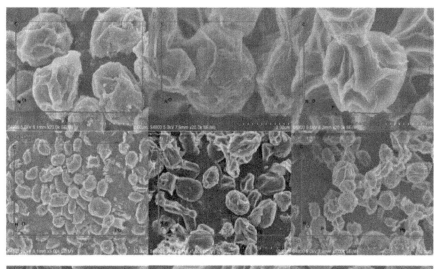

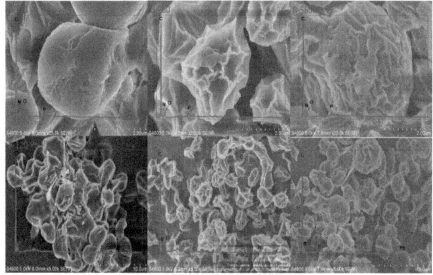

图 4-11　微藻吸附 Pb（Ⅱ）前后的 SEM 和 EDS 分析

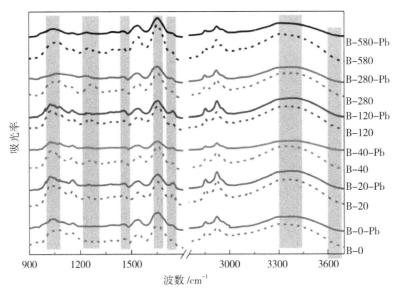

图 4-12　不同磷培养小球藻 QB-102 对 Pb（Ⅱ）生物吸附前后生物量的 FT-IR 光谱

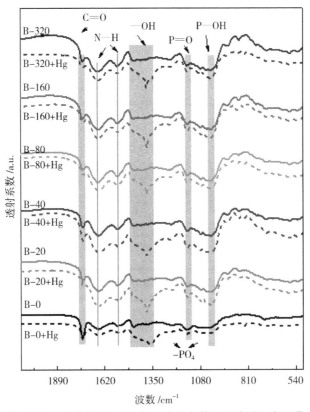

图 4-13　小球藻 XJ-15 对 Hg（Ⅱ）的吸附前后红外图谱

（3）XPS 分析

为了进一步阐明高磷酸盐培养藻类对 Pb（Ⅱ）的吸附机理，Li 等[10] 进行了 XPS 分析，如图 4-14 所示。全光谱分析（图 4-4a）表明，除 B-0 外，所有生物吸附剂的主要成分为 C、N、O 和 P，进一步证明了缺磷培养的微藻除了细胞内 P 的保存外，还能导致藻细胞表面的磷酸基团减少。负载 Pb（Ⅱ）后，所有样品的 Pb 4f 光谱（图 b）在结合能（BE）处都出现了两个新的峰值，分别为 141.41 eV 和 136.58 eV，这说明了 Pb（Ⅱ）在所有样品表面的积累。原生物吸附剂 C 1s 谱的反褶积产生了 4 个峰，分别为 284.56、286.11、287.71 和 288.86 ev。这些峰以 C—C/C—H、C—O、C=O/O—C—O、O=C—O 的形式分配给 C 原子，分别指羧基、羟基、醇和酮。这些官能团来自有机功能藻类的多糖和蛋白质。在与 Pb（Ⅱ）结合后，碳 1s 谱的反褶积产生了一个新的峰值，约为 285.57 eV，与 C—O 种相对应，其他 3 个峰发生了位移。各生物吸附剂的 C—H/C—C 面积比均有明显下降，且在高磷条件下有较大程度的降低。结果表明，在 Pb（Ⅱ）的生物吸附过程中，氧原子向 Pb（Ⅱ）提供电子中子，导致碳原子附近的电子密度降低。这一观察结果与傅立叶变换红外光谱分析结果一致。O 1s 谱分析显示，C=O/OH⁻ 的基团减少，P=O 中的 O 的数量减少，C—OH、C—OC、COOR、C—O—P、P—O—P 相关基团面积增加。认为 Pb（Ⅱ）与碱性离子或氢离子交换可能导致 C—OH、C—OC、COOR、C—O—P、P—O—P 增加，并且峰值从 532.18 eV 左右移动到 531.61 eV。因此，Pb（Ⅱ）生物吸附后，电荷从这些基团转移到 Pb（Ⅱ）上，这说明羧基、羟基和磷酸化基团在吸附化合物中起作用。由 Pb（Ⅱ）生物吸附前后 P 2p 的高分辨率 XPS 谱图可以看出，详细的 P 2p 谱被分为 3 个峰：P—O 成键时的峰值约为 132.71 eV，分配给 O=P（OR）₃ 的峰值约为 133.56 eV，P—OH、P—O—C 成键时的峰值约为 134.48 eV。而 P2p 的强度和面积比在 Pb（Ⅱ）加载后均有明显下降，说明磷官能团在 Pb（Ⅱ）络合反应中的重要作用。

Huang 等[7] 也给出了小球藻吸附 Hg（Ⅱ）前后的 XPS 光谱如图 4-15 所示。C、N、O 和 P 是微藻的主要成分，吸附后出现了一个新的汞峰值，说明汞已成功吸附到藻类生物量上。Hg（Ⅱ）在吸附后主要在 101.1 和 106.0 eV 处有峰值，分别对应 Hg₃（PO₄）₂ 和 HgO 中的 Hg（Ⅱ）。这与微藻表面氧官能团和磷官能团主要参与吸附的 FT-IR 结果一致，说明微藻中较高浓度的羧基和磷酸官能团主要参与结合固定汞离子。

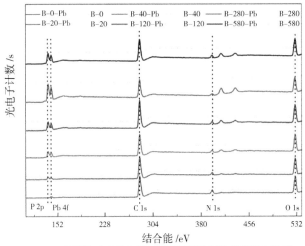

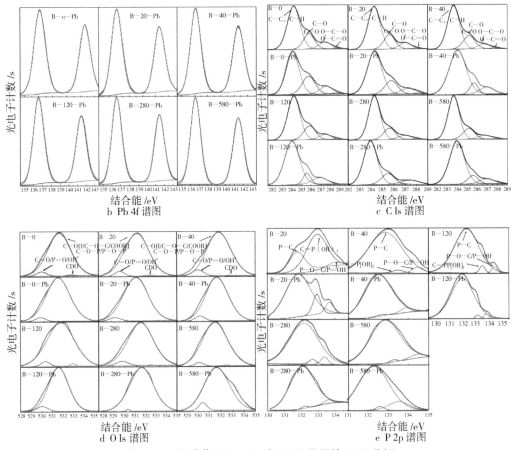

图 4-14　小球藻 QB-102 对 Pb(II) 作用的 XPS 分析

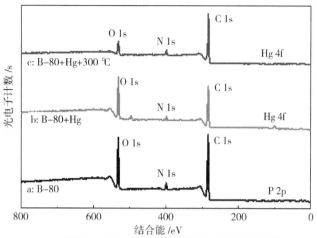

a XPS 吸附 Pb（Ⅱ）前、后不同磷浓度改性藻的全谱图

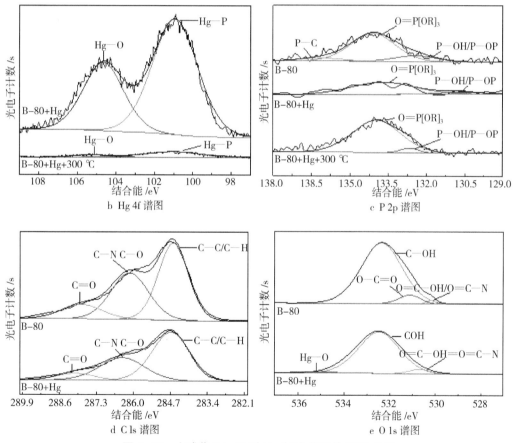

图 4-15　小球藻 XJ-15 对 Hg（Ⅱ）作用的 XPS 分析

4.6 吸附剂循环

4.6.1 回收方法

　　微藻使用一段时间后会吸附饱和，从而丧失吸附能力成为"废藻"。若直接将吸附饱和的微藻丢弃不仅会增加应用成本，还可能会导致二次污染，因此从经济和环保两方面考虑，微藻吸附剂的"再生"意义重大。吸附剂的重复利用性是吸附剂实际利用性的一个重要指标。每使用一个循环后，吸附剂用 HCl 洗脱固定的重金属，再用 NaOH 溶液和去离子水处理，过滤后用于下一个循环微藻吸附剂，该方法被称为无机药剂再生法。改变溶液的 pH 值可以使微藻脱附，因 pH 值常通过无机酸 / 碱来进行调控，所以该方法也称为酸碱再生法。微藻溶液 pH 值的改变一方面可以增加吸附质的溶解度，从而利于其从微藻中脱附；另一方面，溶液中的酸碱物质还可直接与吸附质发生化学反应形成易溶于水的盐类而脱附。无机药剂再生法的优点是工艺简单，可在线操作，无须另加再生设备，故而使用较多。

4.6.2 回收动力学

　　Li 等[10]通过对藻类生物量的再生，评价了该生物材料的回收利用（图 4-16）。以藻类生物量的再生效率为评价指标，吸附 - 解吸循环 7 次，7 个周期后去除效率降至 90.9%，吸附能力下降 9.1%。综上所述，在高磷废水中培养的藻类生物质有良好的生物吸附能力且易于回收，在固定化重金属方面具有广阔的应用前景。

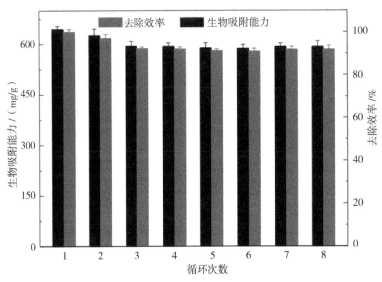

图 4-16　微藻 B-280 对 Pb（Ⅱ）进行吸附 - 解析循环实验结果

参考文献

[1] LEONG Y K, CHANG J S. Bioremediation of heavy metals using microalgae: recent advances and mechanisms[J]. Bioresource technology, 2020, 303: 122 886.

[2] 黄灵芝. 黑藻生物吸附剂吸附水体中重金属离子的研究 [D]. 长沙: 湖南大学, 2011.

[3] MARELLA T K, SAXENA A, TIWARI A. Diatom mediated heavy metal remediation: a review[J]. Bioresource technology, 2020, 305: 123 068.

[4] 吴海一, 刘洪军, 詹冬梅, 等. 鼠尾藻研究与利用现状 [J]. 国土与自然资源研究, 2010（1）: 95-96.

[5] 吴海一, 詹冬梅, 刘洪军, 等. 鼠尾藻对重金属锌、镉富集及排放作用的研究 [J]. 海洋科学, 2010, 34（1）: 69-74.

[6] ZAKHAMA S, DHAOUADI H, HENNI M F. Nonlinear modelisation of heavy metal removal from aqueous solution using Ulva lactuca algae[J]. Bioresource technology, 2011, 102（2）: 786-796.

[7] HUANG R, HUO G, SONG S, et al. Immobilization of mercury using high-phosphate culture-modified microalgae[J]. Environmental pollution, 2019, 254（Pt A）: 112 966.

[8] 朱雯喆. 生物炭基固定化微藻对重金属镉的修复机理研究 [D]. 福州: 福州大学, 2017.

[9] 彭阳. 微藻生物材料对工业污水二价汞的脱除性能及机理研究 [D]. 武汉: 华中科技大学, 2018.

[10] LI Y, SONG S, XIA L, et al. Enhanced Pb（Ⅱ）removal by algal-based biosorbent cultivated in high-phosphorus cultures [J]. Chemical engineering journal, 2019, 361: 167-179.

[11] KRAAN S. Mass-cultivation of carbohydrate rich macroalgae, a possible solution for sustainable biofuel production [J]. Mitigation and adaptation strategies for global change, 2013, 18（1）: 27-46.

[12] CHO H J, BAEK K, JEON J K, et al. Removal characteristics of copper by marine macro-algae-derived chars [J]. Chemical engineering journal, 2013, 217: 205-211.

[13] ARAVINDHAN R，RAO J R，NAIR B U. Preparation and characterization of activated carbon from marine macro-algal biomass [J]. Journal of hazardous materials，2009，162（2-3）：688-694.

[14] NCIBI M C，JEANNE-ROSE V，MAHJOUB B，et al. Preparation and characterisation of raw chars and physically activated carbons derived from marine Posidonia oceanica（L.）fibres [J]. Journal of hazardous materials，2009，165（1-3）：240-249.

[15] DURAL M U，CAVAS L，PAPAGEORGIOU S K，et al. Methylene blue adsorption on activated carbon prepared from Posidonia oceanica（L.）dead leaves：Kinetics and equilibrium studies [J]. Chemical engineering journal，2011，168（1）：77-85.

[16] 曾淦宁，伍希，艾宁，等. 铜藻基生物炭的水热制备及性能表征 [J]. 环境科学学报，2014，34（2）：392-397.

[17] UCHIMIYA M，WARTELLE L H，KLASSON K T，et al. Influence of pyrolysis temperature on biochar property and function as a heavy metal sorbent in soil [J]. Journal of agricultural and food chemistry，2011，59（6）：2501-2510.

[18] 王松. 微拟球藻化学诱变及富油藻株的高通量筛选研究 [D]. 青岛：中国海洋大学，2015.

[19] 高保燕，黄罗冬，张成武. 微藻藻种的筛选和育种及基因工程改造 [J]. 生物产业技术，2016，54（4）：27-31.

[20] 梁晶晶，蒋霞敏，叶丽，等. 氮、磷、铁对三角褐指藻诱变株生长、总脂及脂肪酸的影响 [J]. 生态学杂志，2016，35（1）：189-198.

[21] 刘秀花，梁梁，陈仲达，等. 小球藻等离子束诱变高产菌筛选 [J]. 河南科技，2016，585（7）：122-124.

[22] 梁英，闫译允，赖秋璇，等. 微藻诱变育种研究进展 [J]. 中国海洋大学学报（自然科学版），2020，50（6）：19-32.

[23] SARKAR A S，MUSHTAQ A，KUSHAVAH D，et al. Liquid exfoliation of electronic grade ultrathin tin（Ⅱ）sulfide（SnS）with intriguing optical response [J]. Npj 2D materials and applications，2020，4（1）：1-9.

[24] 赵萌萌，王卫卫. He-Ne 激光对钝顶螺旋藻的诱变效应 [J]. 光子学报，2005（3）：400-403.

[25] 陈必链，王明兹，庄惠如，等. 半导体激光对钝顶螺旋藻形态和生长的影响 [J].

光子学报，2000（5）：411-414.

[26] 李志勇，郭祀远，李琳.磁场对螺旋藻营养成分的影响及机理分析 [J]. 生物物理学报，2001（3）：587-591.

[27] 王妮，王素英，师德强.耐低温螺旋藻新品系的诱变选育 [J]. 安徽农业科学，2008（29）：12552-12553.

[28] 许永哲.螺旋藻的诱变育种 [D].呼和浩特：内蒙古大学，2013.

[29] 赵济金，戚菁，吉庆华，等.铁锰改性铜绿微囊藻对锑的吸附性能 [J]. 环境工程学报，2019，13（7）：1573-1583.

[30] CHENG G, SUN L, JIAO L, et al. Adsorption of methylene blue by residue biochar from copyrolysis of dewatered sewage sludge and pine sawdust [J]. Desalination and Water Treatment，2013，51（37–39）：7081–7087.

[31] FENG Y, ZHOU H, LIU G, et al. Methylene blue adsorption onto swede rape straw（Brassica napus L.）modified by tartaric acid：equilibrium，kinetic and adsorption mechanisms [J]. Bioresource technology，2012，125：138–144.

[32] LI Y, XIA L, HUANG R, et al. Algal biomass from the stable growth phase as a potential biosorbent for Pb（II）removal from water[J]. RSC advances，2017，7（55）：34600–34608.

[33] 马卫东，顾国维，YU Q M. 海洋巨藻生物吸附剂对 Hg^{2+} 吸附性能的研究 [J]. 上海环境科学，2001，20（10）：489–491，494–509.

[34] SUN X, HUANG H, ZHAO D, et al. Adsorption of Pb^{2+} onto freeze-dried microalgae and environmental risk assessment [J]. Journal of environmental management，2020，265：110472.

[35] SLAVEYKOVA V I, WILKINSON K J. Effect of pH on Pb biouptake by the freshwater alga Chlorella kesslerii [J]. Environmental chemistry letters，2003，1（3）：185–189.

[36] TANG Y Z, GIN K Y H, AZIZ M A. The relationship between pH and heavy metal ion sorption by algal biomass [J]. Adsorption science & technology，2003，21（6）：525–537.

[37] 李英敏，杨海波，吕福荣，等.小球藻对 Cu^{2+} 的吸附性能及动力学研究 [J]. 能源环境保护，2004（6）：36–39.

[38] AKSU Z. Equilibrium and kinetic modelling of cadmium（Ⅱ）biosorption by C-vulgaris in a batch system：effect of temperature [J]. Separation and purification technology，2001，21（3）：285-294.

[39] MEHTA S K，GAUR J P. Use of algae for removing heavy metal ions from wastewater：progress and prospects [J]. Critical reviews in biotechnology，2005，25（3）：113-152.

[40] AKSU Z. Determination of the equilibrium，kinetic and thermodynamic parameters of the batch biosorption of nickel（Ⅱ）ions onto Chlorella vulgaris [J]. Process biochemistry，2002，38（1）：89-99.

[41] GUPTA V K，RASTOGI A. Equilibrium and kinetic modelling of cadmium（Ⅱ）biosorption by nonliving algal biomass Oedogonium sp. from aqueous phase [J]. Journal of hazardous materials，2008，153（1-2）：759-766.

[42] 杨敏志. 温度、光照度和氮对波吉卵囊藻生殖周期的影响 [D]. 湛江：广东海洋大学，2019.

[43] 杨敏志，李长玲，黄翔鹄，等. 氮浓度、温度和照度对波吉卵囊藻繁殖模式的影响 [J]. 广东海洋大学学报，2019，39（5）：44-49.

[44] SUBRAMANIAN V V，SIVASUBRAMANIAN V，GOWRINATHAN K P. Uptake and recovery of heavy metals by immobilized cells of aphasocapsa polchra（Kütz.）Rabenh [J]. Journal of environmental science & health part A，1994，29（9）：1723-1733.

[45] 吴文娟，李建宏，刘畅，等. 微囊藻水华的资源化利用：吸附重金属离子 Cu^{2+}、Cd^{2+} 和 Ni^{2+} 的实验研究 [J]. 湖泊科学，2014，26（3）：417-422.

[46] MEHTA S K，GAUR J P. Removal of Ni and Cu from single and binary metalsolutions by free and immobilized Chlorella vulgaris [J]. European journal of protistology，2001，37（3）：261-271.

[47] SINGH R，CHADETRIK R，KUMAR R，et al. Biosorption optimization of lead（Ⅱ），cadmium（Ⅱ）and copper（Ⅱ）using response surface methodology and applicability in isotherms and thermodynamics modeling [J]. Journal of hazardous materials，2010，174（1-3）：623-634.

[48] 王碧荷，王蕾，贾元铭，等. 微藻生物富集重金属的研究进展 [J]. 环境工程，2017，35（8）：67-71，120.

[49]　杨荧, 刘莉文, 李建宏. 微藻富集重金属的机制及在环境修复中的应用综述 [J]. 江苏农业科学 . 2019, 47（21）: 88-94.

[50]　MAURICE P A, MANECKI M, FEIN J B, et al. Fractionation of an aquatic fulvic acid upon adsorption to the bacterium, Bacillus subtilis [J]. Geomicrobiology journal, 2004, 21（2）: 69-78.

[51]　冉勇, 孙可, 马晓轩, 等 . 土壤和沉积物中的聚合有机质对多环芳烃分布和提取的影响 [J]. 生态毒理学报, 2006（4）: 336-42.

[52]　SLAVEYKOVA V I, WILKINSON K J, CERESA A, et al. Role of fulvic acid on lead bioaccumulation by Chlorella kesslerii [J]. Environmental science & technology, 2003, 37（6）: 1114-1121.

[53]　MCINTYRE A M, GUÉGUEN C. Binding interactions of algal-derived dissolved organic matter with metal ions [J]. Chemosphere, 2013, 90（2）: 620-626.

[54]　WU F, TANOUE E. Isolation and partial characterization of dissolved copper-complexing ligands in streamwaters [J]. Environmental science & technology, 2001, 35（18）: 3646-3652.

[55]　CHEN C, WANG J L. Relationship of biosorption capacity of heavy metal ions by Saccharomyces cerevisiae and their ionic characteristics [J]. Environmental science, 2007, 28（8）: 1732-1737.

[56]　TAZIKI M, AHMADZADEH H, MURRY M A, et al. Nitrate and nitrite removal from wastewater using algae [J]. Current biotechnology, 2015, 4（4）: 426-440.

[57]　PIRSZEL J, PAWLIK B, SKOWROŃSKI T. Cation-exchange capacity of algae and cyanobacteria: a parameter of their metal sorption abilities [J]. Journal of industrial microbiology and biotechnology, 1995, 14（3-4）: 319-322.

[58]　MOHAMED Z A. Removal of cadmium and manganese by a non-toxic strain of the freshwater cyanobacterium Gloeothece magna [J]. Water research, 2001, 35（18）: 4405-4409.

[59]　HASSEN A, SAIDI N, CHERIF M, et al. Effects of heavy metals on Pseudomonas aeruginosa and Bacillus thuringiensis [J]. Bioresource technology, 1998, 65（1-2）: 73-82.

[60]　MONTEIRO C M, FONSECA S C, CASTRO P M L, et al. Toxicity of cadmium and zinc on two microalgae, scenedesmus obliquus and desmodesmus pleiomorphus, from

Northern Portugal [J]. Journal of applied phycology，2011，23：97–103.

　[61]　KHOSHMANESH A，LAWSON F，PRINCE I G. Cell surface area as a major parameter in the uptake of cadmium by unicellular green microalgae [J]. The chemical engineering journal and the biochemical engineering journal，1997，65（1）：13–19.

　[62]　WONG S L，BEAVER J L. Algal bioassays to determine toxicity of metal mixtures [J]. Hydrobiologia，1980，74：199–208.

　[63]　SILVERBERG B A，STOKES P M，FERSTENBERG L B. Intranuclear complexes in a copper–tolerant green alga [J]. The journal of cell biology，1976，69（1）：210–214.

　[64]　QUIGG A，REINFELDER J R，FISHER N S. Copper uptake kinetics in diverse marine phytoplankton [J]. Limnology and oceanography，2006，51（2）：893–899.

　[65]　ROMERA E，GONZÁLEZ F，BALLESTER A，et al. Comparative study of biosorption of heavy metals using different types of algae[J]. Bioresource technology，2007，98（17）：3344–3353.

　[66]　张洪玲，吴海锁，王连军. 生物吸附重金属的研究进展 [J]. 污染防治技术，2003（4）：53–56.

　[67]　吴海锁,张洪玲,张爱茜,等. 小球藻吸附重金属离子的试验研究[J]. 环境化学. 2004（2）：173–177.

　[68]　YE J，XIAO H，XIAO B，et al. Bioremediation of heavy metal contaminated aqueous solution by using red algae Porphyra leucosticta [J]. Water science and technology，2015，72（9）：1662–1666.

　[69]　VOGEL M，GÜNTHER A，ROSSBERG A，et al. Biosorption of U（Ⅵ）by the green algae Chlorella vulgaris in dependence of pH value and cell activity [J]. Science of the total environment，2010，409（2）：384–395.

　[70]　KLIMMEK S，STAN H J，WILKE A，et al. Comparative analysis of the biosorption of cadmium，lead，nickel，and zinc by algae [J]. Environmental science & technology，2001，35（21）：4283–4288.

　[71]　LEE S H，SHON J S，CHUNG H，et al. Effect of chemical modification of carboxyl groups in apple residues on metal ion binding [J]. Korean journal of chemical engineering，1999，16（5）：576–580.

　[72]　SEKABIRA K，ORIGA H O，BASAMBA T A，et al. Assessment of heavy

metal pollution in the urban stream sediments and its tributaries [J]. International journal of environmental science & technology, 2010, 7: 435–446.

[73] 李建宏, 曾昭琪, 薛宇鸣, 等. 极大螺旋藻富积重金属机理的研究 [J]. 海洋与湖沼, 1998 (3): 274–279.

[74] 赵玲, 尹平河, YU Q M, 等. 海洋赤潮生物原甲藻对重金属的富集机理 [J]. 环境科学, 2001 (4): 42–50.

[75] DAVIS T A, LLANES F, VOLESKY B, et al. 1 H–NMR study of Na alginates extracted from Sargassum spp. in relation to metal biosorption [J]. Applied biochemistry and biotechnology, 2003, 110 (2): 75–90.

[76] CHOJNACKA K, CHOJNACKI A, GORECKA H. Biosorption of Cr^{3+}, Cd^{2+} and Cu^{2+} ions by blue – green algae Spirulina sp.: kinetics, equilibrium and the mechanism of the process [J]. Chemosphere, 2005, 59 (1): 75–84.

[77] ADHIYA J, CAI X, SAYRE R T, et al. Binding of aqueous cadmium by the lyophilized biomass of Chlamydomonas reinhardtii [J]. Colloids and surfaces A: physicochemical and engineering aspects, 2002, 210 (1): 1–11.

第五章　微藻废水有机污染物脱除

5.1　微藻筛选

随着时代的发展和科学技术的进步，出现了大量不易被传统的治理技术去除的新型合成有机化学物质（emerging contaminants，ECs），主要包括药物污染物（pharmaceutical contaminants，PCs）和农药污染物以及其他有机化合物。部分有机污染物在环境中可积累、可持续、有生物毒性且不易生物降解，会通过各种迁移污染空气、水、土壤，严重影响动植物的神经系统和正常生长。

有机污染物是指在生态环境中达到足够浓度因而危害人类健康和生态系统的有机化合物，包括以碳水化合物、蛋白质等形式存在的天然有机物和人工合成有机物。天然有机化合物主要是指自然化学反应或生物代谢产生的有害人体健康和环境的有机化合物，如黄曲霉毒素、氨基甲酸乙酯等；人工合成的有机污染物主要是指现代化工业中产生的各类有机物，如染料、农药等。

目前，水环境中存在的有机污染物主要有下述几种：邻苯二甲酸酯（phthalic acid easters，PAEs），又称酞酸酯；内分泌干扰化学物质（endocrine disrupting chemicals，EDCs）中的壬基酚（nonylphenol，NP）、双酚 A（bisphenol A，BPA）和多氯联苯（polychorinated biphenyls，PCBs），EDCs 是指一类可模拟人体荷尔蒙并扰乱人体内分泌的物质。

研究表明，具有相同作用靶点的物质同时作用于生物系统时，可能会引发联合毒性作用（combined toxic；joint toxic effect），即毒性的相互作用、协同作用和拮抗作用，可能会导致毒性效应叠加、增强或减弱。

（1）壬基酚

NP 是烷基酚（alkylphenol）的一种衍生物，表现出雌激素活性且具有高毒性、长期残留性和生物积累性，属于持久性有机污染物（persistent organic pollutants，POPs）[1]。

NP 具有与雌激素相似的活性结构，是一种非常接近雌二醇的结构模拟物，因此

NP 可以充当雌激素与靶器官结合，严重破坏生物体激素平衡[2-4]，此外，NP 疑似是致癌剂[5-6]。该物质直接暴露在空气中，经化学或光化学反应产生的急性毒害物质，也会对人体呼吸道、眼睛和皮肤造成损害。

非离子表面活性剂壬基酚聚氧乙烯醚（4-nonylphenol-ethoxylate，NPEOs）在自然环境的微生物降解作用下，会发生去乙氧基反应生成 NP。由于其具有强疏水性和强亲脂性，极易吸附在一些混合物中，并跟随进入河流、湖泊、海洋等水体，进而在水生生物体内富集，最后经食物链进入人体[7-9]。在温度上升时，分解 NPEOs 的微生物酶活性提高[10-11]，使 NP 增加且从水体中蒸发扩散，污染大气环境，并随大气运动扩散到其他地区，之后又以雨雪雾的形式返回地面。由于壬基酚类物质具有积累性，故其造成的环境污染问题已不容忽视[12-14]。

（2）酞酸酯

邻苯二甲酸酯（phthalic acid easters，PAEs），又称酞酸酯，一般为无色透明的油状黏稠液体，是邻苯二甲酸的一类衍生物。PAEs 的形成通常是萘和邻二甲苯催化氧化生成邻苯二甲酸酐，然后由邻苯二甲酸酐与各种醇类酯化获得。PAEs 的结构由一个刚性平面芳环和两个可塑非线性脂肪链组成[14]。PAEs 难溶于水，易溶于有机溶剂，属于亲脂性的有机污染物，故其在水环境中倾向于附着在固体沉积物和生物体内转移并在生物体内积累[15]。

PAEs 广泛应用于聚氯乙烯塑料（PVC）制造、杀虫剂、化妆品、美甲品、洗护用品等行业，其作为增塑助剂的用量大约占工业总增塑助剂使用量的 80%[16-17]。工业中产生的 PAEs 释放到大气、水体和土壤环境中，可以通过皮肤、消化器官、呼吸器官等进入人体，且难以经新陈代谢排出体外，成为威胁人类健康和生态系统的潜在风险。PAEs 在体内累积，会导致人体激素分泌系统紊乱，进而使神经系统、生殖系统、消化系统异常，同时还有致癌风险[18-20]。

（3）双酚 A

BPA 首次确定为内分泌干扰物是在 1936 年[21]，它主要用来合成聚碳酸酯和环氧树脂等材料，是世界上使用最广泛的工业化合物之一。目前，BPA 已广泛应用于工程塑料、电子设备、食品包装、牙科复合材料等领域。大量含有 BPA 的产品进入人类的生活，它可以通过接触转移至食品、饮料中，也可以扩散进入水体和大气中，经消化道、呼吸道、皮肤等途径进入生物体内[22]，并且微量即可对人类和动物健康造成影响，导致生殖、发育、代谢、免疫等多方面疾病[22]。

在诸多的 BPA 进入体内的方式中，最受关注的是 BPA 的经口接触[22]。BPA 可能会在使用罐头、塑料或纸制容器等储存食品过程中渗透到食物中，且塑料制品在高温下可能会刺激 BPA 的释放，从而导致食品中 BPA 浓度增加[22]。BPA 也被用于牙齿填充物，在咀嚼过程中可能会长期浸出 BPA，然后通过口腔黏膜进入体内[23]。进入体内的 BPA 会迅速转化为几种非活性代谢物，如 BPA- 葡糖苷和 BPA- 硫酸盐，游离的 BPA 主要通过粪便排出（56% ～ 82%），其代谢物主要通过尿液排出（13% ～ 28%）[22, 24]。而且人体摄入仅纳克级剂量的 BPA，就可在血液、尿液、唾液、脂肪、乳腺组织等组织器官中检测出来[25]，其中尿液样本的检出率可达 90% ～ 95%[26]，BPA 的检出表示人类健康已受影响。

由于 BPA 复杂多样的毒性作用，中国、美国、欧盟等国家先后颁布了限制或禁止使用含 BPA 塑料制品的相关法律法规，因此衍生出了很多化合物来代替 BPA 在工业中的作用，如双酚 AF（bisphenol AF，BPAF）、双酚 F（bisphenol F，BPF）、双酚 S（bisphenol S，BPS）等，如表 5-1 所示。

表 5-1　双酚 A 及其替代物的结构式

化合物名称	缩写	CAS 号	结构式
双酚 A	BPA	80-05-7	HO—⟨⟩—C(CH₃)₂—⟨⟩—OH
双酚 AF	BPAF	1478-61-1	HO—⟨⟩—HO₂—⟨⟩—OH
双酚 F	BPF	620-92-8	HO—⟨⟩—CH₂—⟨⟩—OH
双酚 S	BPS	80-09-1	HO—⟨⟩—SO₂—⟨⟩—OH

（4）多氯联苯

PCBs 又称多氯联二苯，其耐热性及电绝缘性质好且化学性质稳定，不溶于水但溶于多种有机溶剂，具有亲脂性，受高热可燃并分解放出有毒气体，在工业上具有多种用途。

PCBs 进入环境后难降解，且早期被广泛使用，随着大气、水等一起迁移，导致了 PCBs 的全球性污染。人类和其他动物食入大量 PCBs 后会急性中毒甚至危及生命，而少量的 PCBs 会慢慢侵入体内,破坏内脏器官或组织,其中肝脏是多氯联苯主要的靶器官之一。PCBs 还具有致癌性和致突变性。

环境中的 PCBs 化学性质很稳定,不可能通过水解或类似的反应以明显速度降解,只能在通过食物链的过程中,由选择性的生物转化作用降解,因此,其在环境中有很高的残留性,PCBs 还可通过食物链逐渐被富集在生物体内,具有很强的蓄积性。许多国家在 70 年代初期就停止了生产和出售 PCBs 制品,并对原有的 PCBs 制品进行封存处理。

微藻生物修复技术相对于传统的治理技术,如过氧化技术、活性炭吸附和以细菌和真菌为基础的生物去除方法,更加环境友好,二次污染少且可生产有实际价值的副产品。该技术去除有机污染物的基本原理是生物吸附、生物积累、生物降解。生物吸附是一个被动过程,包括静电作用、表面络合作用、离子交换、吸收和化学沉淀等,吸附效率主要受表面活性基团和微藻性质影响。生物积累是一个主动过程,污染物的浓度对微藻的生物浓缩系数有一定影响,微藻暴露在有机污染物中会增加细胞器产生活性氧(ROS)量,过量的活性氧会氧化 DNA 和细胞膜脂质,使细胞功能混乱甚至死亡,但一些污染物会诱导细胞产生抗氧化剂,引起细胞的解毒机制,双重作用使得污染物在微藻细胞中可积累。微藻的生物积累和生物降解可同时进行,使得微藻降解有机污染物的效率远高于自然光降解,生物降解主要是在细胞内依靠酯酶、转移酶、细胞色素 P450 及其他多种酶的共同作用降解有机污染物。此外,当有些新污染物质不能被微藻处理时,微藻也可以在光降解和挥发作用去除污染物的过程中发挥作用。

目前,关于对微藻生物修复技术的发展有筛选和驯化有效藻种、微藻和细菌共培养、微藻固定化,这三种方法均能有效提高微藻对有机污染物的降解效率。筛选和驯化有效藻种就是让微藻适应极端环境,通过紫外线照射等方法造成基因突变或微藻自身改变基因表达使自身内环境平衡以适应外界环境。微藻和细菌共培养的中间产物是它们能够共存的关键,如氧气和二氧化碳在它们之间的转化,但目前不同细菌对不同藻类的影响有好有坏,尚不明确。微藻固定化是一种新兴的技术,通过物理、化学的方法将微藻安置在一个固定的空间,使微藻在极端环境下可以提高生存属性和自我保护能力。固定化技术分为四种:固体表面吸附、共价键结合、化学交联、嵌入包埋,其中固体表面吸附最常用。处理完污水的微藻还可用来生产生物柴油和生物炭,使得微藻生物修复技术又具备了一定的经济效益。

微藻生物修复技术具有积极的前景,但微藻与微生物共培养技术,以微藻为基

础的综合处理工艺和基因改造技术等，在技术和研究方面都需要进一步完善和发展
（表 5-2）。

表 5-2　降解有机污染物的典型微藻种类

微藻种类	去除机制
Scenedesmus dimorphus	生物降解
Chlamydomonas reinhardtii	生物吸附、生物积累、生物降解
Desmodesmus subspicatus	生物吸附、生物积累、生物降解
Nannochloris sp.	生物吸附、生物积累、生物降解
Selenastrum capricornutum	生物吸附、生物积累、生物降解
Chlorella sp.	光降解、生物吸附
Mychonastes sp.	光降解、生物吸附
Chlamydomonas sp.	光降解、生物吸附
Chlorella sorokiniana	生物吸附
Chlorella vulgaris	生物吸附
Chlorella saccharophila	生物吸附
Coelastrella sp.	生物吸附
Coelastrum astroideum	生物吸附
Desmodesmus sp.	生物吸附
Scenedesmus sp.	生物吸附
Scenedesmus obliquus	生物吸附
Chlorella pyrenoidosa	生物吸附
Microcystis aeruginosa	生物吸附
Chlamydomonas mexicana	生物积累、生物降解
Dictyosphaerium sp	光降解、生物降解
Scenedesmus obliquus	光降解、生物降解
Mixed consortia	降解机理暂不明确

5.2　部分微藻去除有机污染物效率

微藻种类及去除有机污染物的效率如表 5-3 所示。

表 5-3　微藻种类及去除有机污染物的效率

微藻种类	有机污染物及对其的去除效率
C. Reinhardtii、S. obliquus、C.pyrenoidosa、C. vulgaris	17a- 勃 地 酮（17a-boldenone）（82%～83%）、17b- 勃 地 酮（17b-boldenone）（75%～86%）、卡玛西亚（carbamazepine）（4%～15%）、多 菌 灵（carbendazim）（14%～30%）、环 丙 沙 星（ciproflfloxacin）（74%～79%）、克拉红霉素（clarithromycin）（100%）、氯咪巴唑（climbazole）（30%～70%）降固醇酸（clofifibric acid）（0～30%）、双氯芬酸（diclofenac）（0）、恩诺沙星（enroflfloxacin）（75%～77%）、红 霉 素（erythromycin - H2O）（63%～86%）、雌 素 酮（estrone）（85%～88%）、 氟 康 唑（flfluconazole）（25%～28%）、二 甲 苯氧庚酸（gemfifibrozil）（0）、布 洛 芬（ibuprofen）（0）、林 可 霉 素（lincomycin）（80%～81%）、诺氟沙星（norflfloxacin）（41%～53%）、氧氟沙星（oflfloxacin）（43%～52%）、对乙酰氨基酚（paracetamol）（88%～94%）、 黄 体 酮（progesterone）（83%～87%）、 罗 红 霉 素（roxithromycin）（87%～94%）、水杨酸（salicylic acid）（97%～99%）、盐 霉 素（salinomycin）（71%～79%）、 磺 胺 嘧 啶（sulfadiazine）（52%～75%）、磺胺地索辛（sulfadimethoxine）（56%～78%）、磺胺对甲氧嘧啶（sulfameter）（81%～88%）、磺胺二甲嘧啶（sulfamethazine）（18%～48%）、磺 胺 甲 恶 唑（sulfamethoxazole）（0～18%）、磺胺 间 甲 啶（sulfamonomethoxine）（0）、磺 胺 吡 啶（sulfapyridine）（98%～100%）、睾酮（testosterone）（100%）、三氯二苯脲（triclocarbon）（81%～99%）、三氯生（triclosan）（31%～58%）、甲氧苄啶（trimethoprim）（0～37%）、泰乐菌素（tylosin）（75%～77%）
Chlorella pyrenoidosa	阿莫西林（amoxicillin）（77%）、头孢拉定（cefradine）（23%）
Floating aquatic macrophyte System、Iris pseudacorus、Scirpus sp.、Carex sp.、Lemna、flfloating algae	氟康唑（fluconazole）（0～19%）、卡玛西亚（carbamazepine）（0～15%）、双 氯 芬 酸（diclofenac）（65%～71%）、 万 拉 法 新（venlafaxine）（72%～76%）、2- 羟 基 -CBZ（2-hydroxy-CBZ）（35%～41%）、3- 羟 基 -CBZ（3-hydroxy-CBZ）（34%～50%）、 曲 马 朵（tramadol）（54%～62%）、奥 沙 西 泮（oxazepam）（27%～37%）、 磺 胺 甲 恶唑（sulfamethoxazole）（49%～53%）、 甲 氧 苄 啶（trimethoprim）（95%～97%）、红霉素（erythromycin）（66%～80%）、克拉红霉素（clarithromycin）（51%～70%）、美康洛尔（metoprolol）（73%～75%）、阿替洛尔（atenolol）（93%～96%）、苯扎贝特（bezafifibrate）（73%～80%）、阿昔洛韦（acyclovir）（92%～97%）、可待因（codeine）（92%～95%）、泛影酸盐（diatrizoate）（23%～43%）、碘美普尔（iomeprol）（44%～46%）

微藻种类	有机污染物及对其的去除效率
Nannochloris sp.	甲氧苄啶（Trimethoprim）（0）、磺胺甲恶唑（sulfamethoxazole）（32%）、三氯生（triclosan）（100%）
Chlamydomonas reinhardtii	雌二醇（estradiol）（100%）、17a-决雌醇（17a-ethynylestradiol）（100%）
Selenastrum capricornutum	雌二醇（estradiol）（88%～100%）、17a-决雌醇（17a-ethynylestradiol）（60%～95%）
Microalgae consortia in high rate algal ponds	咖啡因（caffeine）（98%）、对乙酰氨基酚（acetaminophen）（99%）、布洛芬（ibuprofen）（99%）、萘普生（naproxen）（89%）、卡玛西亚（carbamazepine）（62%）、双氯芬酸（diclofenac）（92%）、三氯生（triclosan）（95%）
Chlamydomonas mexicana	环丙沙星（ciproflfloxacin）（10%～56%）
Chlorella vulgaris	左氟沙星（levoflfloxacin）（10%～92%）
Navicula sp.	布洛芬（ibuprofen）（60%）
Microalgae consortia in microalgal photobioreactor	酮洛芬（ketoprofen）（36%～85%）、萘普生（naproxen）（10%～70%）、布洛芬（ibuprofen）（98%）、对乙酰氨基酚（acetaminophen）（99%）、水杨酸（salicylic acid）（33%）、帕罗西汀（paroxetine）（94%）、劳拉西泮（lorazepam）（30%～60%）、阿普唑他（alprazolam）（87%）、阿替洛尔（atenolol）（85%～98%）、氢氯噻嗪（hydrochlorothiazide）（44%～84%）、红霉素（erythromycin）（85%）、阿奇霉素（azithromycin）（89%）、氧氟沙星（oflfloxacin）（66%）、环丙沙星（ciproflfloxacin）（47%）、地尔硫卓（diltiazem）（72%～77%）
Microalgae consortia in high rate algal ponds dominated by *Chlorella* sp.、*Scenedesmus* sp.	咖啡因（caffeine）（99%）、布洛芬（ibuprofen）（99%）、卡玛西亚（carbamazepine）（20%）
Chlorella pyrenoidosa	头孢拉定（cefradine）（76%）
Microcystis aeruginosa	阿莫西林（amoxicillin）（18%～31%）
Chlamydomonas mexicana、*Scenedesmus obliquus*	卡玛西亚（carbamazepine）（30%～37%）
Nannochloris sp.	布洛芬（ibuprofen）（40%）、甲基苄氨嘧啶（trimethoprim）（10%）、环丙沙星（ciproflfloxacin）（100%）、卡玛西亚（carbamazepine）（20%）、三氯生（triclosan）（100%）
Desmodesmus subspicatus	17a-决雌醇（17a-ethynylestradiol）（68%）

微藻种类	有机污染物及对其的去除效率
Scenedesmus obliquus、 *Chlorella pyrenoidosa*	黄体酮（progesterone）（95%）、炔诺孕酮（norgestrel）（60%～100%）
Chlorella sorokiniana	双氯芬酸（diclofenac）（40%～60%）、布洛芬（ibuprofen）（100%）、对乙酰氨基酚（paracetamol）（100%）、美抗洛尔（metoprolol）（100%）、卡玛西亚（carbamazepine）（30%）、甲氧苄啶（trimethoprim）（40%）

5.3 影响因素

5.3.1 光照

目前研究表明光照对于微藻分解有机污染物普遍有促进作用。紫外光源和铜绿微囊藻的共同作用使其对 BPA 的降解作用明显改善，反应时间为 120 min 时，BPA 去除率高达 120%；而反应时间为 160 min 时，反应液中的 BPA 几乎完全去除[27]。而在近紫外光的照射下，小球藻和鱼腥藻可以增强 BPA 的光降解作用，这是因为藻类在强烈照射后会产生一些分泌物，这些分泌物会产生自由基·OH，增强污染物的降解[28]。Hirooka 等[29]研究了 0、2、9、18、36 W/m^2 不同光强对小球藻降解 BPA 的影响，结果发现随着光强的增加，BPA 的降解效率从 27% 提升到了 98%，证明了光照是实现高去除双酚 A 能力的重要参数。赵丽晔等[27]、翟洪艳等[30]的研究表明虽然光照对混合菌降解 NP 不利，会使半衰期增加 4 倍左右（5.19 d），但小球藻和小球藻的胞外分泌物可以提高光照条件下 NP 的微生物降解，使半衰期分别缩短到 2.45 d 和 2.05 d。这可能是由于藻类生长产生的大量氧分子为微生物降解污染物提供了电子受体。彭章娥等[31]发现除微藻光照产生的自由基外，光照后的光能量也能促 NP 光降解，以及光照促使微藻细胞破碎后释放的胞内脂类物质引发的 NP 降解的可能性；单独的淡水藻与光照条件下，NP 几乎没有光解，而当微藻结合光照时，NP 降解率可达 28% 左右。

不同的光源也会对微藻分解污染有机物产生不同的影响[27]，在相同的条件下，分别用紫外光源和高压汞灯与微藻共同降解 BPA 时发现，采用紫外灯作为光源降解 BPA 的效率明显优于高压汞灯光源，二者的光降解常数相差 9 倍。Luo 等[32]发现，对于活藻，金光比白光更有利于多环芳烃的降解，而对于死藻细胞，白光照射下的多环芳烃的降解效率要高于金光。

5.3.2 水体 pH

水环境中 pH 值对微藻的物质转化有一定的影响，这个影响取决于很多因素，如微藻的种类，待降解的污染有机物种类等。赵丽晔等[27]发现铜绿微囊藻强化光降解水体中的 BPA 时，反应宜在酸性与偏中性的条件下进行。水体 pH 对微藻降解有机污染的影响不仅仅取决于微藻和有机污染物，也取决于水溶液中的其他物质。彭章娥等[31]通过多 pH 值（pH=3.5、4.5、5.5、6.5）的降解实验发现酸性条件有利于腐殖酸 – 微藻 – 铁离子三元体系对 NP 的降解。因为酸性条件下，藻、腐殖酸与铁离子能形成配合物并产生更多的活性氧，从而促进 NP 的光降解。Yan 等[33]发现在外加碳源的参与下，小球藻降解邻苯二酸二甲酯的前三天，溶液 pH 几乎没有变化，而从第四天开始，由于中间产物邻苯二甲酸的影响，溶液中的 pH 大幅下降，最后溶液由微碱性转变为微酸性，转而抑制了小球藻的降解作用。刘华[34]在 pH 为 5.30、6.07、7.00 时测量了一酰酸二正丁酯（DBP）对普通小球藻 96 h 半数抑制浓度（IC50），结果分别为 12.09、8.19、7.7 mg/L，而 pH=9.35 时的 96h–IC50 值远超过 DBP 的水溶解度。随着 pH 值的升高，普通小球藻的生长速率常数呈上升趋势，即 pH 升高有利于普通小球藻的生长。莱茵衣藻对菲和苯并蒽的降解率在 pH 为 6 时最高，其降解过程在弱酸弱碱环境都具有良好的适应性[35]。

5.3.3 温度

反应温度作为一种环境因素对微藻的生长和有机物降解都会产生重要影响。Peng等[28]的研究发现 15 min 金属卤化物灯的加热处理明显增加了藻类的活性，对 BPA 的光降解有明显的增强作用，这可能与藻细胞的结构破坏，内容物外泄有关。在 13 ～ 30 ℃范围内，温度升高有利于一酰酸二正丁酯胁迫下普通小球藻的生长，普通小球藻的生长速率在此范围内呈上升趋势；而普通小球藻 25 ℃的最大胞内富集量为 85.9 mg/g，远大于 13 ℃时的胞内最大富集量 24.0 mg/g，这可能由低温导致的酶活性抑制引起的[34]。罗均[35]在 15 ～ 35 ℃条件下对莱茵衣藻对菲和苯并蒽的降解率进行了测定，结果发现在 15 ～ 25 ℃条件下，降解率随着温度的升高有明显的上升，而 25 ～ 35 ℃条件下菲的降解率变化不大，苯并蒽的降解率有明显下降，说明莱茵衣藻对菲降解过程的高温适应性良好。

5.3.4 多种污染物共存

截至目前，只有有限的文献研究了关于微藻对复合有机污染物的去除。环境中有一种以上的有机污染物是很常见的，而有机物的联合作用比较复杂，不仅能影响微藻细胞的生长，还能影响胞内物质的合成代谢，最终对污染物的降解效率产生影响。邻苯二甲酸二乙酯和NP的联合对杜氏盐藻以及BPA和NP联合对青岛大扁藻总体表现出相加效应，对微藻的生长、光合作用、可溶蛋白及抗氧化酶生成都具有明显的干扰作用[36-37]，这会使微藻对有机物的降解作用下降。Lei等[38]发现硅藻对菲和荧蒽混合物的去除效率远比单独去除菲和荧蒽的效率高，这表明一种多环芳烃的存在促进了另一种多环芳烃的降解。Hong等[39]同样也发现了荧蒽和芘也能达到相互促降解的作用，即一种多环芳烃的对另一种多环芳烃的降解促进作用。多种污染物共存不仅仅会带来微藻降解的促进效应，高静[40]研究了角毛藻、杜氏盐藻、新月柱鞘藻在酞酸二乙酯和酞酸二正丁酯共存条件下与酞酸二乙酯单独存在条件下的降解对比，结果表明，酞酸二乙酯的存在对酞酸二正丁酯的生物降解起抑制作用，酞酸二正丁酯在酞酸二乙酯降解到一定程度之后才会开始降解；酞酸二正丁酯的生物降解主要发生在胞外，酞酸二乙酯的生物降解主要发生在胞内。Lei等[38]和Hong等[39]的实验证明了小球藻、新月藻、四重藻、山羊草藻及硅藻对典型的多环芳烃（菲、芘、荧蒽）有较强的富集能力，多环芳烃的菲和荧蒽、芘和荧蒽的相互作用增强了微藻对多环芳烃的降解。

5.3.5　其他因素

除上述因素外，微藻分解有机污染物还受微藻的种类、浓度和生理形态特征、金属离子的胁迫作用、有机污染物的初始浓度等因素的影响。

5.4　微藻降解有机物机制

有机污染物广泛存在于空气、土壤、水生环境、沉积物、地表水以及地下水中，其通常具有脂溶性，能够进入人体且可能对生殖与内分泌等系统造成不利影响。典型的有机污染物有持久性有机污染物（persistent organic pollutants，POPs），如PCBs、多溴联苯醚（polychlorinated diphenylethers，PBDEs）等；多环芳烃（policyclic aromatic hydrocarbons，PAHs），如芘、菲、蒽、苯并芘等；内分泌干扰物（endocrine disruptor chemucals，EDCs），如BPA、NP、酞酸酯（phthalic acid easters，PAEs）。

生物法因其具有成本低、持续时间长且作用范围广等特点，被广泛应用到有机污染物的降解中。作为污水处理和水环境修复的热点，微藻有着体积小、繁殖快、经济高效、简单可行、避免二次污染等优点，广泛存在于水体中的光合自养生物藻类对水体中有机污染物的降解和迁移有重要影响。国内外的学者围绕着如何利用微藻降解环境中的有机污染物及其降解有机污染物的机制进行了很多研究[41-44]。

大部分研究表明：微藻去除有机污染物的途径主要包括被动吸附、吸收、富集和降解，且有机污染物的吸收和代谢是有特异性的，主要依赖于它们的酶系统。Warshawsky 等[45]证明羊角月牙藻、栅藻和纤维藻对苯并芘有降解代谢作用，而衣藻、项圈藻、棕鞭藻和眼虫藻则在任何程度上都不能代谢苯并芘。而 Lei 等[38]测量微藻 7 d 芘的降解率发现，羊角月牙藻＞栅藻＞绿藻。

微藻代谢有机污染物的途径很大程度上取决于微藻胞内酶的作用，但也不仅仅取决于酶的作用。有很多研究探究了微藻胞内酶对有机污染物降解途径的影响。Hong 等[39]和 Cerniglia 等[46]用反向高效液相色谱、贝克曼 25 型分光光度计、质谱分析、氧 –18 参入等方法研究了蓝藻对 1 和 2- 甲基萘的生物降解过程，最后发现 1 和 2- 甲基萘最终被氧化降解为 1 和 2 羟基甲基萘；微藻胞内酯酶作用首先水解降解酞酸酯类化合物形成单酯、邻苯二甲酸和相应醇，再在其他酶的作用下，形成相应的有机酸，进而进入三核酸循环，最终被矿化。Yan 等[33, 47]的研究结果表明，小球藻具有一定的积累和生物降解酞酸酯（邻苯二甲酸二甲酯、邻苯二甲酸二乙酯、邻苯二甲酸二丁酯）的能力，邻苯二甲酸是酞酸酯降解的中间产物之一。孙红文等[48]采用斜生栅藻对邻苯二甲酸二丁酯进行了降解研究，结果表明，邻苯二甲酸二丁酯在水相中的浓度降低得很快，而藻体对化合物的生物富集和生物降解是同时发生的，在 8 h 内生物富集占主导地位，而 8 h 以后生物降解则占主导地位。高静[40]发现角毛藻、杜氏盐藻、新月柱鞘藻中含有参与酞酸酯初始水解的酯酶，而在酞酸二正丁酯和酞酸二乙酯共存的情况下，酞酸二正丁酯的生物降解主要发生在胞外，酞酸二乙酯的生物降解主要发生在胞内。同样，在黑藻对邻苯二甲酸二异辛酯和邻苯二甲酸二正丁酯的降解中，被降解的有机物主要存留在黑藻体内，在水中的存留量不大；在降解产物中，产生的单酯（邻苯二甲酸单丁酯、邻苯二甲酸 – 单 – 乙基己基酯）主要在黑藻样中分布，而生成的邻苯二甲酸、苯甲酸和异辛醇则主要在水样中分布。陈波[49]认为邻苯二甲酸二异辛酯和邻苯二甲酸二正丁酯的可能降解途径为在酯酶作用下水解成相应单酯和相应的醇类，然后继续水解成邻苯二甲酸，进一步降解成苯甲酸，最终转化为 CO_2 和水。微生物降解多环芳烃，是在微生物分泌的单加氧酶或双加氧酶的催化作用下，把氧原子加到苯环上，形成 C—O 键，再经过加氢、脱水等作用使苯环上的 C—C 键断裂，使苯环数减少[50-51]。Chan

等[50]对硒藻代谢多环芳烃的代谢产物进行初步研究后发现，菲通过微藻胞内单加氧酶转化为 4 种不同的单羟基菲和两种双羟基菲，而荧和芘通过单加氧酶途径转化为 3 种羟基化衍生物，而二羟基化多环芳烃的存在证明了双加氧酶途径的同时发生。罗均[35]利用气相色谱 – 质谱联用技术发现莱茵衣藻降解菲和苯并蒽的主要代谢产物为 1，2-二异丙基萘、1，3- 二异丙基萘、环己醇，其中超氧化物歧化酶、过氧化氢酶、漆酶起了重要的作用（图 5-1）。Hirooka 等[29]发现小球藻和绿藻降解 BPA 的初级代谢产物是单羟基 BPA；Wang 等[52]中使用的绿藻不仅会通过糖基化、甲基化以及氧化作用来降低 BPA 及其衍生物的毒性，还会通过高表达氧化酶催化 BPA，使其断键而形成单酚降解产物，并且会进行进一步降解。微藻在高浓度 BPA 条件下，还会因为解毒作用产生 BPA 糖基化物来降低 BPA 的毒性，在植物细胞中也可以观察到类似的反应[53-54]。

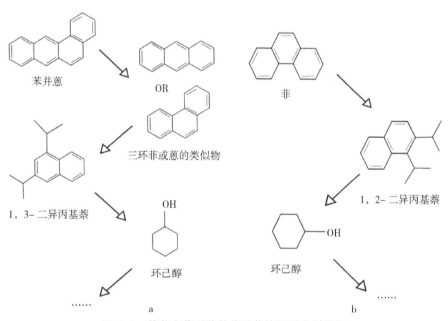

图 5-1　莱茵衣藻对苯并蒽及菲的预测代谢途径

微藻的细胞器和脂类对有机污染物同样有降解作用。藻类对 NP 具有较强的吸附和降解能力[55]，Wang 等[56]通过球形囊藻、球形囊藻、眼盘藻、盐藻和扁藻对 NP 的批量吸附试验，得到微藻去除 NP 的主要途径是微藻细胞的生物降解或生物转化，而不是简单的吸附和吸收。微生物对 NP 的可能降解途径是使苯酚途径的苯环开环以及烷基苯途径的壬烷基断链，不单是微藻活细胞，微藻细胞内的脂类物质也能引发 NP 的光降[57]。随着 BPA 浓度的增加和时间的延长，微藻细胞对 BPA 的富集作用会逐渐增强，降解作

用会逐渐减弱。鲁帅[58] 提出藻类对 BPA 的光降解作用主要来源于藻类的脂质或细胞器，藻类的脂质会诱导 BPA 的降解；椭圆小球藻内 BPA 的 3 种可能降解产物为 3- 甲氧基 -4 羟基苯甲醛、对乙基苯酚和 2，6- 二羟基苯甲酸。

参考文献

[1] CALDERÓN-PRECIADO D，JIMÉNEZ-CARTAGENA C，MATAMOROS V，et al. Screening of 47 organic microcontaminants in agricultural irrigation waters and their soil loading [J]. Water research，2011，45（1）：221-231.

[2] BLUMBERG B，IGUCHI T，ODERMATT A. Endocrine disrupting chemicals [J]. The journal of steroid biochemistry and molecular biology，2011，127（1-2）：1-3.

[3] YANG O，KIM H L，WEON J I，et al. Endocrine-disrupting chemicals：review of toxicological mechanisms using molecular pathway analysis [J]. Journal of cancer prevention，2015，20（1）：12-24.

[4] LV X，XIAO S，ZHANG G，et al. Occurrence and removal of phenolic endocrine disrupting chemicals in the water treatment processes [J]. Scientific reports，2016，6（1）：22860.

[5] SHAO B，HU J，YANG M. Determination of nonylphenol ethoxylates in the aquatic environment by normal phase liquid chromatography-electrospray mass spectrometry[J]. Journal of chromatography A，2002，950（1）：167-174.

[6] SGHAIER R B，NET S，GHORBEL-ABID I，et al. Simultaneous detection of 13 endocrine disrupting chemicals in water by a combination of SPE-BSTFA derivatization and GC-MS in transboundary rivers（France-Belgium）[J]. Water，air，& soil pollution，2017，228：1-14.

[7] SCSUKOVA S，ROLLEROVA E，MLYNARCIKOVA A B. Impact of endocrine disrupting chemicals on onset and development of female reproductive disorders and hormone-related cancer [J]. Reproductive biology，2016，16（4）：243-254.

[8] WU H，LI G，LIU S，et al. Monitoring the contents of six steroidal and phenolic endocrine disrupting chemicals in chicken，fish and aquaculture pond water samples using pre-column derivatization and dispersive liquid-liquid microextraction with the aid of experimental

design methodology [J]. Food chemistry, 2016, 192: 98-106.

[9] LIU D, WU S, XU H, et al. Distribution and bioaccumulation of endocrine disrupting chemicals in water, sediment and fishes in a shallow Chinese freshwater lake: Implications for ecological and human health risks [J]. Ecotoxicology & environmental safety, 2017, 140: 222-229.

[10] ZERAVIK J, SKRYJOVÁ K, NEVORANKOVÁ Z, et al. Development of direct ELISA for the determination of 4-nonylphenol and octylphenol [J]. Analytical chemistry, 2004, 76 (4): 1021-1027.

[11] PASQUET C, VULLIET E. Utilisation of an enzyme-linked immunosorbent assay (ELISA) for determination of alkylphenols in various environmental matrices. Comparison with LC-MS/MS method [J]. Talanta, 2011, 85 (5): 2492-2497.

[12] GORE A C. Endocrine-disrupting chemicals[J]. JAMA Internal medicine, 2016, 176 (11): 1705-1706.

[13] HE J, PENG T, YANG X, et al. Development of QSAR models for predicting the binding affinity of endocrine disrupting chemicals to eight fish estrogen receptor [J]. Ecotoxicology and environmental safety, 2018, 148: 211-219.

[14] LIU C L, ZHANG W Q, SHAN B Q. Spatial distribution and risk assessment of endocrine disrupting chemicals in the typical station of Pearl River [J]. Acta scientiae circumstantiae, 2018, 38 (1): 115-124.

[15] SHANKER R, RAMAKRISHMA C, SETH P K. Degradation of some phthalic acid esters in soil [J]. Environmental pollution series A, ecological and biological, 1985, 39 (1): 1-7.

[16] 张静, 陈会明. 邻苯二甲酸酯类增塑剂的危害及监管现状 [J]. 现代化工, 2011, 31 (12): 1-6.

[17] LIN L, DONG L, MENG X, et al. Distribution and sources of polycyclic aromatic hydrocarbons and phthalic acid esters in water and surface sediment from the Three Gorges Reservoir [J]. Journal of environmental sciences-China, 2017, 69: 271-280.

[18] 向斌. 食品包装中塑化剂问题解析 [J]. 中国包装, 2011, 31 (9): 51-53.

[19] HE L, GIGLEN G, BOLAN N, et al. Contamination and remediation of phthalic acid esters in agricultural soils in China: a review [J]. Agronomy for sustainable development, 2015, 35 (2): 519-534.

[20] CHEN X X, WU Y, HUANG X P, et al. Variations in microbial community and di-（2-ethylhexyl）phthalate（DEHP）dissipation in different rhizospheric compartments between low- and high-DEHP accumulating cultivars of rice（Oryza sativa L.）[J]. Ecotoxicology & environmental safety, 2018, 163: 567-576.

[21] DODDS E C, LAWSON W. Synthetic strogenic agents without the phenanthrene nucleus [J]. Nature, 1936, 137（3476）: 996.

[22] VANDENBERG L N, HAUSER R, MARCUS M, et al. Human exposure to bisphenol A（BPA）[J]. Reproductive toxicology, 2007, 24（2）: 139-177.

[23] OLEA N, PULGAR R, PÉREZ P, et al. Estrogenicity of resin-based composites and sealants used in dentistry [J]. Environmental health perspectives, 1996, 104（3）: 298-305.

[24] TIAN J, DING Y, SHE R, et al. Histologic study of testis injury after bisphenol A exposure in mice [J]. Toxicology & industrial health, 2016, 33（1）: 36-45.

[25] TRATNIK J S, KOSJEK T, HEATH E, et al. Urinary bisphenol A in children, mothers and fathers from Slovenia: Overall results and determinants of exposure [J]. Environmental research, 2019, 168: 32-40.

[26] CALAFAT A M, KUKLENYIK Z, REIDY J A, et al. Urinary concentrations of bisphenol A and 4-nonylphenol in a human reference population [J]. Environmental health perspectives, 2005, 113（4）: 391-395.

[27] 赵丽晔, 张志强, 吴冬冬, 等. 藻类强化光降解去除水中双酚 A 的动力学研究 [J]. 哈尔滨商业大学学报（自然科学版）, 2013, 29（6）: 662-666.

[28] PENG Z, WU F, DENG N J E P. Photodegradation of bisphenol A in simulated lake water containing algae, humic acid and ferric ions [J]. Environmental pollution, 2006, 144（3）: 840-846.

[29] HIROOKA T, NAGASE H, UCHIDA K, et al. Biodegradation of bisphenol A and disappearance of its estrogenic activity by the green alga Chlorella fusca var. vacuolata [J]. Environmental toxicology and chemistry: an international journal, 2005, 24（8）: 1896-1901.

[30] 翟洪艳, 孙红文. 藻类对壬基酚微生物降解的影响 [J]. 生态环境, 2007（3）: 842-845.

[31] 彭章娥，冯劲梅，何淑英，等．含藻水中壬基酚的光降解转化研究 [J]．环境科学，2012（10）：3466-72.

[32] LUO L, WANG P, LIN L, et al. Removal and transformation of high molecular weight polycyclic aromatic hydrocarbons in water by live and dead microalgae [J]. Process biochemistry, 2014, 49（10）：1723-1732.

[33] YAN H, PAN G, LIANG P-L. Effect and mechanism of inorganic carbon on the biodegradation of dimethyl phthalate by Chlorella pyrenoidosa [J]. Journal of environmental science and health part A toxic-hazardous substances and environmental engineering, 2002, A37（4）：553-62.

[34] 刘华．藻与酞酸酯类化合物相互作用特性研究 [D]．天津：天津大学，2004.

[35] 罗均．莱茵衣藻对两种多环芳烃（PAHs）的降解特性及降解机制的初步研究 [D]．重庆：西南大学，2019.

[36] 王晶晶．双酚 A 和壬基酚对青岛大扁藻的复合干扰效应研究 [D]．广州：暨南大学，2013.

[37] 王晶晶，钱晓佳，安民，等．邻苯二甲酸二乙酯和壬基酚联合暴露对杜氏盐藻生长的影响 [J]．生态科学，2012，31（4）：370-376.

[38] LEI A P, HU Z L, WONG Y S, et al. Removal of fluoranthene and pyrene by different microalgal species [J]. Bioresource technology, 2007, 98（2）：273-280.

[39] HONG Y W, YUAN D X, LIN Q M, et al. Accumulation and biodegradation of phenanthrene and fluoranthene by the algae enriched from a mangrove aquatic ecosystem [J]. Marine pollution bulletin, 2008, 56（8）：1400-1405.

[40] 高静．海洋微藻对酞酸酯的生物降解 [D]．天津：天津大学，2015.

[41] JIN Z P, LUO K, ZHANG S, et al. Bioaccumulation and catabolism of prometryne in green algae [J]. Chemosphere, 2012, 87（3）：278-284.

[42] AL-DAHHAN M H, AL-ANI F H, AL-SANED A J O. Biodegradation of phenolic components in wastewater by micro algae: a review [J]. MATEC web of conferences, 2018, 162: 05009.

[43] ANPING L, ZHANGLI H U, YUKSHAN W, et al. Bioconcentration and Metabolism of Polycyclic Aromatic Hydrocarbons（PAHs）by Algae [J]. Journal of Wuhan botanical research, 2005, 23（3）：291-298.

[44] ZHONG W，LI Y，SUN K，et al. Aerobic degradation of methyl tert-butyl ether in a closed symbiotic system containing a mixed culture of Chlorella ellipsoidea and Methylibium petroleiphilum PM1 [J]. Journal of hazardous materials，2011，185（2-3）：1249-1255.

[45] WARSHAWSKY D，CODY T，RADIKE M，et al. Biotransformation of benzo [a] pyrene and other polycyclic aromatic hydrocarbons and heterocyclic analogs by several green algae and other algal species under gold and white light [J]. Chemico-biological interactions，1995，97（2）：131-148.

[46] CERNIGLIA C E，FREEMAN J P，ALTHAUS J R，et al. Metabolism and toxicity of 1-and 2-methylnaphthalene and their derivatives in cyanobacteria [J]. Archives of microbiology，1983，136：177-183.

[47] YAN H，YE C，YIN C. Kinetics of phthalate ester biodegradation by Chlorella pyrenoidosa [J]. Environmental toxicology and chemistry：an international journal，1995，14（6）：931-938.

[48] 孙红文，黄国兰. 藻类与有机污染物间的相互作用研究 [J]. 环境化学，2003，22（5）：440-444.

[49] 陈波. 黑藻分解过程中邻苯二甲酸酯的释放及生物可利用性研究 [D]. 天津：天津大学，2009.

[50] CHAN S M N，LUAN T，WONG M H，et al. Removal and biodegradation of polycyclic aromatic hydrocarbons by Selenastrum capricornutum [J]. Environmental toxicology and chemistry：an international journal，2006，25（7）：1772-1779.

[51] KANALY R A，HARAYAMA S. Biodegradation of high-molecular-weight polycyclic aromatic hydrocarbons by bacteria [J]. Journal of bacteriology，2000，182（8）：2059-2067.

[52] WANG R，DIAO P，CHEN Q，et al. Identification of novel pathways for biodegradation of bisphenol A by the green alga Desmodesmus sp. WR1，combined with mechanistic analysis at the transcriptome level [J]. Chemical engineering journal，2017，321：424-431.

[53] NAKAJIMA N，TERAMOTO T，KASAI F，et al. Glycosylation of bisphenol A by freshwater microalgae [J]. Chemosphere，2007，69（6）：934-941.

[54] NOUREDDIN M I，FURUMOTO T，ISHIDA Y，et al. Absorption and metabolism

of bisphenol A, a possible endocrine disruptor, in the aquatic edible plant, water convolvulus（Ipomoea aquatica）[J]. Bioscience, biotechnology, and biochemistry, 2004, 68（6）: 1398–1402.

[55] HE N, SUN X, ZHONG Y, et al. Removal and biodegradation of nonylphenol by four freshwater microalgae [J]. International journal of environmental research and public health, 2016, 13（12）: 1239.

[56] WANG L, XIAO H, HE N, et al. Biosorption and biodegradation of the environmental hormone nonylphenol by four marine microalgae [J]. Scientific reports, 2019, 9（1）: 5277.

[57] FERGUSON P L, IDEN C R, BROWNAWELL B J. Distribution and fate of neutral alkylphenol ethoxylate metabolites in a sewage–impacted urban estuary [J]. Environmental science & technology, 2001, 35（12）: 2428–2435.

[58] 鲁帅. 铜绿微囊藻，椭圆小球藻对几种有机污染物的富集和降解 [D]. 扬州: 扬州大学，2017.

第六章　微藻土壤修复

6.1　微藻生物矿化固定重金属

6.1.1　生物矿化作用概述

生物矿化是生物介入下的矿物晶体形成过程。在生物体系中，细胞、菌体或其胞外聚合物不但为矿物生长提供了合适的矿化位置，而且还能通过生物的直接或间接作用在多组分的体系中进一步调控晶体的定向组装，形成特定的矿物相和特殊的形貌[1-2]。生物矿化是自然界普遍存在的现象，例如，海洋生物中贝类、人和动物体内的结石、骨骼及牙齿的形成、植物体内的草酸钙、硅石的沉积等[3]。在生物湿法冶金、酸性矿山废水（AMD）、污泥生物沥浸等极端酸性环境中，发现嗜酸性铁氧化菌能促进水相中铁和硫酸根形成羟基硫酸铁矿物 [如红棕色的施氏矿物 $Fe_8O_8(OH)_6SO_4$]。但如何有意识地去调控生物矿化尤其是微生物介导下的生物矿化过程并将之用于土壤修复上的有关报道很少。

微生物矿化分为生物诱导矿化（biologically induced mineralization，BIM）和生物控制矿化（biologically controlled mineralization，BCM），如图 6-1 所示。BIM 是被动矿化的过程，微生物的代谢产物影响胞外微环境的理化性质，并在局部环境中形成过饱和状态，促进重金属离子形成沉淀，胞外分泌物及胞体为重金属离子提供吸附成核位点。BCM 是主动矿化的过程，金属离子以细胞分泌的有机质作为模板进行自组装，矿物的生长、形貌和位置等受这些有机物的调控，如自然界中贝壳、珍珠和珊瑚的形成[1]。应用于重金属污染治理的矿化技术以 BIM 为主。

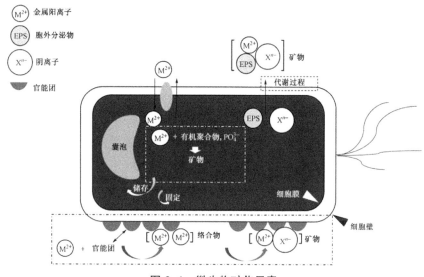

图 6-1　微生物矿化示意

6.1.2　微藻对重金属的生物矿化分析

利用微藻钝化重金属，能够实现污染介质的解毒和生态系统的修复。微生物对重金属离子的矿化过程中，形成的矿物类型主要为碳酸盐、硫化物和磷酸盐，从这 3 类矿物角度进行微生物作用机制的归类，为微生物和重金属针对性固定提供选择参考。

（1）碳酸盐矿化

土壤和水体中广泛分布着促进碳酸盐矿物形成的微生物，除了细菌，微藻也属于特殊的一种。部分微生物代谢过程中产生碳酸根及其他碱性产物（NH_4^+），并促使液相环境中 pH 上升，利于金属离子形成碳酸盐沉淀[4]。目前碳酸盐矿化菌（CMM）的研究中产脲酶菌（urease producing bacteria，UPB）的碳酸根产率高、产量大[5-9]，已有文献[5]提到土壤中的产脲酶菌 2 d 内即可固定 88% 以上的 Pb^{2+}、Zn^{2+}、Cd^{2+} 和 Cu^{2+}。碳酸盐矿化菌固定金属离子的方式分为直接和间接作用，多数碳酸盐矿化菌可以直接形成碳酸盐矿物（$PbCO_3$、$CdCO_3$、$ZnCO_3$、$CuCO_3$ 和 $SrCO_3$ 等）。另外一些研究[10-14]提出，碳酸钙晶核生长过程中，金属或类金属离子取代钙离子或阴离子形成共沉淀物或被方解石吸附形成复合体，如矿化菌 *Sporosarcina ginsengisoli* 用于土壤 As 污染治理时，处理后的土壤中碳酸盐结合态的组分显著升高，XRD 结果证实形成了方解石 -As 共沉淀物[15]。Rouff 等[16]研究方解石对 Pb^{2+} 的吸附及解吸过程，确定方解石具备吸附固定 Pb^{2+} 的能力。

（2）硫酸盐矿化

硫酸盐还原菌（SRB）在厌氧条件下可以将 SO_4^{2-} 还原为 H_2S，产生的 S^{2-} 与游离重金属形成硫化物沉淀。硫化物溶度积远小于碳酸盐矿物，促进硫化物形成的微生物是生物矿化研究的热点之一[17-23]。SRB 分布在自然界中长期淹水条件下的农田以及河底沉积物中。Weber 等[24]研究河滨土壤中 Cu、As 与 S 的关系，发现淹水后土壤中出现硫化亚铜颗粒，降低了 Cu^{2+} 浓度，在这个过程中，As^{5+} 还原为 As^{3+} 并形成硫化砷沉淀。Sitte 等[23]研究铀矿区溪岸不同深度土壤中重金属离子的浓度时发现，SRB 活跃的土壤区域孔隙水中金属离子数量较其他区域低。SRB 可以在酸性条件下生存，通过不断还原 SO_4^{2-} 升高液相 pH，同时产生 S^{2-} 与金属离子形成沉淀，可以用于矿山酸性废水（AMD）的治理。Kiran 等[17]进行 SRB 去除模拟 AMD 废液中金属离子试验时，通过透射电子显微镜及能谱仪（TEM-EDX）确定细胞内外出现了 PbS、CdS、ZnS、CuS 和 NiS 沉淀。Costa 等[25]利用 SRB 去除 AMD 废液中 SO_4^{2-}、Fe^{2+}、Cu^{2+} 和 Zn^{2+} 的试验中，4 种离子去除率达到 90% 以上。值得注意的是，SRB 的生长代谢受氧化还原电位影响，可以利用电化学表征反应过程。

（3）磷酸盐矿化

溶磷菌（PSM）分布在植物根际圈中，帮助植物吸收土壤中难溶性磷化物。PSM 产生的磷酸根可以与大部分重金属及类金属形成磷酸盐矿物，如矿化菌 *Vibrio harveyi* 和 *Providencia alcalifaciens* 可以将 Pb^{2+} 矿化形成 $Pb_9(PO_4)_6$，这些代谢产物对重金属污染区微生物的适应生存起到关键作用[21, 22, 24, 26-30]。Chen 等[26]进行磷酸盐矿化菌对液相 Pb^{2+} 去除试验时，通过 TEM-EDX 发现吸附在细胞表面的 Pb^{2+} 逐步矿化为 $Ca_{2.5}Pb_{7.5}(OH)_2(PO_4)_6$ 纳米晶体。磷酸盐为低溶度积的沉积物，常温常压下 $Sr_3(PO_4)_2$ 的溶度积常数为 4.0×10^{-28}，因此一些研究者选择 PSM 对放射性元素进行稳定化处理。聚磷酸盐是生物体内重要解毒物质，金属离子进入微生物体后，与胞内聚磷酸盐形成沉积物固定在某些特定的细胞器中（囊泡等）或细胞壁上[20]。Chen 等[26]研究 100 mg/L 的 Pb^{2+} 对矿化菌 *B.cereus* 12-2 的影响，发现 8 h 时原生质体中出现 $Ca_{2.5}Pb_{7.5}(OH)_2(PO_4)_6$ 棒状晶体。Perdrial 等[31]通过 TEM 和切片技术，发现空气和土壤中的微生物胞内出现磷酸铅颗粒。

微藻作为土壤中的初级生产力，可以通过生物积累、生物矿化和光合作用等生理功能，影响和改变土壤中元素的分布、迁移，从而推动生物地球化学循环。目前对藻类生物矿化重金属离子的研究较少，因此研究藻类对土壤环境中元素的转化、迁移具有十分重要的意义。

微藻不仅可以诱导矿物形成，还可以控制矿物的形成[32]。据文献[33]报道，微生物细胞表面常形成金属矿物，这主要是因为微生物细胞表面带有负电官能团，这些官能团可以捕捉和富集带正电荷的金属离子，作为成核位点在细胞表面形成不可溶的金属盐矿物前驱体，促使矿物形成。

如图6-2所示，通过光学显微镜可以观察到，没有矿化修饰的天然小球藻呈现出单细胞游离状态，而矿化后的细胞发生了大量的团聚。这种团聚作用主要是由于在制备过程中，通过自封装的方式在细胞表面引入了大量的阴阳聚电解质，聚电解质是一种能够在极性溶剂中电离出带电基团的长链高分子物质，这些阴阳聚电解质在细胞表面耦合交联后能够通过桥键作用促进细胞相互间结合，从而引起细胞的絮凝。这些长链高分子聚电解质上丰富的羧基、羰基等官能团能够为细胞表面提供大量极性成核位点，在后续的矿化过程中与金属阳离子发生络合作用，促进矿化核心在细胞表面的形成，而不是游离在液相环境中自由结晶。

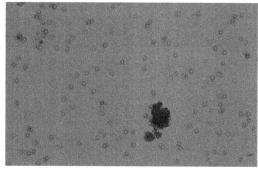

a   b

图6-2　光学显微镜下天然小球藻（a）与矿化小球藻（b）形态对比

由图6-3可以看出，未处理的天然小球藻细胞壁较薄，根据图像比例尺，厚度在$0.1 \sim 0.2 \ \mu m$，而改性后细胞壁明显变厚，厚度在$0.4 \sim 0.5 \ \mu m$；这主要是由于矿化过程中引入的聚电解质会与细胞壁发生交联并紧密与细胞壁结合，从而导致电镜下观察到细胞壁的厚度明显增加。同时可以看到在细胞壁侧有明显的一层黑色的絮状结晶层。通过对比可以看出，矿化处理后的小球藻细胞壁厚增加，壁外结构明显更为丰富，但细胞主体结构以及细胞尺寸并未发生明显改变。

通常情况下重金属的毒理性会影响微生物的生长和矿化过程。因此，具有重金属耐受性的微藻被从环境中分离出来，用于矿化过程以期提高微生物矿化过程的效率。

在微生物矿化过程中产生的磷酸根会同金属离子发生沉淀反应，形成低溶解度的磷酸盐晶体，从而使游离态的有毒重金属转变为低毒性的重金属不溶物。Kang 等发现利用微生物矿化和牛肉浸膏、蛋白胨和尿素培养基的体系能够在 48 h 之内去除 99.5% 的镉离子。Ma 等报道了利用富含碳酸钙的红泥能够很好地去除水体中铜、锌和镉。Li 等报道了 *Terrabacter tumescens* 通过微生物矿化过程能够去除土壤中 99% 的镉离子。

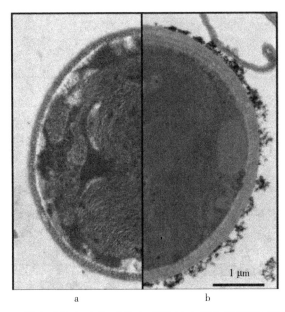

a   b

图 6-3 天然小球藻（a）和矿化小球藻（b）细胞横截面 SEM 图对比

而尾矿库的土壤中分离出的微藻对重金属有较好的耐受性，利用其对土壤中的重金属 Cd 进行固定，反应后的产物 XRD 分析结果见图 6-4。用磷酸盐改性微藻 *D.palatina*，使微藻表面负载大量磷酸基团，从而提高微藻 Cd（Ⅱ）的矿化作用。从微藻固定 Cd（Ⅱ）前后的样品作 XRD 图谱中可以看出，在 2θ 值分别为 5.66°、15.26°、17.80°、20.09°、22.78° 处具有较强的特征衍射峰。经与标准卡片对比，对应鉴定为 $Na_3CdP_3O_{10} \cdot 12H_2O$、$CdH_4(PO_4)_2 \cdot 2H_2O$、$Mg(H_2PO_4)_2 \cdot 2H_2O$、$Mg(H_2PO_4)_2 \cdot 2H_2O$、$Na_3PO_4$ 的特征峰。此外，XRD 图谱中的若干馒头峰同样为 Cd 盐及其络合物的不同晶面弱峰，但其结晶度普遍较低，基本处于无定形和晶体之间，这表明改性生物质没有形成明显的 Cd 结晶体，暗示了 Cd 可能以络合态形式存在于生物质表面。衍射图中显示磷酸根与 Cd（Ⅱ）主要生成 $Na_3CdP_3O_{10} \cdot 12H_2O$、$CdH_4(PO_4)_2 \cdot 2H_2O$。由于磷酸根、钠离子吸附固定了 Cd（Ⅱ），导致 $Mg(H_2PO_4)_2 \cdot 2H_2O$、$Na_3PO_4$ 浓度相应减少。

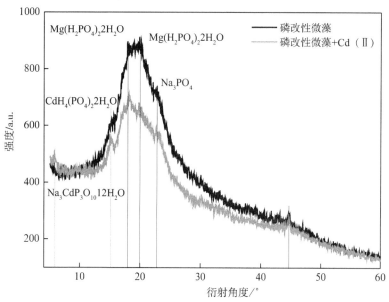

图 6-4　微藻对 Cd（Ⅱ）的矿化固定产物分析

6.2　微藻与土壤矿物互作固定重金属

6.2.1　微藻与土壤矿物互作

（1）微藻与土壤矿物互作概述

作为微生物的一种，微藻通常与自然环境中的植物、真菌和细菌共存，约占土壤微生物总数的27%[34]。微藻与土壤矿物的相互作用广泛地存在于自然界中，这些相互作用在生物圈和地质圈中起着重要的作用[35]，对铝、硅、镁、铁、磷、硫、碳、氮等元素的全球循环做出了重大贡献[36-38]。近几十年来，随着人们对土壤中矿物和微藻存在的相互作用研究的增加，两者的关系越发密切。

土壤矿物为微藻提供生长所需的营养物质和栖息地，其物质组成与存在形态影响微藻的生长速率和生物量，决定微藻在土壤中的分布[39-40]。微藻在维持土壤健康和养分平衡上有着重要的作用[41]，它能通过氧化还原等作用分解、风化土壤中的矿物，增加土壤矿物的反应速度，改变其结构、含水量、化学成分等物理和化学性质，以满足自身的生长和繁殖的需要。同时，微藻诱导土壤矿物的形成，促进其他矿物的形成并影响其组成。其中黏土矿物被认为是生物化学的起源或生物矿化的结果[42]。

土壤矿物和微藻在自然界中是密不可分、相辅相成的，所以探索微藻与土壤矿物的相互作用对于污染土壤的修复的研究至关重要。以土壤重金属污染为例，重金属如镉、

铅等在土壤环境中具有高毒性且不可降解，近几十年来引起了广泛关注[43-56]。微生物与土壤矿物的相互作用控制着重金属在地下水和水环境中的迁移、形态和分布[48-49]。在重金属污染修复中，微藻被认为是一种有前途的游离重金属吸附剂[50]。这是因为微藻细胞表面具有大量的官能团，如羧基、羧基、磺酸、磷酸等[51-52]。然而，微藻在高浓度重金属污染环境中的应用受到限制，因为高浓度重金属会对微藻产生毒害作用。另外，黏土矿物是土壤矿物的主要组成部分之一，具有较高的阳离子交换能力和较大的比表面积，同时具有较低的能量屏障。这为微生物的附着和金属阳离子固定提供了良好的微环境[53-54]。因此，在土壤重金属修复领域，微生物与土壤矿物互作修复相对单独微生物修复具有优势。

此外，国内外如藻类生物结皮相关研究表明，结皮藻类会分泌具有黏性的胞外聚合物，这些聚合物会胶结捆绑微细粒土壤矿物形成复合层。藻类结皮具有固碳固氮和保水固沙能力，对于由于土壤污染引起的土壤极端贫瘠和结构不良区域，如荒漠、尾矿区域，具有良好的生态修复作用[43-47]。因此，镉作为一种重金属被广泛用于工业，具有多种毒性作用，被国际癌症研究机构列为人类致癌物[55-56]。因此，土壤微藻 *Didymogenes palatina* XR- 蒙脱石 – 镉系统被用于本研究。

（2）微藻与土壤矿物互作机制

本节采用扫描电镜和傅里叶变换红外光谱测试方法分析土壤微藻与蒙脱石的相互作用机制。利用扫描电镜观察微藻结合蒙脱石后表面可能发生的形态变化。从蒙脱石的扫描电镜图像（图 6-5）可以看出，单独的蒙脱石倾向于聚集成块（图 6-5a），而在微藻 – 蒙脱石体系（图 6-5b）中，微藻和蒙脱石分布较为均匀。微藻呈球形，蒙脱石颗粒呈不规则片状；推断微藻与蒙脱石结合的过程改变了蒙脱石的层间结构，使微藻与蒙脱石紧密结合。

采用傅里叶红外光谱分析微藻、蒙脱石和微藻 – 蒙脱石体系（图 6-6）表面存在的官能团。对蒙脱石而言，$3624 \ cm^{-1}$ 处的特征峰代表结构水，$3433 \ cm^{-1}$ 处的特征峰代表层间水；$1641 \ cm^{-1}$ 处的宽峰为附着水的弯曲振动[57-58]；$1032 \ cm^{-1}$ 处透射率最高的吸收带可以归因于 Si—O 面内拉伸[59]。微藻的光谱分析显示微藻细胞表面有丰富的官能团，甲基和亚甲基基团的吸光度在 $2927 \ cm^{-1}$ 左右达到峰值[60]。峰值在 $1657 \ cm^{-1}$ 和 $1545 \ cm^{-1}$ 的特征峰被认为是蛋白质中的酰胺Ⅰ和酰胺Ⅱ[40, 61]。$1454 \ cm^{-1}$ 和 $1397 \ cm^{-1}$ 处的振动带是糖类中基团—COO 弯曲振动的特征峰[40, 62-63]。而 $1152 \ cm^{-1}$ 处的峰值则代表糖类中 C—OH、C—O 的伸缩振动[63]；在 $1242 \ cm^{-1}$ 和 $1078 \ cm^{-1}$ 处的特征峰分别归属于磷酸酯和磷脂中的游离磷酸基团，统称为 O—P（OR）₃磷酸基团[64-65]。

图 6-5 微藻 – 蒙脱石体系的扫描电镜图像

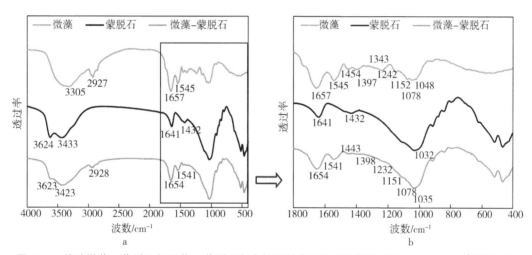

图 6-6 单独微藻、蒙脱石与微藻 – 蒙脱石复合体系的中红外波数范围 400 ～ 4000 cm⁻¹ 傅里叶红外光谱图像（a）、波数 400 ～ 1800 cm⁻¹ 范围放大傅里叶红外光谱图像（b）

微藻与蒙脱石结合后，二元体系上未发现新的吸收带。—COO 的弯曲振动峰由 1454 cm⁻¹ 向 1443 cm⁻¹ 移动，O—P（OR）₃ 的振动峰由 1242 cm⁻¹ 向 1232 cm⁻¹ 移动。可以推测微藻细胞表面的—COO 和 O—P（OR）₃ 基团在微藻与蒙脱石的联结中发挥了重要作用[48, 58, 66]。蒙脱石层间水吸收峰由 3433 cm⁻¹ 向 3423 cm⁻¹ 移动，证明了蒙脱石上的水分子参与了微藻吸附，侧面证明微藻在形成复合材料时改变了蒙脱石的层间结

构[40]。透射电子显微镜和傅里叶红外光谱结合的测试方法也证明了蒙脱石与微藻细胞壁之间的相互作用形成有机－无机体系的可能性[67]。

6.2.2 重金属在微藻与土壤矿物间的吸附

通过平衡吸附实验分析微藻－蒙脱石体系对镉离子的吸附固定特征，以了解体系的吸附能力。图 6-7a 和图 6-7c 显示了水溶液中 Cd（Ⅱ）浓度与微藻、蒙脱石和质量比为 1：10、1：5 的微藻－蒙脱石体系的恒温吸附关系。实验数据用 Langmuir 和 Freundlich 吸附等温线模型拟合，相应的线性曲线见图 6-7b 和图 6-7d。等温线模型可以确定最大吸附容量、各动力学和热力学参数，从而可以更好地理解微藻、蒙脱石及微藻－蒙脱石体系的结合机理。等温线的拟合参数见表 6-1。

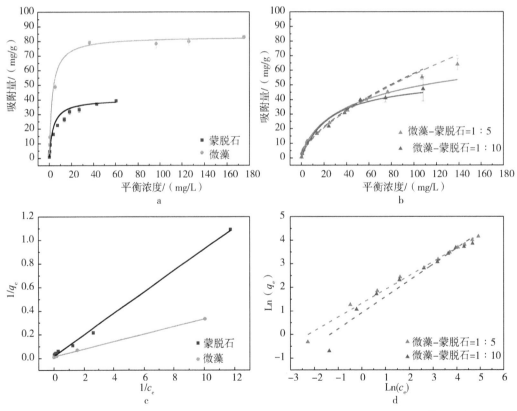

图 6-7　微藻、蒙脱石对 Cd（Ⅱ）的 Langmuir 等温模型拟合曲线（a）、微藻－蒙脱石复合体系对 Cd（Ⅱ）的 Freundlich 等温模型拟合曲线（b）、微藻、蒙脱石对 Cd（Ⅱ）的 Langmuir 等温模型线性拟合曲线（c）、微藻－蒙脱石复合体系对 Cd（Ⅱ）的 Freundlich 等温模型线性拟合曲线（d）

表 6-1　蒙脱石和微藻及微藻 – 蒙脱石体系吸附 Cd（Ⅱ）数据的 Langmuir 模型和
Freundlich 模型模拟参数

	Langmuir 模型			Freundlich 模型			理论吸附量	增加百分比 /%
	$q_{max}/$（mg/g）[a]	K_L[b]	R^2[c]	n[d]	K_F[e]	R^2		
微藻	83.20	0.368	0.999	9.241	0.454	0.860		
蒙脱石	40.57	0.290	0.997	4.201	0.563	0.888		
微藻：蒙脱石 =1：5	65.25	0.029	0.975	3.084	0.634	0.994	47.68	36.86
微藻：蒙脱石 =1：10	46.11	0.051	0.980	3.683	0.554	0.981	44.45	3.75

[a]：每单位重量吸附剂的最大重金属离子量，即最大吸附量；[b]：结合位点亲和力相关常数；[c]：相关指数；[d]：吸附强度相关常数；[e]：吸附容量相关常数

　　拟合结果表明，单独的微藻和蒙脱石对 Cd（Ⅱ）的吸附等温线更符合 Langmuir 模型（相关指数大于 0.997），而微藻 – 蒙脱石体系对于 Cd（Ⅱ）的吸附等温线服从 Langmuir 和 Freundlich 等温线（相关指数大于 0.980），更符合 Freundlich 等温线模型（相关指数大于 0.981）。这表明单独的微藻、蒙脱石的表面对 Cd（Ⅱ）趋向于单层吸附，而微藻 – 蒙脱石体系表面对 Cd（Ⅱ）趋向于多层吸附。从拟合结果可以推断，单组分对所有吸附结合位点都具有均匀的能量，而复合材料表面的活性结合位点具有非均匀的能量分布[68]；二元体系对 Cd（Ⅱ）的吸附强度常数皆大于 1；此外，1：5 和 1：10 体系的吸附容量常数分别为 0.634 和 0.554，表明微藻 – 蒙脱石体系具有较高的吸附能力，1：5 质量比的体系对 Cd（Ⅱ）的亲和力更好[69]，这说明微藻对微藻 – 蒙脱石复合体系中 Cd（Ⅱ）的吸附有较大贡献。

　　单独的微藻和蒙脱石对 Cd（Ⅱ）的最大吸附量分别为 83.20 和 40.6 mg/g，而质量比为 1：5 和 1：10 的微藻 – 蒙脱石体系对 Cd（Ⅱ）的最大吸附量分别为 65.3 和 46.1 mg/g。与计算的理论吸附量相比，微藻与蒙脱石的相互作用增强了体系对 Cd（Ⅱ）的吸附能力，在质量比为 1：5 和 1：10 时分别提高了 36.9% 和 3.75%。结果表明，微藻与蒙脱石的结合增加了蒙脱石的结合位点，也增加了整个体系的结合位点。

6.2.3　微藻与土壤矿物互作固定重金属机制

　　目前，微生物 – 土壤矿物二元复合材料吸附固定金属离子机制的相关研究越来越受到人们的关注。例如，Manirethan 等[69]发现，铜和镍离子主要被细菌组分吸附，而更多的镉离子吸附在蜡样芽孢杆菌 – 针铁矿体系的针铁矿组分上。Qu 等[70]观察到蒙

脱石－假单胞菌体系的吸附能力在 pH ＞ 5.5 时降低是由于官能团的物理阻滞；而在高 pH 条件下，羧基形成的桥联结构增强了二元体系的吸附能力。还有研究发现 Cu（Ⅱ）在假单胞菌和苏云金芽孢杆菌－矿物体系表面形成内层络合物。蒙脱石与细菌的相互作用增加了反应位点，导致其对 Cu（Ⅱ）的吸附增加，而针铁矿－细菌体系对 Cu（Ⅱ）的吸附位点减少[48]。此外，Franzblau 等[71]发现厌氧芽孢杆菌－氧化铁复合材料去除率的减少是由于细菌和铁的表面位置相互掩蔽。因此，金属离子与微生物－矿物复合材料表面的结合是一个复杂的过程，它不仅受金属离子、微生物和矿物的种类控制，还受 pH、组成位点的相互作用、表面电荷等条件的影响。

细菌和微藻都是土壤微生物的主要组成部分。其表面上的官能团浓度和特征对其表面结合能力起着至关重要的作用[51]。磷酸基团的矿化和转化在重金属螯合中具有显著意义[72]，影响微生物在蒙脱石等黏土矿物上的黏附和迁移[72]。电位滴定法分析结果显示微藻表面磷酰基浓度的比例（17% ～ 51%）高于细菌表面磷酰基浓度的比例（11% ～ 28%）[60, 73]。因此推测微藻和细菌对重金属的吸附特性存在较大差异。

见图 6-8，固定 Cd（Ⅱ）后，代表蒙脱石结构水和层间水的特征峰分别从 3623 cm^{-1} 和 3423 cm^{-1} 处向 3612 cm^{-1} 和 3400 cm^{-1} 移动，说明 Cd（Ⅱ）的吸附改变了蒙脱石在复合体系中的结构。此外，代表—COO 官能团的峰从 1443 cm^{-1} 和 1398 cm^{-1} 转移到 1452 cm^{-1} 和 1415 cm^{-1}。表示 O—P（OR）$_3$ 的特征峰从 1234 cm^{-1} 和 1078 cm^{-1} 移动到 1246 cm^{-1} 和 1088 cm^{-1}，而相应的吸收峰强度增加，也表明羧基和磷酰官能团参加了 Cd（Ⅱ）的反应。因此，体系对 Cd（Ⅱ）的吸附主要归因于微藻表面官能团的反应，主要贡献官能团为羧基和磷酸基，已被前人研究证实为微生物与金属结合的主要配体[59, 65-66]。

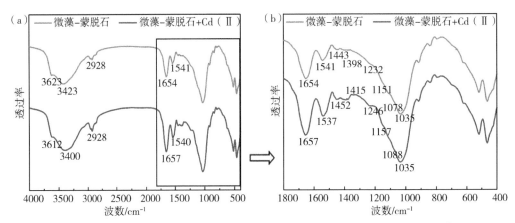

图 6-8 微藻－蒙脱石复合体系吸附 Cd（Ⅱ）前后的中红外波数范围 400 ～ 4000 cm^{-1} 傅里叶红外光谱图像（a）波数 400 ～ 1800 cm^{-1} 范围放大傅里叶红外光谱图像（b）

XPS 分析可以进一步阐明微藻 – 蒙脱石体系对 Cd（Ⅱ）的吸附机理。C 1s、N 1s、Cd 3d、O 1s、P 2p、Cd 3d 的 X– 射线光电子能谱和元素组成、各基团占比数据汇总如表 6–2 所示。

表 6–2　微藻 – 蒙脱石体系吸附 Cd（Ⅱ）前后样品 XPS 拟合结果

		C 1s			N 1s			
		C—C/ C—H	C—O/ C—N	C=O	O—C=O	—NH/ —NH₂	—NH₂⁺/ —NH₃⁺	R—NH₂⁺—Cd²⁺/R—NH₃⁺—Cd²⁺
微藻 – 蒙脱石	吸附 Cd（Ⅱ）前	结合能 /eV	284.85	286.36	287.99	288.91	400.10	401.71	
		原子比 /%	35.79	43.60	15.35	5.27	90.95	9.05	
	吸附 Cd（Ⅱ）后	结合能 /eV	284.79	286.23	287.95	288.75	400.10	402.02	405.83
		原子比 /%	38.87	38.99	18.79	3.35	66.87	2.65	30.48

		O 1s			P 2p				Cd 3d	
		C—OH	P=O/ C=O	O—C=O	O= P（OR）3	P—C	P—OH/ P—O—C	P—O	Cd—O	Cd—P
	吸附 Cd（Ⅱ）前	结合能 /eV	532.48	531.28	532.97	133.54	135.52	134.67	132.78		
		原子比 /%	92.45	7.55	7.69	61.67	6.83	17.93	13.57		
	吸附 Cd（Ⅱ）后	结合能 /eV	532.34	531.39	533.21	133.64	135.81	134.89	132.90	405.78	412.58
		原子比 /%	97.59	2.41	3.65	52.81	7.33	29.35	10.51	57.81	42.19

如图 6–9a、f 所示，体系加载 Cd（Ⅱ）后，在 405.78 eV 和 412.58 eV 的结合能处出现了两个新的峰值，分别属于 Cd 3d$_{5/2}$ 和 Cd 3d$_{3/2}$[74-75]。说明了 Cd（Ⅱ）成功附载在了体系表面。

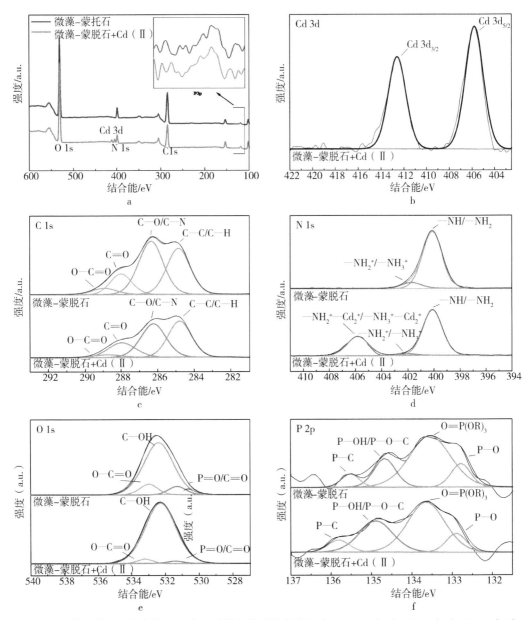

图6-9 微藻-蒙脱石复合体系吸附Cd（Ⅱ）前后的全谱（a）、Cd 3d（b）、C 1s（c）、N 1s（d）、O 1s（e）、P 2p（f）的X-射线光电子能谱图像

需要指出的是，在未附载Cd（Ⅱ）体系的N 1s谱（图6-9c）中，在400.10和401.71 eV的结合能下，只有两种能量峰，可以推断为—NH/NH$_2$和NH$_2^+$/—NH$_3^+$。Cd（Ⅱ）附载后，发现结合能从401.71 eV增加到402.02 eV，这一变化意味着R—NH$_2^+$—Cd^{2+}/R—

NH_3^+—Cd^{2+} 的形成。这可能是由于氮原子中的孤对电子与金属的共用，导致了氮原子的电子云密度降低，束缚能增加[76]。此外，在 405.83 eV 处发现了 NO_3^+ 中与 N 相关的新峰，可以认为是 NO_3^- 进入体系的电荷平衡过程[74, 76, 77]。

如图 6-9e 所示，在 531.28、532.48 和 532.97 eV 处，结合能的 O 1s 谱上有两个主峰，分别以羰基或磷酸基、羧基、羟基的形式分配给 P=O/C=O、O—C=O、C—OH 基团[74, 76, 77]。吸附 Cd（Ⅱ）后，531.28 eV 和 532.97 eV 的结合能分别增加到 531.39 eV 和 533.21 eV，P=O/C=O 和 O—C=O 的占比分别由 7.55% 降至 2.41%、由 7.69% 降至 3.65%。对于 C 1s 谱，代表 O—C=O 的 288.91 eV 处的峰占比减少[78]。证明羧基和磷酰基团参与了对 Cd（Ⅱ）的吸附。

同样，可以在 P 2p 谱（图 6-9f）中看到。P—O、O=P（OR）₃、P—OH /P—O—C 和 P—C 基团分别对应 132.78 eV、133.54 eV、134.67 eV 和 135.52 eV 的结合能[65, 78]。Cd（Ⅱ）吸附到复合体系上后，各基团的结合能和 O=P（OR）₃ 的峰值占比降低。这意味着它们都参与了 Cd（Ⅱ）的吸附络合作用。因此，与红外光谱分析的结果相比，XPS 数据分析表明除了羧基和磷酰基团，氨基和其他磷相关基团也参与了与 Cd（Ⅱ）的吸附固定，我们可以推测，在微藻 – 蒙脱石复合体系对 Cd（Ⅱ）的固定中，磷发挥了重要作用。

结合适当的测试，扩展 X 射线吸收精细结构（extended X-ray absorption fine structure，EXAFS）可以在分子水平上准确地分析二元复合材料表面金属离子的形态以及各组分的分布[79-82]。本书首次将其应用于研究微藻 – 黏土矿物复合体系表面对痕量金属吸附的分子层面机制。

为进一步在分子层面了解镉离子在体系表面的结合方式，选取微藻、蒙脱石和质量比为 1 : 10 的体系样品进行 X- 射线吸收精细光谱测试。本研究中，Cd-O、Cd-P 和 Cd-C 路径基于 CdAc、$CdPO_4$ 和 Cd- 氰乙酸盐的晶体结构[83-85]。与之前报道过的文章相比，图 6-9c 中傅里叶变换光谱的第一次振荡与 CdS 标准样品的第一次振荡有显著差异。因此，在样品的拟合中没有考虑 Cd-S 路径。EXAFS 拟合结果在合理范围内。吸附样品的 k^2 加权 EXAFS 谱如图 6-9a、b 所示，k 值范围为 2.636 ～ 11.212 Å^{-1}。图 6-9c、d 为傅里叶变换的 R 空间和傅里叶变换的实部的 k^2 加权 EXAFS 谱，R 范围为 0 ～ 6 Å^{-1} 和 1.2 ～ 3.4 Å^{-1}。

为了评价 Cd（Ⅱ）在组分间的分布情况，采用线性组合拟合方法在 k 值范围 2.636 ～ 11.212 Å^{-1} 拟合体系光谱（图 6-10）。表 6-1 结果表明，微藻对 Cd（Ⅱ）的最大吸附量是蒙脱石的 2.05 倍，而线性组合拟合结果表明，在微藻 – 蒙脱石复合体系

样品中，蒙脱石组分在微藻－蒙脱石复合体系中对 Cd（Ⅱ）固定的贡献为 95.4%，远超预期。蒙脱石通过较多的金属结合位点对复合材料中 Cd（Ⅱ）的吸附起主要作用，这可能是由于微藻引起的蒙脱石层间结构的改变导致吸附能力的增加。

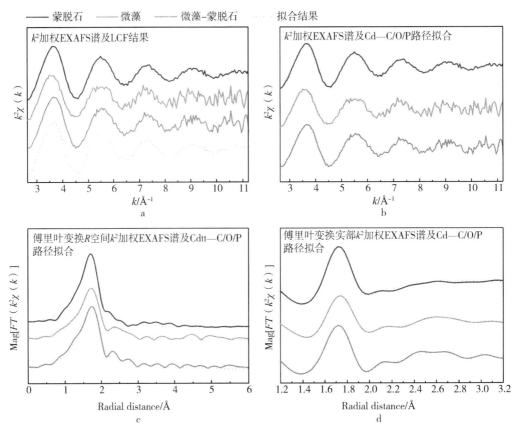

图 6-10　Cd（Ⅱ）负载的蒙脱石、微藻和微藻－蒙脱石复合体系的 k^2 加权 EXAFS 谱及 LCF 结果（a）；k^2 加权 EXAFS 谱及 Cd-C/O/P 路径拟合结果（b）；傅里叶变换数据的傅里叶变换图谱及 Cd-C/O/P 路径拟合结果（c）；傅里叶变换实部及 Cd-C/O/P 路径拟合结果（d）

　　EXAFS 拟合结果显示了样品中 Cd—C/O/P 的平均成键长度和 Cd 原子周围的 C/O/P 原子个数（图 6-11）。在微藻表面，Cd—O 在第一壳层的平均结合长度很好地拟合在 2.27 Å^{-1}，平均每个 Cd 原子旁边有 5.6 个 O 原子。第二壳层为 1.6 C、2.71 Å^{-1}，1.0 P、3.42 Å^{-1}。此外，对于微藻－蒙脱石体系，镉原子被平均键长为 2.26 Å^{-1} 的 6.4 个 O 原子包围。Cd—C 原子和 Cd—P 在第二壳层的平均成键长度分别为 2.75 Å^{-1} 和 3.45 Å^{-1}，平均每个 Cd 原子旁边有 0.9 个 C 原子和 0.9 个 P 原子。根据傅里叶红外光谱和 X－射线光电子能谱分析结果，微藻和微藻－蒙脱石体系与 Cd（Ⅱ）络合的主要功能基团是羧基和磷酸基，这说明微藻对 Cd（Ⅱ）的吸附产生了双齿配合物（RCOO）2Cd 和单齿络合物 RPO4Cd⁺，而微藻 – 蒙脱石复合体系对 Cd（Ⅱ）的吸附产生了单齿配合物 RCOOCd⁺ 和 RPO4Cd⁺。与微藻相比，镉原子周围 C 原子的平均数量在复合体系中更少，仅为 0.9 个，表明复合系统中只有单齿配合物 RCOOCd⁺ 和 RPO_4Cd^+ 存在。单齿络合物 RCOOCd⁺ 和 RPO_4Cd^+ 呈正电荷，而蒙脱石和微藻一般情况下整体呈负电，故而推断 RCOOCd⁺ 和 RPO_4Cd^+ 可以作为阳离子桥梁促进蒙脱石和微藻的结合[70, 86-87]。这一过程使得 Cd—P 与 Cd—C 的平均结合长度变长，微藻与蒙脱石的结合更加紧密，增加了 Cd 形成的络合物的稳定性，解释了微藻 – 蒙脱石复合材料对 Cd（Ⅱ）吸附能力增强的现象。

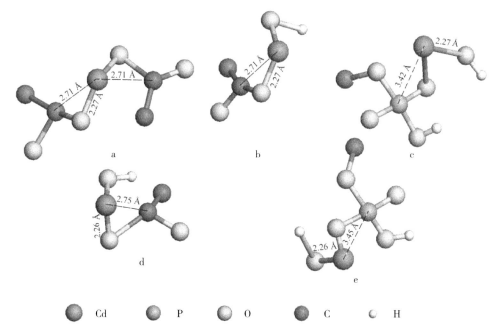

图 6-11　微藻表面 Cd 的主要络合物结构：双羧基 –Cd 络合物（a）、单羧基 –Cd 络合物（b）、磷酰 –Cd 单齿络合物（c）；微藻 – 蒙脱石复合体系表面 Cd 的主要络合物结构：羧基 –Cd 单齿络合物（d）、磷酰 –Cd 单齿络合物（e）

与以往微生物 – 土壤矿物体系吸附重金属的研究比较（表 6-3），可以得出结论：在细菌和微藻表面的羧基很大程度上参与了与重金属的结合，但很少有研究发现细菌表面的磷酸基团在复合体系固定重金属上扮演了重要的角色。然而微藻表面的磷在重金属螯合方面的重要性是不容忽视的。例如，螺旋藻和小球藻表面的磷酸基团被发现是吸附重金属的主要基团[72, 88]；高磷酸盐培养的改性微藻具有较高的金属吸附能力。因此，细菌和微藻与金属离子结合机制的差异在一定程度上是可以预测的。

表6-3 微生物-土壤矿物二元体系固定金属离子

微生物-土壤矿物二元体系	金属离子	主要功能基团	参考文献
D. palatine XR-蒙脱石	Cd	—COOH，—PO$_4$	本书
Mucor plumbeus-明矾石	Pb	—SO$_3$H，—OH，—NH，	Akar 等[89]
Pseudomonas putida X4-蒙脱石	Cu	—COOH	Qu 等[70]
Bacillus subtilis-水铁矿	Cu	—COOH	Moon 等[81]
Pseudomonas putida CZ1-高岭石	Zn，Cu	—COOH，—OH	Chen 等[66]
Pseudomonas putida CZ1-黏土矿物 a	Zn，Cu	—COOH	Chen 等[90]
Bacillus cereus-高岭石	Cd，Ni，Cu	—COOH，—NH	Du 等[91]

综上所述，本研究首次研究了微藻-蒙脱石二元体系对 Cd（Ⅱ）的保持能力和固定机制。形态学结果表明，微藻在与蒙脱石结合的过程中改变了蒙脱石的层间结构。等温吸附实验表明，微藻-蒙脱石体系对于 Cd（Ⅱ）的吸附不符合组分相加原则，即金属的最大吸附量在 1：5 和 1：10 的质量比下都有增加现象，这可能是因为蒙脱石表面结合位点的增加，导致了更多的 Cd（Ⅱ）与矿物组分结合。除羧基外，X-射线光电子能谱和 EXAFS 探测到的磷酸基团在二元体系的形成和 Cd 的固定中都起到了关键作用。Cd（Ⅱ）倾向于和磷酸基团、羧基基团形成阳离子桥的单官能团络合物，使微藻与蒙脱石的结合更紧密，增强复合材料对镉离子的吸附能力。值得注意的是，基于微藻的微生物-矿物体系显示出了不同于细菌的结合机制。同时，磷酰基对微藻-黏土矿物复合体系吸附重金属的影响有待进一步研究。

参考文献

[1] GHORBANZADEH N，ABDUOLRAHIMI S，FORGHANI A，et al. Bioremediation of cadmium in a sandy and a clay soil by microbially induced calcium carbonate precipitation after one week incubation [J]. Arid land research and management，2020，34（3）：319-335.

[2] MALEKI A，SHAHBAZI M A，ALINEZHAD V，et al. The progress and prospect of zeolitic imidazolate frameworks in cancer therapy，antibacterial activity，and

biomineralization [J]. Advanced healthcare materials，2020，9（12）：2000248.

[3] YAN S，ZENG X，WANG Y，et al. Biomineralization of bacteria by a metal–organic framework for therapeutic delivery [J]. Advanced healthcare materials，2020，9（12）：2000046.

[4] 陆现彩，陆建军，朱长见，等 . 微生物矿化成因的铁硫酸盐矿物表面特征初探 [J]. 高校地质学报，2005，11（2）：194.

[5] 季斌，陈威，樊杰，等 . 产脲酶微生物诱导钙沉淀及其工程应用研究进展 [J]. 南京大学学报（自然科学版），2017，53（1）：191.

[6] BAI Y，YANG T，LIANG J，et al. The role of biogenic Fe–Mn oxides formed in situ for arsenic oxidation and adsorption in aquatic ecosystems [J]. Water research，2016，98：119–127.

[7] MUGWAR A J，HARBOTTLE M J. Toxicity effects on metal sequestration by microbially–induced carbonate precipitation [J]. Journal of hazardous materials，2016，314：237–248.

[8] PARK J H，HAN Y S，AHN J S. Comparison of arsenic co–precipitation and adsorption by iron minerals and the mechanism of arsenic natural attenuation in a mine stream[J]. Water research，2016，106：295–303.

[9] 许凤琴，代群威，侯丽华，等 . 碳酸盐矿化菌的分纯及其对 Sr^{2+} 的矿化特性研究 [J]. 高校地质学报，2015，21（3）：376–381.

[10] LI M，CHENG X，GUO H. Heavy metal removal by biomineralization of urease producing bacteria isolated from soil [J]. International biodeterioration & biodegradation，2013，76：81–85.

[11] ACHAL V，PAN X，FU Q，et al. Biomineralization based remediation of As（III）contaminated soil by Sporosarcina ginsengisoli [J]. Journal of hazardous materials，2012，201：178–184.

[12] EMERSON D，FLEMING E J，MCBETH J M. Iron–oxidizing bacteria：an environmental and genomic perspective [J]. Annual review of microbiology，2010，64：561–583.

[13] MENG Y T，ZHENG Y M，ZHANG L M，et al. Biogenic Mn oxides for effective adsorption of Cd from aquatic environment [J]. Environmental pollution，2009，157（8–9）：

2577–2583.

[14] TEBO B M, JOHNSON H A, MCCARTHY J K, et al. Geomicrobiology of manganese（Ⅱ）oxidation [J]. TRENDS in microbiology, 2005, 13（9）: 421–428.

[15] ROMAN-ROSS G, CUELLO G J, TURRILLAS X, et al. Arsenite sorption and co-precipitation with calcite [J]. Chemical geology, 2006, 233（3-4）: 328–336.

[16] ROUFF A A, REEDER R J, FISHER N S. Pb（Ⅱ）sorption with calcite: A radiotracer study [J]. Aquatic geochemistry, 2002, 8（4）: 203–228.

[17] KIRAN M G, PAKSHIRAJAN K, DAS G. Heavy metal removal from multicomponent system by sulfate reducing bacteria: mechanism and cell surface characterization [J]. Journal of hazardous materials, 2017, 324: 62–70.

[18] RIOS-VALENCIANA E E, BRIONES-GALLARDO R, CHÁZARO-RUIZ L F, et al. Role of indigenous microbiota from heavily contaminated sediments in the bioprecipitation of arsenic [J]. Journal of hazardous materials, 2017, 339: 114–121.

[19] COSTA J M, RODRIGUEZ R P, SANCINETTI G P. Removal sulfate and metals Fe^{+2}, Cu^{+2}, and Zn^{+2} from acid mine drainage in an anaerobic sequential batch reactor [J]. Journal of environmental chemical engineering, 2017, 5（2）: 1985–1989.

[20] CHEN Z, PAN X, CHEN H, et al. Biomineralization of Pb（Ⅱ）into Pb-hydroxyapatite induced by Bacillus cereus 12-2 isolated from Lead-Zinc mine tailings [J]. Journal of hazardous materials, 2016, 301: 531–537.

[21] LI Q, CSETENYI L, GADD G M. Biomineralization of metal carbonates by Neurospora crassa [J]. Environmental science & technology, 2014, 48（24）: 14 409-14 416.

[22] MARTINEZ R J, BEAZLEY M J, SOBECKY P A. Phosphate-mediated remediation of metals and radionuclides [J]. Advances in ecology, 2014, 2014: 1–4.

[23] SITTE J, AKOB D M, KAUFMANN C, et al. Microbial links between sulfate reduction and metal retention in uranium-and heavy metal-contaminated soil [J]. Applied and environmental microbiology, 2010, 76（10）: 3143–3152.

[24] WEBER F A, VOEGELIN A, KAEGI R, et al. Contaminant mobilization by metallic copper and metal sulphide colloids in flooded soil [J]. Nature geoscience, 2009, 2（4）: 267–271.

[25] CARDOSO L G, DUARTE J H, ANDRADE B B, et al. Spirulina sp. LEB 18 cultivation in outdoor pilot scale using aquaculture wastewater: high biomass, carotenoid, lipid and carbohydrate production [J]. Aquaculture, 2020, 525: 735272.

[26] CHEN Y P, REKHA P D, ARUN A B, et al. Phosphate solubilizing bacteria from subtropical soil and their tricalcium phosphate solubilizing abilities [J]. Applied soil ecology, 2006, 34（1）: 33-41.

[27] MACASKIE L E, EMPSON R M, CHEETHAM A K, et al. Uranium bioaccumulation by a Citrobacter sp. as a result of enzymically mediated growth of polycrystalline HUO2PO4 [J]. Science, 1992, 257（5071）: 782-784.

[28] BEAZLEY M J, MARTINEZ R J, SOBECKY P A, et al. Uranium biomineralization as a result of bacterial phosphatase activity: insights from bacterial isolates from a contaminated subsurface [J]. Environmental science & technology, 2007, 41（16）: 5701-5707.

[29] MARTINS M, FALEIRO M L, BARROS R J, et al. Characterization and activity studies of highly heavy metal resistant sulphate-reducing bacteria to be used in acid mine drainage decontamination[J]. Journal of hazardous materials, 2009, 166（2-3）: 706-713.

[30] VELÁSQUEZ L, DUSSAN J. Biosorption and bioaccumulation of heavy metals on dead and living biomass of Bacillus sphaericus [J]. Journal of hazardous materials, 2009, 167（1-3）: 713-716.

[31] PERDRIAL N, LIEWIG N, DELPHIN J E, et al. TEM evidence for intracellular accumulation of lead by bacteria in subsurface environments [J]. Chemical geology, 2008, 253（3-4）: 196-204.

[32] 陈骏, 姚素平. 地质微生物学及其发展方向 [J]. 高校地质学报, 2005, 11（2）: 154-166.

[33] EHRLICH H, KRAJEWSKA B, HANKE T, et al. Chitosan membrane as a template for hydroxyapatite crystal growth in a model dual membrane diffusion system [J]. Journal of membrane science, 2006, 273（1-2）: 124-128.

[34] MEGHARAJ M, SINGLETON I, MCCLURE N C, et al. Influence of petroleum hydrocarbon contamination on microalgae and microbial activities in a long-term contaminated soil [J]. Archives of environmental contamination and toxicology, 2000, 38: 439-445.

[35] DONG H. Clay-microbe interactions and implications for environmental mitigation [J]. Elements, 2012, 8（2）: 113-118.

[36] HONG H, FANG Q, CHENG L, et al. Microorganism-induced weathering of clay minerals in a hydromorphic soil [J]. Geochimica et cosmochimica acta, 2016, 184: 272-288.

[37] PENTRÁKOVÁ L, SU K, PENTRÁK M, et al. A review of microbial redox interactions with structural Fe in clay minerals [J]. Clay minerals, 2013, 48（3）: 543-560.

[38] VORHIES J S, GAINES R R. Microbial dissolution of clay minerals as a source of iron and silica in marine sediments [J]. Nature geoscience, 2009, 2（3）: 221-225.

[39] GONZÁLEZ GARRAZA G, MATALONI G, FERMANI P, et al. Ecology of algal communities of different soil types from Cierva Point, Antarctic Peninsula [J]. Polar biology, 2011, 34（3）: 339-351.

[40] ZHANG L, LUO H, LIU P, et al. A novel modified graphene oxide/chitosan composite used as an adsorbent for Cr（Ⅵ）in aqueous solutions [J]. International journal of biological macromolecules, 2016, 87: 586-596.

[41] ABINANDAN S, SUBASHCHANDRABOSE S R, VENKATESWARLU K, et al. Soil microalgae and cyanobacteria: the biotechnological potential in the maintenance of soil fertility and health [J]. Critical reviews in biotechnology, 2019, 39（8）: 981-998.

[42] CUADROS J. Clay minerals interaction with microorganisms: a review [J]. Clay minerals, 2017, 52（2）: 235-261.

[43] NAEIMI M, CHU J. Comparison of conventional and bio-treated methods as dust suppressants [J]. Environmental science and pollution research, 2017, 24（29）: 23 341-23 350.

[44] 胡春香, 张德禄, 刘永定, 等. 荒漠藻结皮的胶结机理 [J]. 科学通报, 2002（12）: 931-937.

[45] HAWKES C V, FLECHTNER V R. Biological soil crusts in a xeric Florida shrubland: composition, abundance, and spatial heterogeneity of crusts with different disturbance histories [J]. Microbial ecology, 2002: 1-12.

[46] 高玉峰, 杨恩杰, 何稼, 等. 基于微生物诱导碳酸钙沉积的防风固沙试验研究 [J]. 河南科学, 2019, 37（1）: 144-150.

[47] 周素航, 徐连满, 郝喆, 等. 藻类结皮改良尾矿基质的实验研究 [J]. 环境科

学导刊，2019，38（1）：52-57.

[48]　FANG L, CAI P, LI P, et al. Microcalorimetric and potentiometric titration studies on the adsorption of copper by P. putida and B. thuringiensis and their composites with minerals [J]. Journal of hazardous materials，2010，181（1-3）：1031-1038.

[49]　LI G L, ZHOU C H, FIORE S, et al. Interactions between microorganisms and clay minerals: New insights and broader applications [J]. Applied clay science，2019，177：91-113.

[50]　KUMAR K S, DAHMS H U, WON E J, et al. Microalgae-a promising tool for heavy metal remediation [J]. Ecotoxicology and environmental safety，2015，113：329-352.

[51]　HADJOUDJA S, DELUCHAT V, BAUDU M. Cell surface characterisation of Microcystis aeruginosa and Chlorella vulgaris [J]. Journal of colloid and interface science，2010，342（2）：293-299.

[52]　KAPLAN D. Absorption and adsorption of heavy metals by microalgae [J]. Handbook of microalgal culture: applied phycology and biotechnology，2013：602-611.

[53]　GUPTA S S, BHATTACHARYYA K G. Adsorption of heavy metals on kaolinite and montmorillonite: a review [J]. Physical chemistry chemical physics，2012，14（19）：6698-6723.

[54]　HONG Z, RONG X, CAI P, et al. Initial adhesion of Bacillus subtilis on soil minerals as related to their surface properties [J]. European journal of soil science，2012，63（4）：457-466.

[55]　WAALKES M P. Cadmium carcinogenesis in review [J]. Journal of inorganic biochemistry，2000，79（1）：241-244.

[56]　WAISBERG M, JOSEPH P, HALE B, et al. Molecular and cellular mechanisms of cadmium carcinogenesis [J]. Toxicology，2003，192（2-3）：95-117.

[57]　TYAGI B, CHUDASAMA C D, JASRA R V. Determination of structural modification in acid activated montmorillonite clay by FT-IR spectroscopy [J]. Spectrochimica acta part A: molecular and biomolecular spectroscopy，2006，64（2）：273-278.

[58]　YAN S, CAI Y, LI H, et al. Enhancement of cadmium adsorption by EPS-montmorillonite composites [J]. Environmental pollution，2019，252：1509-1518.

[59]　RONG X, HUANG Q, HE X, et al. Interaction of Pseudomonas putida with

kaolinite and montmorillonite: a combination study by equilibrium adsorption, ITC, SEM and FTIR [J]. Colloids and surfaces B: biointerfaces, 2008, 64 (1): 49–55.

[60] XIA L, XIA L, LI H, et al. Cell surface characterization of some oleaginous green algae [J]. Journal of applied phycology, 2016, 28 (4): 2323–2332.

[61] VOLLRATH S, BEHRENDS T, KOCH C B, et al. Effects of temperature on rates and mineral products of microbial Fe (Ⅱ) oxidation by Leptothrix cholodnii at microaerobic conditions [J]. Geochimica et cosmochimica acta, 2013, 108: 107–124.

[62] LI Y, SONG S, XIA L, et al. Enhanced Pb (Ⅱ) removal by algal-based biosorbent cultivated in high-phosphorus cultures [J]. Chemical engineering journal, 2019, 361: 167–179.

[63] LIU Y, ALESSI D S, OWTTRIM G W, et al. Cell surface acid-base properties of the cyanobacterium synechococcus: influences of nitrogen source, growth phase and N: P ratios [J]. Geochimica et cosmochimica acta, 2016, 187: 179–194.

[64] CHUBAR N, VISSER T, AVRAMUT C, et al. Sorption and precipitation of Mn2+ by viable and autoclaved Shewanella putrefaciens: effect of contact time [J]. Geochimica et cosmochimica acta, 2013, 100: 232–250.

[65] HUANG R, HUO G, SONG S, et al. Immobilization of mercury using high-phosphate culture-modified microalgae [J]. Environmental pollution, 2019, 254: 112966.

[66] CHEN X, CHEN L, SHI J, et al. Immobilization of heavy metals by Pseudomonas putida CZ1/goethite composites from solution [J]. Colloids and surfaces B: biointerfaces, 2008, 61 (2): 170–175.

[67] UESHIMA M, MOGI K, TAZAKI K. Microbes associated with bentonite[J]. Clay science, 2000, 39: 171–183.

[68] SAWALHA M F, PERALTA-VIDEA J R, ROMERO-GONZÁLEZ J, et al. Biosorption of Cd (Ⅱ), Cr (Ⅲ), and Cr (Ⅵ) by saltbush (Atriplex canescens) biomass: thermodynamic and isotherm studies [J]. Journal of colloid and interface science, 2006, 300 (1): 100–104.

[69] MANIRETHAN V, RAVAL K, BALAKRISHNAN R M. Adsorptive removal of trivalent and pentavalent arsenic from aqueous solutions using iron and copper impregnated melanin extracted from the marine bacterium Pseudomonas stutzeri [J]. Environmental

pollution, 2020, 257: 113576.

[70] QU C, MA M, CHEN W, et al. Surface complexation modeling of Cu（Ⅱ）sorption to montmorillonite – bacteria composites [J]. Science of the total environment, 2017, 607–608: 1408–1418.

[71] FRANZBLAU R E, DAUGHNEY C J, SWEDLUND P J, et al. Cu（Ⅱ）removal by Anoxybacillus flavithermus–iron oxide composites during the addition of Fe（Ⅱ）aq [J]. Geochimica et cosmochimica acta, 2016, 172: 139–158.

[72] PENG Y, DENG A, GONG X, et al. Coupling process study of lipid production and mercury bioremediation by biomimetic mineralized microalgae [J]. Bioresource technology, 2017, 243: 628–633.

[73] OJEDA J J, ROMERO–GONZÁLEZ M E, BACHMANN R T, et al. Characterization of the cell surface and cell wall chemistry of drinking water bacteria by combining XPS, FTIR spectroscopy, modeling, and potentiometric titrations [J]. Langmuir, 2008, 24（8）: 4032–4040.

[74] CHEN L, WU P, CHEN M, et al. Preparation and characterization of the eco–friendly chitosan/vermiculite biocomposite with excellent removal capacity for cadmium and lead [J]. Applied clay science, 2018, 159: 74–82.

[75] LI M, ZHANG Z, LI R, et al. Removal of Pb（Ⅱ）and Cd（Ⅱ）ions from aqueous solution by thiosemicarbazide modified chitosan [J]. International journal of biological macromolecules, 2016, 86: 876–884.

[76] ZENG L, CHEN Y, ZHANG Q, et al. Adsorption of Cd（Ⅱ）, Cu（Ⅱ）and Ni（Ⅱ）ions by cross–linking chitosan/rectorite nano–hybrid composite microspheres [J]. Carbohydrate polymers, 2015, 130: 333–343.

[77] ZHU C, LIU F, ZHANG Y, et al. Nitrogen–doped chitosan–Fe（Ⅲ）composite as a dual–functional material for synergistically enhanced co–removal of Cu（Ⅱ）and Cr（Ⅳ）based on adsorption and redox [J]. Chemical engineering journal, 2016, 306: 579–587.

[78] MIKUTTA R, ZANG U, CHOROVER J, et al. Stabilization of extracellular polymeric substances（Bacillus subtilis）by adsorption to and coprecipitation with Al forms [J]. Geochimica et cosmochimica acta, 2011, 75（11）: 3135–3154.

[79] CHEN H, TAN W, LV W, et al. Molecular mechanisms of lead binding to

ferrihydrite-bacteria composites: ITC, XAFS, and μ-XRF investigations [J]. Environmental science & technology, 2020, 54（7）: 4016-4025.

[80] DU H, QU C, LIU J, et al. Molecular investigation on the binding of Cd（Ⅱ）by the binary mixtures of montmorillonite with two bacterial species [J]. Environmental pollution, 2017, 229: 871-878.

[81] MOON E M, PEACOCK C L. Adsorption of Cu（Ⅱ）to ferrihydrite and ferrihydrite-bacteria composites: Importance of the carboxyl group for Cu mobility in natural environments [J]. Geochimica et cosmochimica acta, 2012, 92: 203-219.

[82] QU C, DU H, MA M, et al. Pb sorption on montmorillonite-bacteria composites: A combination study by XAFS, ITC and SCM [J]. Chemosphere, 2018,

[83] BIGI A, FORESTI E B, GAZZANO M, et al. Cadmium substituted tricalcium phosphate and crystal structure refinement of beta-tricadmium phosphate [J]. Chem informationsdienst, 1986, 17: 170-171.

[84] POST M L, TROTTER J. Crystal and molecular structure of cadmium（Ⅱ）cyanoacetate [J]. Journal of the chemical society dalton transactions, 1974, 5（3）: 285-288.

[85] POST M L, TROTTER J. Crystal and molecular structure of cadmium（Ⅱ）maleate dihydrate [J]. Journal of the chemical society, dalton transactions, 1974（7）: 674-678.

[86] KARLSSON T, PERSSON P, SKYLLBERG U. Extended X-ray Absorption fine structure spectroscopy evidence for the complexation of cadmium by reduced sulfur groups in natural organic matter [J]. Environmental science & technology, 2005, 39（9）: 3048-55.

[87] QU C, MA M, CHEN W, et al. Modeling of Cd adsorption to goethite-bacteria composites [J]. Chemosphere, 2018, 193: 943-950.

[88] CHOJNACKA K, CHOJNACKI A, GORECKA H. Biosorption of Cr^{3+}, Cd^{2+} and Cu^{2+} ions by blue-green algae Spirulina sp.: kinetics, equilibrium and the mechanism of the process [J]. Chemosphere, 2005, 59（1）: 75-84.

[89] AKAR T, CELIK S, ARI A G, et al. Removal of Pb^{2+} ions from contaminated solutions by microbial composite: combined action of a soilborne fungus Mucor plumbeus and alunite matrix [J]. Chemical engineering journal, 2013, 215: 626-634.

[90] CHEN X, HU S, SHEN C, et al. Interaction of Pseudomonas putida CZ1 with clays and ability of the composite to immobilize copper and zinc from solution [J]. Bioresource

technology, 2009, 100（1）: 330-337.

[91] DU H, HUANG Q, PEACOCK C L, et al. Competitive binding of Cd, Ni and Cu on goethite organo‐mineral composites made with soil bacteria [J]. Environmental pollution, 2018, 243: 444-452.

第七章　微藻产油

7.1　藻种筛选与生长藻潜力研究

7.1.1　藻种筛选

微藻是高能量密度、可再生液态交通燃料的理想原料，其作为生物质能源具有独特的优势。首先，微藻的光合效率强、含油量高、生长周期短、油脂面积产率高且生产占地面积小；其次，微藻在光自养培养中可固定大量 CO_2，这不仅可以减少 CO_2 的排放，而且能大幅降低微藻光自养所需碳源的成本；此外，微藻个体小，易粉碎、干燥，后续处理条件相对较低。通常情况下，生长快速的微藻油脂含量比较低，而油脂含量高的微藻生长相对缓慢[1-2]。为了解决这种问题，首先就要筛选出适合的藻种，既要具有高的油脂生产率和快速的生长速率，同时还能够实现规模培养。

（1）藻种的油脂产率

藻细胞油脂含量一般在 1% ～ 75%，某些特定环境下的某些藻种的油脂含量可高达 90%。营养充足条件下，绿藻的平均含油量为 25.5%，硅藻 22.7%，其他油藻为 27.1%，而胁迫条件，如缺氮时，绿藻油含量平均可达 45.7%，硅藻和其他藻类可达 44.6%[1]。表 7-1 列举了常见的产油藻种自养条件下的油脂含量和油脂产率[3-5]。由表 7-1 信息可知，一般情况下，含油量高的藻种生物量产率比较低，如 *Botryococcus braunii* 油脂含量可达干重的 75%，但是其生物量产量极低。含油量和生物产量不能完全作为能源微藻藻种的关键性指标，所以通常用油脂产率来评价微藻产油效率，即单位体积（或单位面积）藻细胞每天的油脂产量[6]。

表 7-1　不同微藻油脂含量和产率比较

藻种	油脂含量 /%	油脂产率 / (mg/L·d)	生物量产率	
			体积产率 / [g/（L·d）]	面积产率 / （g/m²·d）
Botryococcus braunii	25.0～75.0		0.02	3.0
Chaetoceros calcitrans	39.8	17.6	0.04	
C.muelleri	33.6	21.8	0.07	
Chlorella emersonii	25.0～63.0	10.3～50.0	0.036～0.041	0.091～0.097
C. protochecoides	14.6～57.8	1214	2.00～7.70	
C. sorokiniana	19.0～22.0	44.7	0.23～1.47	
C. vulgaris	5.0～58.0	11.2～40.0	0.02～0.20	0.57～0.95
Chlorella sp.	10.0～48.0	42.1	0.02～2.5	1.61～16.47/25
Chlorella			3.2/3.8	19.4/22.8
Chlorococcum			0.09	14.9
Chlorococcum sp.	19.3	53.7	0.28	
Crypthecodinium cohnii	20.0～51.1		10	
Dunaliella salina	6.0～25.0	116.0	0.22～0.34	1.6～3.5/20～38
D. primolecta	23.1		0.09	14
D. tertiolecta	16.7～71.0			
Dunaliella sp.	17.5～67.0	33.5		
Ellipsoidion sp.	27.4	47.3	0.17	
Euglena gracilis	14.0～20.0		7.70	
Haematococcus pluvialis	25.0		0.05～0.06	10.2～36.4
Isochrysis galbana	7.0～40.0		0.32～1.60	
Isochrysis sp.	7.1～33	37.8	0.08～0.17	
Monodus subterraneus	16.0	30.4	0.19	
Monallanthus salina	20.0～22.0		0.08	12
Nannochloris sp.	20.0～56.0	60.9～76.5	0.17～0.51	

续表

藻种	油脂含量 /%	油脂产率 / (mg/L·d)	生物量产率	
			体积产率 / [g/(L·d)]	面积产率 / (g/m²·d)
Nannochloropsis oculata	22.7 ~ 29.7	84.0 ~ 142.0	0.37 ~ 0.48	
Nannochloropsis sp.	12.0 ~ 53.0	37.6 ~ 90.0	0.17 ~ 0.43	1.9 ~ 5.3
*Neochloris oleabundan*s	29.0 ~ 65.0	90.0 ~ 134.0		
Nitzschia sp.	16.0 ~ 47.0			8.8 ~ 21.6
Pavlova salina	30.9	49.4	0.16	
P. lutheri	35.5	40.2	0.14	
Phaeodactylum tricornutum	18.0 ~ 57.0	44.8	0.003 ~ 1.9	2.4 ~ 21
Porphyridium cruentum	9.0 ~ 18.8/60.7	34.8	0.36 ~ 1.50	25
Scenedesmus obliquus	11.0 ~ 55.0	0.004 ~ 0.74		
S. quadricauda	1.9 ~ 18.4	35.1	0.19	
Scenedesmus sp.	19.6 ~ 21.1	40.8 ~ 53.9	0.03 ~ 0.26	2.43 ~ 13.52
Skeletornema sp.	13.3 ~ 31.8	27.3	0.09	
S. costatum	13.5 ~ 51.3	17.4	0.08	
T. suecica	8.5 ~ 23.0	27.0 ~ 36.4	0.12 ~ 0.32	19
Tetraselmia sp.	12.6 ~ 14.7	43.4	0.30	

（2）藻种规模化生长所具备的条件

要实现藻种规模化生长产油，选取的藻种不仅要适用于实验室的培养，还要能应用于室外规模化生长，因此总结微藻应具备如下条件：①适宜环境范围大，能于极端环境下生长；②细胞大，群体或者有鞭毛；③耐受剪切力；④高的 CO_2 吸收利用率和耐受性；⑤溶氧和 pH 耐受性；⑥耐受污染；⑦无分泌物自我抑制性[5]。具备这些条件的微藻可规模化生长，并应用于工业和商业领域。目前用于工业生产的微藻有 *Isochrysis*、*Chaetoceros*、*Chlorella*、*Arthrospira*（*Spirulina*）和 *Dunaliella*[7]。而商业化生产能源微藻的例子还很少见，目前比较有前景的微藻有 *Nannochloropsis*、*Chlorella*、*Scendesemus*、*Isochrysis*、*Phaeodactylum tricornutum*、*Tetraselmia*、*Neochloris* 和 *Chlorococcum* 等（表 7-1）。

7.1.2　生长潜力的研究

结合室内外环境对 8 株栅藻进行筛选，本研究旨在探索这 8 株绿藻（*D. abundans*、*Desmodesmus* sp.、*Desmodesmus* sp. NMX451、*D. intermedius*、*D. obtusus* XJ–36、*S. pectinatus var* XJ–1、*S. obtusus*、*S. obtusus* XJ–15）在室外培养的潜力，筛选出最适合作为生物柴油原材料的藻株。

（1）室内生长潜力研究

8 株栅藻在室内 500 mL 三角瓶中的生长潜力以及油脂产率汇总在表 7–2 中。这 8 株微藻室内生长平均油脂含量达到 31.53%，这比绿藻平均油含量在 20% ～ 25% 要高出很多[1, 6]，比报道的栅藻在全营养条件下培养获得的平均油脂含量高 19%。说明这几株栅藻作为生物柴油原料都是非常有潜力的。表 7–2 显示，*S. obtusus* XJ–15 的油脂含量最高达到 47.22%，然而生物量生产率最低，这也与前人的研究相似，高的油脂含量往往伴随着低的生长速率[8]。而相对的，*Desmodesmus* sp. 生物量生产率最高达 94.4 mg/（L·d），而油脂含量最低不到 25%，比平均油脂含量低很多。

虽然油脂含量是微藻作为生物柴油原材料的重要指标，但是仅用油脂含量来衡量微藻潜力是不合适的，目前的研究更多将油脂生产率作为评价生物柴油生产潜力的指标[6]。表中 7–2 可知 *D. abundans* 的油脂含量和生物量生产率都不是最高的，但是却有相对高的油脂生产率。

尽管这 8 株微藻的油脂含量和生物量产量差异很大，但是它们的生长潜力，即生长速率（μ）差别不大。说明所选的 8 株微藻的生长潜力相当，因此仅凭油脂含量和生物量产量不能评价微藻的生长潜力，需要进一步的筛选。

表 7–2　8 株栅藻室内生长潜力和油脂产率

藻种	μ/d	LC/%	BP/ [mg/（L·d）]	LP/ [mg/（L·d）]
D. abundans	0.33	35.25	88.0	31.0
Desmodesmus sp.	0.32	24.94	94.4	23.5
Desmodesmus sp. NMX–451	0.31	27.74	60.8	17.0
D. intermedius	0.33	34.32	41.5	14.2
D. obtusus XJ–36	0.30	31.39	53.7	16.8

藻种	μ/d	LC/%	BP/[mg/(L·d)]	LP/[mg/(L·d)]
S. obtusus	0.29	25.02	64.3	16.1
S. obtuse XJ-15	0.33	47.22	33.8	16.0
S. pectinatus var XJ-1	0.31	26.35	74.8	19.7

μ：生长速率；LC：lipid content，油脂含量；BP：biomass productivity，生物量生产率；LP：lipid productivity，油脂生产率。

（2）室外生长潜力研究

1）生长和油脂含量

室外筛选微藻的实验中使用灭菌的蒸馏水（autoclaved distilled water，ADW）和当地不做处理的自来水、过滤的自来水，前者无菌培养，后者敞开式培养。生物量及油脂生产参数汇总见表7-3，室外无论是用ADW还是过滤的自来水，油脂含量都普遍较室内培养的低，其中ADW培养微藻的平均油脂含量在25.0%，而FTW培养的微藻平均油脂含量为23.2%，该结果也验证了一般室外培养微藻的油脂含量普遍达不到室内培养的水平这一结论[1-2]。

虽然油脂含量相对于室内培养的要低，但是室外培养的每个藻种的生物量生产率和计算得到油脂生产率却比室内培养要高，这可能和培养条件的差异有关系。除了室外通入CO_2外，室外培养的光照等条件比室内高[6]。此外，用自来水培养的平均油脂含量和平均生物量生产率［BP：ADW，200.3 mg/（L·d），FTW，163.7 mg/（L·d）；LP：ADW，45.4 mg/（L·d）；FTW，38.1 mg/（L·d）］均比灭菌自来水培养的要低。这说明细菌或者其他可能的浮游动物等的污染对于微藻的生长和油脂含量的威胁是比较大的。但是即使如此，也有特例，*D. abundans* 和 *Desmodesmus* sp. 生物量生产率在ADW中培养的没有FTW中培养的高，说明这两株栅藻抗逆性很强，比较适合室外大规模培养。

表7-3 8株栅藻和链带藻温室生物量和油脂产率

藻种	LC/%		BP/[mg/（L·d）]		LP/[mg/（L·d）]	
	ADW	FTW	ADW	FTW	ADW	FTW
D. abundans	25.06	23.20	171.5	199.0	43.3	46.2

续表

藻种	LC/%		BP/[mg/（L·d）]		LP/[mg/（L·d）]	
	ADW	FTW	ADW	FTW	ADW	FTW
Desmodesmus sp.	24.59	26.59	180.0	210.9	44.3	56.1
Desmodesmus sp. NMX–451	25.50	23.20	160.1	134.0	40.8	31.1
D. intermedius	24.64	23.30	169.7	125.9	41.8	29.3
D. obtusus XJ–36	23.08	24.12	170.3	104.8	39.3	25.5
S. obtusus	22.73	18.53	160.0	193.3	36.4	35.8
S.obtusus XJ–15	31.31	24.12	238.4	222.7	74.6	53.7
S. pectinatus var XJ–1	23.18	22.58	183.5	119.2	42.5	26.9

2）脂肪酸品质

除了分析微藻的生长和油脂含量外，脂肪酸组分也是一个重要的特质，它直接决定了生产的生物柴油的品质。实验分析了用 FTW 培养的 8 株栅藻油脂的脂肪酸组分，具体参数汇总在表 7-4 中。C16：0 和 C18：1 是这几株微藻最主要的脂肪酸组分，有个例外是 *D. abundans*，它的 C16：0 含量最低只有 3.30%，但是它的 C18：1 含量最高达到 57.48%。*Desmodesmus* sp. NMX–451 的 C16：0 含量最高达到 56.71%。虽然同是栅藻，但是脂肪酸差异很大，这些差异可能是因为藻种的异质性和培养条件[9]。所有栅藻C16 到 C18 的含量占到总脂肪酸含量的 97% 以上，而这一长度的脂肪酸链非常适合用来制作生物柴油，即软脂酸 / 棕榈酸（palmitic，16：0），棕榈油酸（palmitoleic acid，C16：1），硬脂酸（stearic，18：0），油酸（oleic，18：1），亚油酸（linoleic，18：2），和亚麻酸（linolenic，18：3）[10-11]。相对的，这几株栅藻的 C18 组成的长链多不饱和脂肪酸的含量相对高等植物中的油脂少很多[12]。这些结果说明绿藻，特别是栅藻的油脂组成非常适合作为生物柴油原材料[1-2]。

表7-4 8株栅藻室外自来水培养的油脂脂肪酸组分

单位：%

		D. abundans	Desmodesmus sp.	Desmodesmus sp. NMX-451	D. intermedius	D.obtusus XJ-36	S. obtusus	S.obtusus XJ-15	S.pectinatus var XJ-1
饱和脂肪酸	C14:0	0.94	0.24	0.18	0.49	0.68	1.19	0.56	0.33
	C16:0	3.30	46.06	56.71	39.33	43.98	46.25	39.82	38.64
	C18:0	11.01	6.18	8.20	6.01	6.09	3.07	6.11	3.54
	C20:0	1.32	1.20	0.74	0.61	ND	ND	ND	0.36
	部分合计	16.57	53.68	65.83	46.44	50.75	50.51	46.49	42.87
单不饱和脂肪酸	C14:1	0.10	0.01	0.03	0.01	0.11	0.43	0.10	0.02
	C16:1	3.12	3.98	2.2	3.55	0.04	6.57	4.14	0.14
	C18:1	57.48	38.41	29.01	40.56	28.86	30.87	29.12	38.7
	部分合计	60.7	42.4	31.24	44.12	29.01	37.87	33.36	38.86
多不饱和脂肪酸	C18:2	9.18	2.46	1.66	5.66	9.81	5.41	9.74	9.86
	C18:3	13.56	1.37	1.19	3.49	9.48	5.84	9.52	7.85
	C18:4	0	0.09	0.08	0.30	0.93	0.37	0.87	0.57
	部分合计	22.74	3.92	2.93	9.45	20.22	11.62	20.13	18.28
	C16-C18	97.64	98.46	98.97	98.59	98.28	98.02	98.47	98.72

3）生物柴油品质

微藻产生的生物柴油的品质有所差异，这可能是藻种和培养条件的差异所致。微藻的油脂组成包括磷脂、糖脂和 TAG，一般情况下，微藻中的游离脂肪酸含量只占到总脂的 1% ～ 2%[13]，绝大多数的脂肪酸都连接到甘油分子上形成酰基甘油，这些酰基甘油中，只有 TAG 最容易通过转酯化反应转化为生物柴油[14]。所以说考察生产生物柴油的潜力时也应该考虑脂肪酸组成。

一些评价生物柴油品质的重要参数汇总在表 7-5 中。其中，平均不饱和度与柴油品质关系密切，不饱和度越高，十六烷值越低，氧化稳定性越低。使用两个最常用的生物柴油品质标准，即美国的 ASTM D 6751 和欧盟的 EN 14214 来评价这 8 株微藻生产的生物柴油的品质。*D. abundans* 的不饱和度最高，比一般生物柴油的不饱和度要高，进而有高的碘价，甚至超过了欧盟的标准 120（g I_2 100 g），说明其生产的柴油的氧化性不高。对于浊点（cloud point，CP）和冷凝点（cold filter plugging point，CFPP）这两个指标，两个标准都没规定，取决于各地的天气状况[12]。这 8 株栅藻的 CP 值相差不大，都在 8.3℃附近，CFPP 值都在 -10℃以下，说明它们的低温流动性很好。这 8 株栅藻和链带藻的主要成分是饱和和单不饱和脂肪酸，这使柴油具有好的氧化稳定性，但是却不具有最好的点火质量和光滑性（平均 *CN*=58、平均 *IV*=94）。而好的柴油品质应该是 C16：1/C18：1/C14：0=5/4/1，并且氧化性低、低温性能好的十六烷值高。虽然 *Desmodesmus* sp. NMX-451 在室内室外培养时的油脂生产率都不高，但是它的 CN 值很高，其他性能很好。

各个菌种在不同的柴油品质参数中表现出优势，为了更好地评价这几株栅藻作为生物柴油生产的潜力，本研究就油脂生产率以及各种生物柴油品质指标综合地做了聚类分析（图 7-1）。聚类分析将 *D. obtusus* XJ-36、*D. intermedius*、*S. abtusus* 和 *S.pectinatus var* XJ-1 聚为一类，很可能因为这几株栅藻的油脂生产率相对都不太高，且柴油组分相当，以 *S. abtusus* 为代表进行接下来的研究。而其他几株栅藻特征都比较突出，如 *Desmodesmus* sp. NMX-451 十六烷值最高，*Desmodesmus* sp. 油脂生产率最高。那么在接下来的实验中将重点对 *S. abtusus*、*Desmodesmus* sp.、*S. obtusus* XJ-15、*D. abundans*、*Desmodesmus* sp. NMX-451 进行各种优化培养和研究。

表 7-5　8 株栅藻室外自来水培养油脂估算的生物柴油品质

	D. abundans	*Desmodesmus* sp.	*Desmodesmus* sp. NMX-451	*D. intermedius*	*D. obtusus* XJ-36	*S. obtusus*	*S. obtusus* XJ-15	*S. pectinatus* var XJ-1	ASTM D6751-08	EN 14214
平均不饱和度	1.20	0.52	0.38	0.67	0.81	0.68	0.85	0.84	—	—
黏滞率（40 ℃）/（mm²/s）	4.45	4.88	4.96	4.78	4.70	4.78	4.67	4.67	1.9–6.0	3.5–5.0
比重/（kg/L）	0.88	0.88	0.87	0.88	0.88	0.88	0.88	0.88	0.85–0.90	—
浊点/℃	8.25	8.30	8.31	8.29	8.28	8.29	8.28	8.28	—	—
十六烷值	54.89	59.42	60.31	58.40	57.49	58.36	57.21	57.25	Min 47	Min 51
碘值（gI$_2$/100 g）	127.58	77.06	67.13	88.43	98.63	88.86	101.68	101.32	—	Max120
热值/（MJ/kg）	40.64	39.45	39.21	39.71	39.96	39.73	40.03	40.02	—	—
冷凝点/℃	−11.96	−12.19	−13.43	−14.09	−15.97	−16.09	−16.00	−14.95	—	—

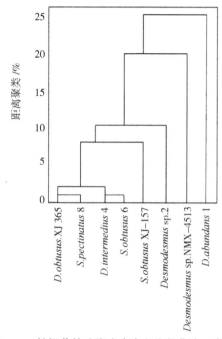

图 7-1　8株栅藻的油脂生产率和生物柴油距离聚类

7.2　影响油脂积累因素

　　藻细胞油脂的积累受各种因素的影响，这些因素包括光照、温度、营养、盐度、pH、生理阶段和细胞状态以及几种因素的联合作用等。这些因素的影响多表现在微藻油脂含量和组成以及组成成分上，通过分析这些因素的作用，探索出合适的培养条件以获取更高的油脂积累。

7.2.1　光照

（1）光强

　　在一定范围内，光照强度的升高能加速细胞的生长，与此同时，藻细胞的生化组成也会发生相应的变化。光照强度也能改变脂肪酸的饱和度，*Nannochloropsis* sp. 在光限制条件下，主要的多不饱和脂肪酸 C20：5 保持稳定（约35%）。但是在光饱和条件下，其多不饱和脂肪酸减少近 3 倍，伴随着饱和和单不饱和脂肪酸（C14：0、C16：0 和 C16：1）含量的增加。通常，低光照促进多不饱和脂肪酸的合成，用此来构建膜脂。而高光照促使合成更多的饱和和单不饱和脂肪酸，多用来补充中性脂[1, 15]。*Cladophora* sp. 在高光强下急性脂含量下降，中性脂含量即 TAG 含量升高 [16]。红藻 *Tichocarpus crinitus* 在低光条件下膜脂含量升高，特别是 SQDG、PG 和 PC，而高光下 TAG 含量升高 [17]。高光条件下合成 TAG 可能是对细胞的一种保护机制，因为高光下光合机器电子受体可能瘫痪，而多合成的以 TAG 为形式的脂肪酸很可能帮助细胞重新建立电子受体库 [15]。除了油脂组成，光强还对微藻色素组成有影响，绿藻 *Parietochloris incise* 低光强下生长缓慢，其类胡萝卜素和叶绿素的比值也很低，而在高光强下，类胡萝卜素特别是 β- 胡萝卜素和叶黄素含量升高 [18]。

（2）光质

微藻对不同波长的光的吸收效率也是不同的，如 *Chlorella* 首先吸收红光，然后是黄光，再是绿光 [19]，而 *Botryococcus braunii* 在红光下生长最好，蓝光绿光次之，但是在这 3 种光质下的光合效率没有明显区别 [20]。此外，紫外辐射也可以改变微藻细胞组分，这种变化也是有种质差异的，*Odontella weissflogii* 在 UV-B 辐射下细胞油脂含量和组分没有很大变化，而 *Phaeocystis antarctica* 总脂和 TAG 含量升高，急性脂含量降低，*Chaetoceros simplex* 总脂含量也升高了 [21]。*Tetraselmis* sp. 在 4 h 连续 UV-B 辐射后，总的饱和脂肪酸和单不饱和脂肪酸（MUFA）含量升高，而多不饱和脂肪酸（PUFA）含量下降了一半 [22]。*P. tricornutum* 在 UV-A 辐射下 PUFA 含量升高而 MUFA 含量下降，*C. muelleri* 在 UV-A 和 UV-B 联合作用下 PUFA 含量下降，而 MUFA 含量升高 [23]。*Nannochloropsis* sp. 在 UV-A 辐射下，饱和脂肪酸和 PUFA 比例升高 [24]。

（3）光周期

光暗周期对微藻的影响也很显著，*S. obliquus* 在连续光照下的生物量和油脂产率比 14∶10 h，10∶14 h 光暗周期下的要高 [25]。光暗周期对油脂组分也有影响，比较短的光周期会促使细胞合成更多的 PUFA [26]。在户外培养时存在昼夜的变化，夜晚藻细胞密度和油脂含量会下降这样就导致了油脂产率的降低，且微藻一般在光照条件下积累 TAG，而在黑暗条件下吸收利用 TAG 进行呼吸作用，对油脂的产率也有影响。研究称提高白天光照时的温度，降低夜晚黑暗的温度能一定程度的减少夜晚损失 [27]。光照强度和光暗周期的联合作用对微藻的生长和产油有显著影响，如 *Nannochloropsis* 在光照强度 200 μmol photons m^{-2} s^{-1} 和 18∶06 h 光暗周期联合作用时生长和油脂积累最快，而相同光强下连续光照或者其他光暗周期下其生长和油脂含量都较低 [28]。不同生长阶段控制光暗周期对油脂积累影响也很重要，硅藻 *Thalassiosira pseudonana* 生长稳定期的时候提供连续光照或者 12∶12 h 光暗周期比其他光照下的饱和和单不饱和脂肪酸

（MUFA）含量高，在指数生长期，高光下的多不饱和脂肪酸（PUFA）含量最高[29]。

7.2.2 温度

除光照外，室温是影响细胞生长和组成最重要的一个因素，它通过代谢途径调控、特异性酶反应和细胞的通透性等特质影响细胞的形态、大小以及生化组成。不同种类的微藻最适温度有差异，且有不同的温度耐受范围。很多藻类能适应高于 15 ℃低于最适温度的温度范围，但是高于最适温度 2 ～ 4 ℃可能导致总生物量的损失[1]。对于封闭式反应器，温度过高的问题更为严重，在炎热的夏季，培养液温度可高达 50 ℃以上。因此，需要配置冷却系统将培养过程的温度控制在最适范围，而这必将大幅增加培养成本。所以对于要进行户外培养的某个藻株，不仅要在实验特定条件下考察温度的影响，而且还需要模拟户外规模化培养的实际温度来考察其生长特性。此外，单个藻株难以适应全年培养，因而在夏天可选择耐高温藻进行培养，而冬天则选用耐低温藻培养，这样才有可能实现能源微藻的全年培养。

温度影响改变脂肪酸的合成首先表现在脂肪酸组分上，降低温度会促使藻细胞不饱和脂肪酸积累，而升高温度会促使饱和脂肪酸积累[1]。温度对总脂的影响也很显著，这种影响受藻种差异而异，如 *N. salina* 的油脂含量随着温度的升高而升高[30]，Palmisano 等[31]对 3 种硅藻的研究表明，总脂含量随着温度升高而降低。一定温度范围内，藻细胞的大小、生长速率和油脂含量跟温度有线性关系[32]。

7.2.3 营养

（1）碳

碳是微藻细胞的主要组成成分，占细胞干重的 50% 左右。自养的微藻能以多种形式吸收利用无机碳，包括大气里面的 CO_2、工业废气以及溶解形态的无机碳（$NaHCO_3$ 和 Na_2CO_3）[33]。从理论上讲微藻每增加 1g 干重需要吸收固定 1.83g CO_2[34]，其固碳能力是陆生植物的 10 ～ 50 倍[33]，所以微藻在二氧化碳减排方面有巨大的潜力。最适宜微藻生长的 CO_2 浓度一般为 2% ～ 5%，*N. oculata* 在 CO_2 为 2% 时生长速率最快，CO_2 吸收速率也最高[35]。工业废气中 CO_2 含量在 10% ～ 20%，管道气（flue gas）一般为 15%[33]，要利用工业废气进行微藻培养，筛选高耐受 CO_2 的藻种很重要。很多微藻可以耐受高浓度的 CO_2 且生长良好，*Scenedemus obliquus* 在 10% 的 CO_2 浓度下生长最好，固碳速率高达 292.50 mg L^{-1} d^{-1}[25]，*Chlorella kessleri* 在 CO_2 浓度为 6% ～ 18% 范

围内都可以很好的生长[33]，*Botryococcus braunii* 在 20% 的 CO_2 浓度下生长最好[36]，*Chlorococcum littorale* 可以耐受 40% 的 CO_2 浓度，*S. obliquus* SJTU-3 和 *C. pyrenoidosa* SJTU-2 在高 CO_2 浓度下积累更多的油脂和 PUFA[37]。除了 CO_2 以外，碳酸盐也是很好的碳源，微藻培养时添加 Na_2CO_3 能够提高微藻的光合效率和氮利用率，进而提高微藻生长速率，一定浓度的 Na_2CO_3 还能提高细胞油脂含量[38-39]。碳还是限制油脂积累一个很重要的因素，环境胁迫（氮缺失等）条件下，限制 CO_2 的供给很大程度上降低油脂的积累[40]。而相对的，在营养限制条件下，补充碳能有效地提高油脂含量[41-43]。

（2）氮

氮源被认为是影响微藻细胞生长最重要的因素[44]。微藻能利用硝酸盐、铵盐和尿素等作为氮源生长。由于铵盐在高温灭菌时不方便，且铵盐被利用后培养液的 pH 急剧下降，所以比较常用的是硝酸盐，而尿素因为其价廉在为微藻培养特别是规模培养时获得了越来越多的关注。一般情况下，细胞生长会随着氮浓度的增加而升高，而高浓度的氮对细胞生长有抑制甚至毒害作用[45-47]。所以筛选合适的氮源和氮浓度对于微藻生物量的积累非常重要。

除对生长的影响外，氮是影响油脂积累最重要的因素。在所有能提高微藻油脂积累的因素中，缺氮是最有效且应用最广泛的方法。氮限制条件下，*Chlorella* sp.、*Desmodesmus* sp.、*Scenedesmus obliquus.*、*Nannochlorpsis* sp.、*Neochloris oleabundans* 和 *Phaeodactylum tricornutum* 等细胞内储存的油脂能加倍甚至更多[1, 6, 48-50]。氮限制条件下，细胞会调整主要代谢方向，减少合成或者吸收利用主要含氮化合物（色素和蛋白等），然后合成 TAG 和淀粉等贮存物质[51]。除消耗自身的氮外，细胞还会持续固碳，由于色素的减少，光合系统受损，细胞通过环式电子传递来提供能量积累油脂[52]。除了提高油脂以及 TAG 含量外，氮限制能提高细胞饱和和单不饱和脂肪酸含量[1]。但也有少数藻类（如一些硅藻和蓝藻）在缺氮源的条件下并没明显地油脂积累，可能是因为代谢途径不同所致[1]。除了刺激油脂积累外，氮限制还能有效地提高细胞内淀粉等糖类物质的含量[53-54]。由于 TAG 和淀粉的合成利用的相同的前体物质，所以氮限制条件下，淀粉的合成限制了油脂的进一步提高，所以利用基因工程的手段阻断淀粉的合成，也可以获得更多的油脂含量[42, 55-56]。

（3）磷

磷是 DNA、RNA、ATP 及细胞膜的必要组成元素，与微藻的生长和代谢密切相关[33]。合适的氮磷比对微藻的生长很重要，特别是利用废水来培养微藻的时候控制氮磷比能有效提高其氮磷的吸收效率，报道称 *Chlorella* 的最适氮磷比是 8 : 1 [57]，*Scenedesmus* 最适氮磷比是 5 : 1 ～ 8 : 1 [58]。最近也有很多研究报道，磷在氮缺失时细胞积累油脂过程中起到很重要的作用 [59~62]。磷的缺失也能促进很多微藻细胞油脂的积累，*Scenedesmus* sp. 磷限制时油脂可以提高到 53% [58]，磷限制也能提高 *Chlorella* [62]、*P. tricornutum.*、*Chaetoceros* sp.、*Isochrysis galbana* 等的油脂含量，提高他们饱和和 MUFA 的含量而降低 PUFA 的含量 [63]。

（4）其他元素

除了氮磷外，一些硅藻在硅限制条件下也能快速的积累油脂 [64]。此外，改变铁离子浓度也能促进微藻的油脂积累，Liu 等 [65] 在铁离子浓度为 1.2×10^{-5} mol/L 条件下培养 *Chlorella vulgaris*，可获得高达到 56.6% 的油脂含量。其他重金属离子如铬、铜和锌等也被发现能提高某些微藻的油脂含量 [15]。

7.2.4 盐度

盐度是影响海水微藻生长和油脂积累的一个重要因子。很多报道称高浓度的 NaCl 虽然一定程度抑制细胞生长，但是却能提高油脂含量。*Dunaliella tertiolecta* 培养的初始 NaCl 浓度从 0.5 M 升高到 1.0 M，油脂含量从 60% 提高到 67%，生长中后期再添加 2.0M 时，其 TAG 含量可占到总油脂的 70% [66]，*Nannochloropsis salina* 在 NaCl 浓度升高时，油脂和 TAG 含量也升高了 [67]。研究还发现 *Isochrysis* sp. 和 *N. oculata* 油脂含量和盐度有线性的正相关关系，*N.*（*frustulum*）棕榈油酸（16：1）含量随着盐度升高而升高 [68]。在淡水微藻的培养基里添加 NaCl 也能有效提高微藻，特别是绿藻的油脂含量，*S. obliquu* 在 0.3 M NaCl 浓度下培养时油脂比不添加 NaCl 提高近 20%，培养 *Chlamydomonas mexicana* 和 *S. obliquus* 时添加 25 mM NaCl，油脂含量分别提高到 37% 和 34%，且益于生物柴油品质的饱和和单不饱和脂肪酸占脂肪酸的主要部分 [69~71]。此外，微藻培养时提高盐度还能有效的抵御污染 [67]。

许多研究探讨了 *Dunaliella* 的盐度渗透胁迫机制，它没有坚韧的细胞壁，只有一层薄的细胞膜附着在细胞上，使其能够迅速改变细胞体积和形状来应对细胞外或低高渗透压的变化，随后细胞内甘油的合成或降解平衡了细胞外盐分造成的渗透压，使细胞恢复其原来的体积并恢复生长 [72]。除了甘油调节之外，高渗胁迫促使细胞合成更多的油脂，其中急性脂的快速合成保证细胞膜的流动性和通透性，而中性脂的快速积累增加细胞膜的坚韧度，都是为了防止细胞外的离子进入细胞内 [73]。

7.2.5　pH

pH 值是影响藻类生长代谢的另一重要因子，它会影响影响藻细胞内外的离子平衡、细胞的渗透性以及有关膜的结构组成等，还会影响 CO_2 在培养液中的溶解性，直接影响其利用性[74]。一般情况下，高碱性 pH 环境会促进细胞积累更多油脂，这种变化也是有种质差异的。Guckert 和 Cooksey 于 1990 年首次发现 *Chlorella* 在高碱性 pH 条件下能积累更多的 TAG，且此时 TAG 的积累跟氮和碳水平无关。这种高碱性环境抑制细胞分裂，延迟细胞周期，TAG 含量上升的同时降低了急性脂的含量。此后 Gardner 等[75] 在另两株绿藻 *Scenedesmus* sp. 和 *Coelastrella* sp. 中证实了相同的结果，碱性 pH 能延迟细胞周期来诱导其快速积累 TAG，且 TAG 的积累发生在氮消耗完的时刻，而 pH 诱导产油和氮限制诱导产油是不相关的，两者对油脂的贡献有叠加作用。*P. tricornutum* CCAP、*P. tricornutum* TV 和 *Amphiprora* sp. 的油脂含量随着培养液 pH 的升高而降低，虽然 CCAP strain 的 TAG 含量在高碱性环境（pH=10.0）中有所提高，但是其总脂含量比 pH7.5 环境中低 28%[76]。另外，也有研究发现 *Chlamydomonas* 在极酸性环境（pH=1.0）下 TAG 含量更高[77]。

碱性环境在微藻培养，特别是室外培养时有很大前景，一方面碱性环境可以容纳更多的溶解性 CO_2，另一方面还能很好地抵御污染。维持培养基碱性环境的主要方法是添加碱性试剂（NaOH、$NaHCO_3$ 或者生物缓冲剂），螺旋藻目前的大规模培养就是利用添加高浓度 $NaHCO_3$ 维持碱性的环境来实现的。$NaHCO_3$ 还被认为是一种很好的油脂诱导剂，添加 $NaHCO_3$ 能促使 *Scenedesmus* sp.、*C. reinhardtii*、*Tetraselmis suecica*、*N. salina* 和 *P. tricornutum* 油脂或者 TAG 含量的升高，这种油脂的升高被认为是 pH 值和溶解性无机碳的联合作用结果[39, 41, 78-80]。此外，Spilling 等[76] 和 Münkel 等[81] 还通过调节 CO_2 通气浓度和添加 NaOH 来调节 pH 值以获得高生物量和丰富油脂产量，利用 CO_2 来调节控制培养基中 pH，维持细胞的快速生长，在很多培养中都可以用到，是非常有效且经济的方法[82]。

7.2.6　生理阶段和细胞状态

藻类根据其生长曲线可以将其生长分为迟滞期、指数生长期、稳定期和衰亡期 4 个阶段。一般在稳定期总油脂和 TAGs 含量最高，*Parietochloris incise* 总脂含量从迟滞期的 43% 到稳定期可以上升到 77%，*Gymnodinium* sp.TAGs 含量从迟滞期的 7% 到稳定期上升到 30%。*Chlorococcum macrostigma*、*Nitzschia palea*、*Coscinodiscus eccentricus*

总脂含量随着细胞年龄的增长而增加。有一个例外就是 *P. tricornutum*，培养时间对其总脂含量没有什么影响，虽然 TAGs 含量相对增加了，极性脂含量相对降低了。藻细胞从迟滞期到稳定期的生长伴随着总脂中饱和和单不饱和脂肪酸含量的上升和多不饱和脂肪酸含量的降低。培养基的老化会造成营养物的缺乏，所以脂肪酸组成的改变有可能是营养物的缺乏所致[1]。

除生理阶段外，细胞的分裂状态也能影响细胞内含物储存情况。*Chlorella* 在细胞分裂期前期储存的淀粉占干重 45%，而当细胞分裂时，其含量降到 13%[83]。*Desmodesmus armatus* 在细胞分裂前中期储存的淀粉和油滴在细胞分裂成子细胞时被部分或者全部吸收利用掉[84]。另外，大量报道也认为，细胞周期的停滞或延后都能促使细胞积累油脂，而影响细胞周期的因素包括营养限制、pH 等各种条件[79]。

7.2.7　几种因素联合作用

虽然以上很多因素单方面都影响细胞的油脂积累，但是要快速提高油脂含量，有时单因素的影响效果并不是很明显且见效慢。所以目前很多研究倾向于几种因素联合作用来促进微藻细胞产油。其中最多的是在氮限制条件下缺磷或者全营养缺失[53, 65]，其次是提高光照或者优化初始浓度[84-90]，这样的条件比单方面氮限制可以获得更高的油脂产率。此外，氮限制条件下 *C. reinhardtii* 淀粉合成抑制突变体总油脂含量随温度升高而升高，32 ℃时油脂含量高达 76%，且该温度下饱和脂肪酸含量也升高到最高，更高的温度反而不利于油脂积累，所以调节温度也很必要[88]。另外，前面也提到，氮限制的时候提高 pH 或者添加 NaHCO$_3$ 或 NaCl 也能有效提高微藻油脂含量[88, 91-93]。当然，这样的方法也不是对所有藻细胞都有效，例如，*Desmodesmus* 缺氮的时候添加 NaCl 获得的油脂含量并没有单独缺氮时的油脂含量高[50]。除了氮限制跟其他因素的联合作用外，也有研究将盐度和 pH 结合来提高生长速率和油脂含量[91]。

（1）栅藻在缺氮和高盐胁迫下油脂积累特性。

为了探究 *S. obtusus* XJ-15 在高盐和氮缺失条件下的生长和油脂积累情况，本研究设定了 4 个处理，分别是 BG-11 培养基有 NaNO$_3$（N），BG-11 培养基没有 NaNO$_3$ 添加（-N），联合缺氮和添加 20 g/L NaCl（-N +），BG-11 全培养基添加 20 g/L NaCl（N +）。见图 7-2，*S. obtusus* XJ-15 在全营养（N）中生长最快，培养到第 12 d 时，生物量达到 775 mg/L，其他生长速率依次由快到慢的是 N +、-N 和 -N +。其中 -N + 生长最受抑制，18 d 的培养周期内，生物量几乎没有增长，而氮缺失组（-N）生长有极小幅度提升。

图 7-2 显示，栅藻 *S. obtusus* XJ-15 在第 12 天后生长减缓进入稳定期，很有可能是因为营养物质消耗所致，而这其中不仅仅是氮，还有磷等营养元素的消耗。为探究高密度培养到中后期氮、磷等营养的消耗对于高盐胁迫下微藻的油脂诱导的作用，本研究首先在单独缺氮、缺磷和单独高盐以及联合缺氮磷和高盐下微藻油脂积累做了研究。见图 7-3，只有氮的缺失才能促进盐胁迫下微藻油脂的大量积累，4 d 内就可以使油脂含量提高到 53.7%。且该油脂含量比单独缺氮或者单独高盐胁迫下的油脂含量都要高得多，表明微藻在缺氮和高盐下的油脂含量存在叠加积累机制。

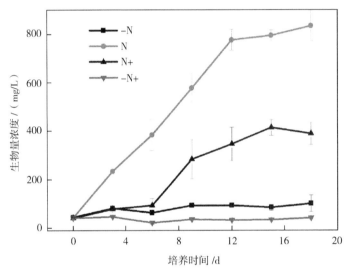

图 7-2　*S. obtusus* XJ-15 在高盐（N+）、缺氮（−N）、含氮（N）以及联合胁迫（−N+）下的生长曲线

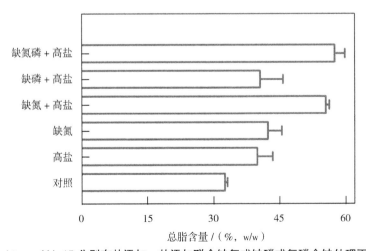

图 7-3　*S. obtusus* XJ-15 分别在盐添加、盐添加联合缺氮或缺磷或氮磷全缺处理下的油脂含量

7.3 油脂代谢的机制

7.3.1 碳分配和碳代谢

了解藻细胞同化的碳如何分配进入油脂以及碳水化合物，十分有利于藻种驯化和培养工艺的设计。了解和控制碳在不同储能产物之间分配的调控网络，对于藻细胞的代谢工程也具有重要的意义。

淀粉是藻类细胞常见的储碳和储能化合物，淀粉也是生物质能源重要的原材料，可以用来发酵生产醇类。淀粉与 TAG 的合成分享相同的前体物质（图 7-4），因此，淀粉和 TAG 在藻细胞内部可以相互转化，这对于生物质能源的生产非常重要。研究表明，*C. reinhardtii* 细胞在氮缺失胁迫下，淀粉和油脂虽然大量积累，但是油脂的合成滞后于淀粉的合成，说明淀粉是细胞主要的储碳化合物，只有当合成淀粉的碳过剩时才会导向 TAG 的合成[42]。相同的结果在 *Chlorella zofingiensis* 中也有发现，缺氮时，淀粉先于油脂合成，但是 2 d 后，淀粉开始降解，油脂持续合成为长期储存物，降解

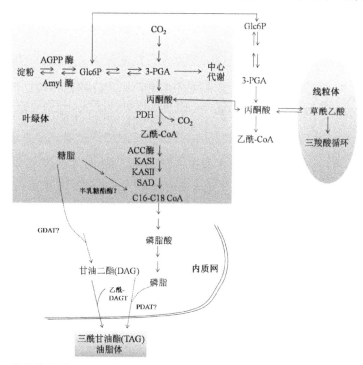

3-PAG：3-磷酸甘油酸；ACC 酶：乙酰 -CoA 羧化酶；ACP：酰基载体蛋白；AGPP 酶：ADP 葡萄糖焦磷酸酶；GDAT：糖脂：甘油二酯酰基转移酶；Glc6P：葡萄糖 -6- 磷脂；KAS：3- 酮酯酰 -ACP；PDAT：磷脂：甘油二酯酰基转移酶；PDH：丙酮酸脱氢酶；假设的路径用虚线表示

图 7-4　藻类中脂肪酸和 TAG 主要合成途径

的淀粉很有可能用来合成油脂[92]。其他很多报道也证实了淀粉先合成后为油脂合成提供能量[78, 93-94]。淀粉和油脂之间的转化在高光等其他条件下也有发生，Takeshita 等[95]分析了8 株小球藻硫缺失和光暗周期等条件下淀粉和油脂之间的转化关系，发现多数小球藻都是同时积累油脂和淀粉，后期淀粉降低，油脂持续升高，但是淀粉可能向油脂的转化并没有发生在所有的小球藻中。此外，氮限制等胁迫条件下，色素和蛋白质的合成以及细胞的生长受到抑制，细胞新固定的碳就会导向淀粉和油脂等储存物质的合成，不仅如此，细胞中的色素和蛋白质等物质还会被降解，为油脂的合成提供碳源或者能量来源[51, 93]。因此，研究藻细胞中大分子的合成、降解与油脂代谢的相互关系具有重要意义。

7.3.2 TAG 合成主要途径

藻细胞在自然或者胁迫条件下，可以大量积累中性油脂 TAG，TAG 是生物柴油制备的重要前提物。TAG 的主要生物学功能是作为碳源和能源的储备化合物，因为它具有比碳水化合物和蛋白质高的热值，一经氧化将产生很高的能量。它还具有维持膜结构完整和正常功能的作用。此外，TAG 的合成至少通过 3 条途径来帮助细胞抵御环境的胁迫：①它是长链脂肪酸合成来源，还为光合器官叶绿体的膜重排构建提供斑块（building blocks）；②TAG 的合成可以消化多余的光电子，从而防止胁迫条件下的光损伤；③TAG 以油滴的形式储存，为类胡萝卜素的二级合成提供库，通过色素屏障来抵御光损伤[96]。

植物中的 TAG 合成路径，起源于质体基质中的脂肪酸合成。细胞膜、细胞器生物膜和中性脂的合成，均以 C16 或 C18 作为前体物。通过内质网上三次连续的酰基转移（由酰基 CoA 开始）最终可将脂肪酸结合到甘油骨架上生成 TAG（图 7-4）。与植物相同，藻类也通过 Kennedy 途径合成 TAG。在叶绿体中合成的脂肪酸，紧接着从 CoA 转移至 3-磷酸甘油酸的 1 位和 2 位，形成中间代谢产物磷脂酸（PA）。PA 在磷酸酶的催化作用下去磷酸化，生成甘油二酯（DAG）。通常情况下，DAG 大量存在于快速生长的藻细胞中，因此非常有必要研究 TAG 合成途径中的这些中间产物。甘油二酯酰基转移酶是 TAG 生物合成中所特有的酶。TAG 合成的最后一步是在该酶的催化作用下第 3 个脂肪酸结合至 DAG 空缺的 3 位，从而最终生成 TAG。TAG 合成中涉及的酰基转移酶可能对某些特定酰基 CoA 的亲和性更高，因此对 TAG 的酰基组成具有重要作用[11]。近期研究还表明，在没有酰基 CoA 参与的条件下，细菌、植物和酵母中还存在着将细胞膜脂和碳水化合物转化为 TAG 的替代途径[97-99]，但是目前还没有在藻类中开展对这些替代途径的研究。此外，PA 和 DAG 也可以作为底物直接合成极性油脂，如卵磷脂和半乳糖脂。在以改进油脂生产为目的的藻种驯化中，以上途径非常值得研究。

关于藻细胞中脂肪酸和 TAG 合成的调控，目前了解的还很少。这方面知识的缺乏，导致了大规模培养中细胞油脂含量远远达不到实验室中高水平（50% ~ 60%）[1-2]。掌握油脂合成的调控机制，可以最大限度地促进油脂生产并改良驯化藻种。

7.3.3　TAG 合成的替代路径

除 Kennedy 途径外，由淀粉合成 TAG 的潜在途径，以及将膜脂和糖脂转化为 TAG 的潜在途径广泛存在于藻类细胞中 [1, 51, 80]。叶绿体中的类囊体是真核藻的主要内膜结构，其油脂组成决定了最适生长条件下细胞提取物的组成。藻细胞叶绿体中的主要油脂是单半乳糖二酰甘油（约 50%），其次是二半乳糖二酰基丙三醇（约 20%）、硫代荃诺唐二酰甘油（约 15%）和磷脂酰甘油（约 15%）。在胁迫特别是氮限制等条件下，叶绿体会分解，但是目前仍不清楚其中大量油脂的去向。有研究指出，将淀粉、多余膜脂和其他组分转化为 TAG 的替代途径对于藻细胞在胁迫条件下的生存具有重要意义所以研究 TAG 合成替代途径是非常重要的。

藻细胞中的 TAG 合成途径通常也和类胡萝卜素的二级合成相关。在类胡萝卜素的合成途径中，产生的分子（如 β- 胡萝卜素、叶黄素或虾青素）可被捕获进入细胞质的油脂体重。富含类胡萝卜素的油脂体能够像"隔离霜"一样阻止或减少多余光照，从而保护叶绿体不受高光照胁迫的冲击。TAG 合成也可以利用卵磷脂、磷脂酰乙醇胺和有毒的脂肪酸（膜系统拒纳的酰基供体），因此可作为以上化合物的解毒机制，并将它们以 TAG 的形式封存。由于胁迫条件对藻细胞中的油脂合成具有潜在的重要作用，因此有必要进一步研究氧化胁迫、细胞分裂和油脂合成之间的确切关系。

7.4　油脂诱导方式

藻细胞在快速生长，特别是室外规模培养时，其油脂含量不到 30%，达不到商业化的要求。而且，提高油脂含量和油脂产率能够很大程度上减少生物质能源的成本 [100]，所以油脂诱导非常必要。控制油脂积累的因素有很多，最重要的是营养限制，其中氮缺失诱导油脂快速积累是应用最广泛也是最有效的手段。Griffiths 等 [6] 比较了多株微藻在氮充足和氮缺失条件下的油脂含量，发现绿藻在对氮缺失的响应更剧烈，该条件下平均油脂含量高达 41%，是氮充足时平均含量（23%）的近两倍 [6]。目前很多微藻作为生物质能源原材料的筛选都要考察其氮限制条件下的产油潜力[101-102]。仅次于氮限制条件的当属温度，温度从 20 ℃升到 25 ℃，*N. oculata*，油脂含量上升15%，然而温度诱导油脂积累在小球藻等绿藻中效果不是很明显[15]。此外，渗透胁迫也多用于海水和淡水微藻的油脂诱导，高盐胁迫在 *Dunaliella*、*Nannochloropsis*、*Scendesmus* 细胞中效果比较明显[66,69,85]。pH 胁迫目前多用于绿藻，常与氮限制联合作用诱导油脂快速积累，也是非常有效的一种手段[75,89]。另外其他的金属离子如铁等诱导产油的应用不是很广泛，高光胁迫对于油脂诱导也有一定作用，但是作用效果种质差异比较大[15]。目前应用于油脂诱导的手段主要是营养缺失、温度控制、渗透胁迫和 pH 胁迫等。

7.4.1　营养缺失

很多微藻天然就有高的油脂含量，如 *Botryococcus braunii* 油脂含量可达60%[103]，但是它的生长太慢。而相对的，很多生长快速的微藻油脂含量比较低，且其主要的油脂组成是膜脂，即极性油脂。绿藻 *Chlamydomonas reinhardtii* 在氮充足条件下培养时其糖脂 MGDG（monogalactosyldiacylglycerol）、DGDG（digalactosyldiacylglycerol）和 SQDG（sulphoquinovosyldiacylglycerol）占到总脂含量的85%，剩余的13%都是磷脂，包括 PG（phosphatidyl）、PI（phosphatidyl inositol）、PE（phosphatidyl ethanolamine）和 PC（phosphatidyl choline）[104]。相对的，只有很小的部分是 TAG（triacylglycerides），而 TAG 是生产生物柴油的主要原料。

对绝大多数藻来说，TAG 在胁迫环境下会提高，特别是在缺氮或者磷以及高温条件下[1]。氮缺失条件下，*Chlorella* 总脂含量可达63%，且主要由 TAG 组成[105]。*Scenedesmus obliquus* 氮缺失时可以获得最高的 TAG 含量，是氮充足培养时的 5.29 倍[106]。磷也是调节细胞生长和代谢一个重要的因子，磷缺失能导致膜磷脂的急剧下降，被糖脂和硫脂取代[107]。*Monodus subterraneus* 在磷缺失条件下油脂含量的提高多是由 TAG 贡献[108]。*Scenedesmus* sp. 在磷限制时油脂可以提高到53%[58]。*C. vulgaris* 在氮磷全缺时比单独氮缺失或者磷缺失时获得更高的油脂含量（54.88%），而脂肪酸的主要组分没有很大差别[60]。而很少有比较缺氮或者缺磷或者氮磷全缺条件对微藻的油脂积累和油脂组成以及组分的影响。本研究比较几种营养缺失条件对于链带藻油脂含量和组成以及组分的影响，探讨 TAG 在营养缺失胁迫下的 TAG 积累过程，了解其跟油脂其他组成之间的关系。

本节研究了氮磷缺失条件对微藻生长和油脂含量的影响。将处于对数期细胞分别

接种于全培养基（CL）、缺氮培养基（N–）、缺磷培养基（P–）和氮磷全缺培养基（N–&
P–）。两株链带藻的起始接种浓度均是 0.4 g/L。

与对照组相比，营养缺失在一定程度上抑制了链带藻的生长。图 7-5 显示，缺氮
比缺磷更加抑制细胞生长。与生长相反，缺氮更利于细胞积累油脂。*Desmodesmus* sp.
T28-1 在缺氮条件下的油脂含量一直处于最高量，第 8 d 达到 37.05%，而第 16 d 达到
44.11%（图 7-6，表 7-6）。而相对的，*Desmodesmus* sp. NMX451 . 在缺氮条件下的油
脂含量第 8 天没有氮磷全缺的多，而在 16 d 达到最高，高达 42.43%。磷的缺失也一定程
度促进油脂含量，但是两株链带藻在磷缺失时油脂的提高都没有缺氮或者氮磷全缺多。

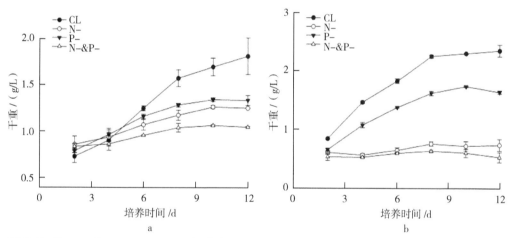

图 7-5 *Desmodesmus sp.* T28-1（a）和 *Desmodesmus sp.*NMX451（b）在缺氮和缺磷下的生长

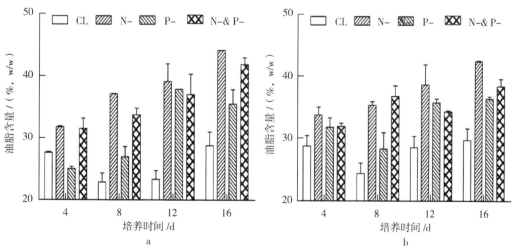

图 7-6 *Desmodesmus* sp. T28-1（a）和 *Desmodesmus* sp.NMX451（b）在缺氮和缺磷下的油脂含量

表 7-6　*Desmodesmus* sp. T28-1 和 *Desmodesmus* sp.NMX451 在缺氮和缺磷处理下 8 d 时的生物量和油脂产率

藻种	处理	油脂含量（%, w/w）	生物量浓度 /（g/L）	生物量产率 /[mg/（L · d）]	油脂产率 /[mg/（L · d）]
Desmodesmus sp. T28-1	CL	23.23 ± 1.43	1.57 ± 0.09	146.52 ± 11.37	33.48 ± 4.78
	N–	37.05 ± 0.07	1.17 ± 0.05	96.69 ± 6.82	35.82 ± 2.46
	P–	26.85 ± 1.71	1.28 ± 0.02	110.35 ± 2.44	29.61 ± 1.23
	N–&P–	33.67 ± 1.07	1.04 ± 0.05	79.93 ± 5.85	26.94 ± 2.83
Desmodesmus sp. NMX451	CL	24.38 ± 1.67	2.24 ± 0.02	229.85 ± 3.10	56.01 ± 3.08
	N–	35.43 ± 0.52	0.76 ± 0.04	44.60 ± 1.29	15.80 ± 0.69
	P–	28.35 ± 2.61	1.61 ± 0.04	151.58 ± 4.66	42.90 ± 2.63
	N–&P–	36.78 ± 1.73	0.63 ± 0.02	28.87 ± 2.84	10.59 ± 0.55

　　缺氮能显著提高微藻油脂含量，在缺氮源的培养基中，细胞中少量的可以利用的氮源主要用于合成必要的酶和必要的细胞结构，因而之后藻细胞固定的碳会被优先转化为脂类和其他的一些碳水化合物，而不是蛋白质。此外，磷也是细胞代谢中不可或缺的元素，磷缺失可以降低光合磷酸化、ATP 的合成和卡尔文循环的效率，影响叶绿素合成和细胞分裂[62]。虽然也有很多报道证明磷缺失能有效提高油脂积累，但这也是因藻种而异的。本研究中，两株链带藻在缺磷处理 12 d 时油脂含量达到最高，*Desmodesmus* sp. T28-1 37.78%，而 *Desmodesmus* sp. NMX451 有 35.78%。说明链带藻在缺磷条件下也能积累油脂，这与之前报道的 *C. vulgaris* 和 *S. obliquus* 结果相似[59-60]。而缺氮条件下的油脂含量高于氮磷全缺条件下的油脂含量，说明了磷的存在对于缺氮条件下微藻的油脂积累有很重要的作用[59-61]。磷的缺失会损害微藻细胞替代补偿的生理代谢途径的活性[109]。油脂的合成是由乙酰辅酶 A 羧化酶（acetyl-CoA carboxylase，ACCase）催化乙酰 –CoA 转化为甲酰 –CoA 然后进入油脂合成，同时需要大量的还原剂NADPH[110]，这些物质的合成与磷相关。所以，磷在氮缺失产油时非常必要的。

7.4.2　温度调节下的营养缺失

　　影响微藻细胞油脂积累的因素很多，特别是室外规模培养的时候，季节气候的变化，即光照和温度的变化对细胞的生长和产量有很大影响，这些因素也直接影响工业化的生物质能源生产的经济可行性。绿藻中的栅藻作为一种很重要的油藻，目前因其耐热性受到越来越多的关注[50, 111]。一定高的温度能够促进微藻细胞饱和脂肪酸的积累，降低多不饱和脂肪酸的合成，有益于提高生物柴油品质。

绿藻一般在缺氮条件下会以淀粉颗粒和脂滴的形式大量积累储存碳[93, 112]。*Chlamydomonas reinhardtii* 细胞在氮缺失胁迫下，淀粉和油脂虽然大量积累，但是油脂的合成滞后于淀粉的合成，这说明淀粉是细胞主要储存碳的化合物，只有当合成淀粉的碳过剩时才会导向 TAG 的合成[42]。此外，也有微藻在某些条件下淀粉和油脂同时存在且同时积累[95]。所以，研究特定微藻在营养缺失条件下的碳储存分配非常重要。前面一节提到氮磷元素缺失下油脂储存的研究，而 James 等[88]研究表明高温和氮缺失联合作用下可以有效提高淀粉合成酶缺失突变体的 *C. reinhardtii* 油脂含量，以及饱和脂肪酸含量。因此本节研究营养缺失的条件下栅藻在不同温度下的油脂调节作用。

TAG 是总的粗油脂中最容易通过转酯化反应转化为生物柴油的部分[14]，如图 7-7，全营养条件下，25 ℃ 生长的细胞 TAG 含量最高，其他磷脂含量随着温度的升高而降低，相反的，糖脂含量随着温度升高而升高。另外，值得注意的是，磷脂在营养缺失包括缺氮、缺磷和氮磷全缺处理下的含量均比全营养培养的细胞磷脂含量低。在植物和酵母中，有一种不依赖于酰基 CoA 的 TAG 合成替代途径。该途径利用磷脂作为酰基供体，DAG 作为受体，由磷脂:二酰基甘油酰基转移酶(diacylglycerol acyltransferase，PDAT)催化实现[1]。而在营养缺失条件下，磷脂含量的降低也很有可能是作为酰基供体来合成了 TAG。

缺氮条件下，TAG 的含量随着温度的升高而升高，而糖脂的含量随着温度的升高而降低，糖脂这一现象在缺磷的条件下也有发现。糖脂，特别是其中的叶绿体特异性的 MGDG 随着温度的升高而降低很可能是真核细胞适应环境变化的一种策略。且低温更加益于急性脂的积累，而高温促进 TAG 的积累。相对的，氮磷全缺条件下，其油脂组成随温度是波动关系，TAG 含量和磷脂含量在 25 ℃ 最高，而糖脂含量 25 ℃ 时最低。所有处理中，33 ℃ 缺氮处理下 TAG 占总脂含量最高，达到 80%，占细胞干重的 37.91，该含量与 *S. obliquus*、*N. oleoabundans*、*C. vulgaris* 和 *C. zofingiensis* 在氮限制条件下获得的 TAG 含量相当[106]。该结果也说明了在缺氮条件下高温调节 TAG 合成的重要性。所以，室外在高温环境下进行营养缺失油脂诱导培养更能促进油脂的积累。

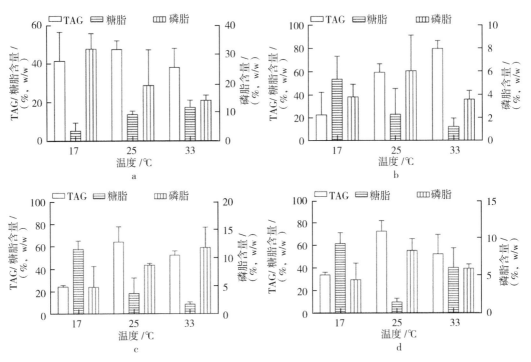

图 7-7　不同温度下对照（a）、缺氮（b）、缺磷（c）和氮磷全缺（d）对 *S. obtusus* XJ-15 油脂
组成的影响

7.4.3　盐添加

除了氯化钠以外，很多盐类对于油脂的积累有促进作用，如碳酸氢钠（NaHCO₃）可以极大促进绿藻的 TAG 积累，且其促进作用是由 HCO₃⁻ 完成而非 Na+[41, 78]。当然还有其他钠盐对于油脂的积累有促进作用，如氯化钠（NaCl）[66]、醋酸钠（NaAc）[113] 和硫代硫酸钠（NaS₂O₃）[49] 等。

很多钠盐，如 NaCl、NaS₂O₃、NaHCO₃ 和 NaAc 对微藻细胞油脂的积累有促进作用 [113]，本研究首次比较这几种盐类对 *D. abundans* T12 的油脂积累效率差异，进而筛选最适合 *D. abundans* T12 油脂积累的盐。本研究分析了不同浓度 NaCl、NaHCO₃、NaAc 和 NaS₂O₃ 的添加对 *D. abundans* T12 油脂积累的影响，将 0.25 g/L 的初始尿素浓度培养的不添加盐的细胞作为对照，测定 3 d 和 6 d 盐添加处理后的油脂含量。

如表 7-7 总结，所有处理中，油脂含量都随着培养时间的增加而增加。随着 NaCl 的浓度从 0 到 20 g/L，油脂含量从 23.76% 增加到 34.70%，但 NaCl 浓度的进一步增加反而降低了油脂的含量。相似的规律也表现在 Na₂S₂O₃ 添加处理组中，油脂含量随着

Na$_2$S$_2$O$_3$ 浓度的增加先升高再降低，峰值发生在 1.00 g/L Na$_2$S$_2$O$_3$ 添加组中，处理 6 d 后油脂含量达到 31.30%。该油脂含量比在 *S. obliquus* 中发现的添加 0.60 g/L Na$_2$S$_2$O$_3$ 获得的油脂含量 30.40% 要高[49]。油脂含量随着 NaHCO$_3$ 浓度的增加而增加，但是更高浓度的 NaHCO$_3$ 会导致培养基中过高的 pH 值（> 11），这对于细胞是致命的（表 7-7）。所以，25 g/L NaHCO$_3$ 的添加获得最高的油脂含量 34.98%。该油脂含量比已经报道的 *Tetraselmis suecica* 和 *Chlorella* sp. 无机碳添加下获得的油脂含量 24.00% 要高 1.5 倍[114]。然而，NaAc 的添加并没有获得预期的油脂促进效果，它的添加获得的油脂含量并没有比对照组高。值得注意的是最高的油脂含量（将近 35%）是由 25 g/L NaHCO$_3$ 或者 20 g/L NaCl 的添加处理 6 d 后获得。该油脂含量比已经报道的其他链带藻种在氮缺失或者高盐条件下的要高[50]。

表 7-7　不同盐处理下 *D. abundans* T12 的油脂生产潜能

盐	浓度		油脂含量 / （%，w/w）		pH
	g/L	M	3 d	6 d	
NaCl	0	0	21.67 ± 2.36	23.76 ± 1.10	8.67 ± 0.33
	10	0.17	26.13 ± 0.75	30.21 ± 0.34	8.47 ± 0.45
	20	0.34	28.79 ± 1.12	34.59 ± 0.58	8.28 ± 0.56
	30	0.51	23.08 ± 1.58	28.71 ± 3.83	8.11 ± 0.61
NaS$_2$O$_3$	0	0	21.67 ± 2.36	23.76 ± 1.10	8.67 ± 0.33
	0.50	0.003	23.32 ± 0.74	27.58 ± 0.76	8.41 ± 0.59
	1.00	0.006	28.37 ± 0.52	31.30 ± 1.12	8.27 ± 0.73
	1.50	0.009	25.59 ± 0.13	27.75 ± 0.44	8.24 ± 0.72
NaHCO$_3$	0	0	19.34 ± 0.79	22.15 ± 0.71	8.61 ± 0.53
	8	0.10	23.71 ± 0.41	27.11 ± 0.31	9.13 ± 0.67
	15	0.18	25.59 ± 0.83	32.72 ± 2.43	9.43 ± 0.26
	25	0.30	28.37 ± 2.31	34.98 ± 0.03	10.06 ± 0.38
NaAc	0	0	19.34 ± 0.79	22.15 ± 0.71	8.61 ± 0.53
	2	0.024	20.97 ± 1.46	19.87 ± 2.64	8.89 ± 0.32
	4	0.049	24.89 ± 1.57	19.04 ± 2.77	8.92 ± 0.27
	6	0.073	20.45 ± 3.46	20.93 ± 1.32	9.02 ± 0.13

    D. abundans T12 在 NaCl、NaS$_2$O$_3$ 和 NaHCO$_3$ 的添加处理下获得比较高的油脂含量。NaCl 的添加可能是跟细胞内中性脂和极性脂的增加，特别是 TAG 和甘油等物质能够帮助细胞抵御高的盐度。而 NaHCO$_3$ 的添加是由高的碱性 pH 和浓度高的溶解无机碳（dissolved inorganic carbon，DIC）相关[114]。NaS$_2$O$_3$ 添加促进油脂积累很可能是其还原性的环境导致 NADH 的增加从而益于油脂的积累[49]。醋酸钠的添加没有获得上述盐的效果很可能是因为室外环境有机碳的添加导致的严重污染问题，另一方面也很可能是链带藻对于有机碳无法吸收利用。25 g/L NaHCO$_3$ 或者 20 g/L NaCl 的添加处理对于微藻油脂积累没有显著性差异，都高达 35%，所以下面根据油脂产率和脂肪酸组分来确定哪种盐更好。

    根据油脂产率和脂肪酸组分来确定适合诱导 *D. abundans* T12 产油的盐类，筛选出来的 25 g/L NaHCO$_3$ 和 20 g/L NaCl 做进一步的研究。如图 7-8 所示，当培养 8 d 到指数生长后期后，生物量浓度达 1.75 g/L 时往培养液中直接添加盐。当盐添加后，小部分细胞死亡导致了生物量的下降。第 11 天添加 NaCl 和 NaHCO$_3$ 组的细胞复苏，生物量增加。即使如此，添加 NaCl 和 NaHCO$_3$ 处理的细胞生物量均比对照要低但是油脂含量更高（图 7-8，表 7-8）。添加盐处理 6 天后，即第 14 天，油脂含量达到最高，且 NaCl 和 NaHCO$_3$ 添加组油脂生产率比对照组高（表 7-8），NaCl 添加组的油脂含量和油脂生产率都比 NaHCO$_3$ 添加组的高。整个培养下来，NaCl 添加组的油脂生产率在实验结束的时候达到最高 58.00 mg/L·d，比不添加组的产率 44.80 mg/（L·d）高 1.3 倍。

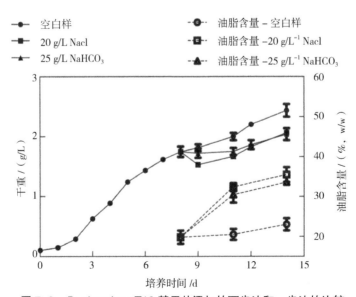

图 7-8 *D. abundans* T12 基于盐添加的两步法和一步法的比较

表 7-8　生物量和油脂产率对 *D. abundans* T12 基于盐添加的两步法和一步法的比较

盐	第一阶段	第一阶段 + 第二阶段			第一阶段 + 第二阶段		
	对照组	对照组	NaCl	NaHCO$_3$	对照组	NaCl	NaHCO$_3$
时间 /d	8	11	11	11	14	14	14
LC/（%，w/w）	19.82	20.51	32.37	30.44	23.02	35.50	33.44
BP/[mg/（L·d）]	205.5	189.7	156.7	164.7	194.6	163.4	162.3
LP/[mg/（L·d）]	40.73	38.91	50.72	50.13	44.80	58.00	54.27

以上结果表明，基于盐添加的油脂诱导手段是切实可行的，不仅很大程度提高了油脂含量，而且提高了整个培养过程的油脂生产率。

7.4.4　氮缺失和碱性联合作用

微藻油脂含量通常在细胞营养失衡或者环境胁迫时会提高[80]。在各种不适条件中，氮限制或者缺失是应用最广泛且效果最明显的一种提高油脂积累的方法。此外，绿藻 *Chlorella* sp. 和 *Scenedesmus* sp. 在高碱性 pH 条件下也能快速积累中性油脂[115-116]。氮缺失和高碱性条件对微藻的生长有较大的抑制作用，油脂生产率有所提高。调节 pH 值和控制氮的供应既可以获得高的微藻生物量，又提高了油脂含量。

用高浓度的 NaHCO$_3$ 营造碱性环境，研究 *Desmodesmus* sp. NMX451 在不同胁迫条件（缺氮、高 NaHCO$_3$ 浓度以及缺氮和高 NaHCO$_3$ 浓度联合作用）下的油脂积累。

为了探究 *Desmodesmus* sp. NMX451 在高 pH 条件和氮缺失条件下的生长和油脂积累情况，本研究设定了 4 个处理，分别是 BG-11 培养基有 NaNO$_3$（N）和没有 NaNO$_3$（N⁻）的添加，联合缺氮和添加 0.3 M NaHCO$_3$（N⁻+）以及 BG-11 全培养基添加 0.3 M NaHCO$_3$（N+）。随着时间变化的细胞干重以及培养液中 NO$_3^-$ 浓度和 pH 值见图 7-9。由图 7-9 可见，*Desmodesmus* sp. NMX451 在全营养 N 中生长最快，培养 15 d 后细胞干重达到 2.2 g/L，其他生长速率依次由快到慢的是 N+、N⁻ 和 N⁻+。其中 N⁻+ 生长最受抑制，最终的干重只有 1.0 g/L，只达到 N 培养液的一半。图示很明显可发现 N⁻、N⁻+ 和 N+ 的细胞周期停止，且在第 6 天出现一个转折点，第 6 天后生长减缓或者停滞。高 NaHCO$_3$ 浓度组中培养液的 pH 值在整个实验过程中都维持在比较高的水平，N⁻+ 和 N+ 平均分别是 10.5 和 10.7。结果表明生长在缺氮或者高碱性 pH 或者两者联合下都受到了不同程度的抑制作用[75]。本研究还发现细胞在适应高碱性 pH 过程中明显变大，趋向于两个或者 4 个细胞的状态出现（图 7-10a，N⁻+ 和 N+ 处理组），这很可能是因为细胞周

期延迟，即细胞停留在母细胞向 4 个子细胞分裂的中间状态下 [41, 75, 78-79]，另外也很可能是因为大量积累淀粉和油脂挤占空间（图 7-10b）[93]

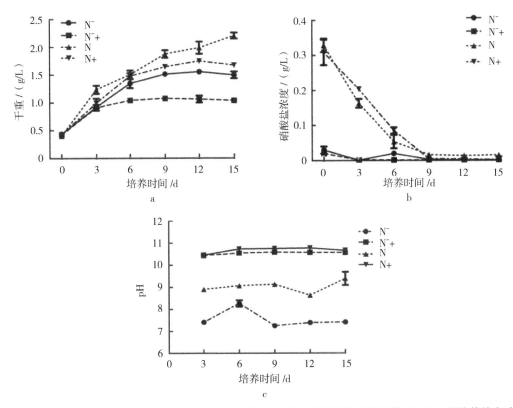

图 7-9 *Desmodesmus* sp. NMX451 在缺氮或高 pH 条件下的细胞生长曲线（a）以及培养基中硝酸根离子浓度（b）和 pH 值（c）

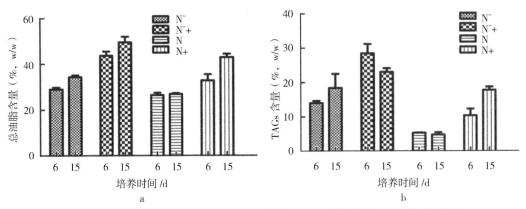

图 7-10 *Desmodesmus* sp. NMX451 在缺氮或者碳酸氢钠添加条件下的油脂（a）以及 TAG（b）含量

　　见图 7-10，油脂和 TAG 含量在生长转折点第 6 天和实验结束后测得，由图可知，油脂和 TAG 含量随着培养时间的增加而增加。N⁻+ 处理组的油脂含量最高第 6 d 达到 43.8%，第 15 d 是 49.5%，其他由高到低依次是 N + 处理组（6 d，32.8%；15 d，43.0%）、N⁻ 处理组（6 d，29.0%；15 d，34.4%）和 N 处理组（6 d，26.4%；15 d，26.9%）。图 7-10b TAG 含量也呈现相同的趋势，尼罗红染色结果也证实了该结果（图 7-11a）。应该指出的是细胞对于氮缺失和高 pH 胁迫联合作用的响应比单独的缺氮或者单独的高 pH 胁迫要更强烈，而且效果也更明显。氮缺失和高 pH 胁迫对于 *Desmodesmus* sp. NMX451 细胞油脂积累有叠加效应。该研究也表明 N + 处理组 TAG 的大量积累发生在第 6 天氮消耗完的那一刻。说明在 pH 诱导的产油发生在氮消耗的同时而且两者分别积累油脂。相似的规律也在其他微藻如 *Scenedesmus* sp.、*C. reinhardtii*、*T. suecica* 和 *P. tricornutum* 中有所发现[42, 78-79]。

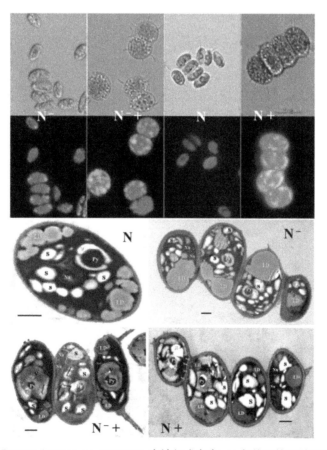

图 7-11　*Desmodesmus* sp. NMX451 在缺氮或者高 pH 条件下的显微以及电镜照片

7.5　微藻培养工艺放大

微藻油脂作为生物液体燃料生产的原材料目前在科研界是一个热点问题，这与跟微藻天然积累较高浓度的油脂和油脂合成很容易通过改变环境来调节相关[91]。要检测微藻生物质能源的真正可行性，必须利用免费的自然光作为光源培养以节约能源。但是目前的数据都是基于实验室小规模培养，获得的数据普遍虚高[8, 81]。当然，在室外规模培养之前，我们首先要保证微藻能存活且能长期培养，这是微藻生物质能可持续生产的基础条件。

本章结合户外实际条件，将室内的研究结果应用于户外培养大生物反应器培养以获得较高的油脂产率，为户外能源微藻的规模化光自养培养提供参考依据。根据室外规模化培养的产率，对前人在室内规模的微藻产率分析建立模型得知微藻生物量产率在 $10 \sim 30$ g/（$m^2 \cdot$ d）［$3.6 \times 104 \sim 11.0 \times 104$ kg/（ha·yr）］[117-120]。而实验室得到的这些数值根本反映不出微藻能源的潜力，目前大规模室外生产生物油产率报道的达到 8.2%[36]。要得到微藻生物质能源的真正潜力，室外的大规模的反应器生产和实时的经济能量分析是必要的。

7.5.1　分批培养

（1）柱式反应器

室外培养过程中的 pH、温度和光照变化幅度很大，且光照波动尤为激烈，完全受天气的影响。当天气晴朗时，柱子反应器表面接收的光强高达 300 μmol photons m^{-2} s^{-1} 以上，一旦变为阴雨天气，光强则会降至近于 0。温度也随着光强的变化而变化，只是幅度没有那么大，光强较强的中午空气温度能达到 45 ℃，但是晚上无光强时在温室春夏都能恒定在 $20 \sim 28$ ℃，柱子里的培养液温度一直在 32 ℃ 以下。且根据天气情况通 CO_2 来控制 pH 值，当天气晴朗时通入 CO_2 浓度可高达 $4\% \sim 5\%$（v/v），而阴雨天气时通入浓度在 1% 以下 CO_2，或者直接通入空气来混合细胞。柱子里的 pH 一直控制在 $8 \sim 10$，既能保证细胞的生长，且偏碱性的环境能很大程度抑制微生物或者浮游动物的污染。

生物反应器的一大优点就是体积产率高，如表 7-9 所示，本研究根据前面的研究和几株栅藻和链带藻在室外培养的表现挑选出上述 3 株藻在 140 L 反应器中培养，在对数生长后期收获，得到的体积产率在有效光照条件下都达到 100 mg/（L·d）左右，但阴雨天气时，该值在 75% 以下。天气对于室外培养的影响非常大，适时的补光和降温非常重要。也从另一个侧面反应这几株栅藻和链带藻的抗逆性很强，能适应各种可变环境。评价藻株生长潜力最重要的是面积产率，由表 7-10 可知，这几株栅藻和链带藻在有效光照下的面积产率都高达 25 g/（m^2·d）以上，且阴雨天气时也有 20 g/（m^2·d）左右，该产率大于绝大多数微藻的体积产率。

细胞培养至对数后期收获干燥提油（细胞密度大于 1.5 g/L），表 7-10 显示，*S. obtusus* XJ-15 油脂含量最高达 31.7% ± 1.5%，而其他两株链带藻的油脂含量达不到 30%，而符合商业化生产的最少油脂含量应为 30%[36]，所以油脂诱导非常必要，特别是在室外环境条件下。然而一次性的实验不能完全说明微藻产油的潜力，根据以上结果筛选出 *S. obtusus* XJ-15 进行规模的成批长期培养，来阐述 *S. obtusus* XJ-15 室外产油特性。

表 7-9　几株栅藻和链带藻在 140 L 反应器中的生物量和油脂产率

菌种	体积生物质生产率 / ［mg/（L·d）］		面积生物质生产率 / ［g/（m^2·d）］		油脂含量 /%	油脂产率 / ［mg/（L·d）］
	实际值	理论值	实际值	理论值		
Desmodesmus sp. T28-1	75.4 ± 7.6	97.0 ± 9.8	20.1 ± 2.0	25.9 ± 2.6	21.7 ± 0.7	21.0 ± 0.2
Desmodesmus sp. NMX451	68.7	103.0	18.3	27.5	27.06	27.87
S. obtusus XJ-15	75.6 ± 3.6	98.1 ± 9.4	20.2 ± 1.0	26.1 ± 2.5	31.7 ± 1.5	31.0 ± 2.8

表 7-10　一些微藻在室外大型反应器中培养的生物量和油脂产率

菌种	油脂含量 /% （%，w/w）	体积生物质生产率 / ［mg/（L·d）］	面积生物质生产率 / ［g/（m^2·d）］	油脂产率 / ［mg/（L·d）］	培养液体积 /L
Chlorella sp.	22.22 ～ 23.00	60.00		13.70	120
Chlorella sp.		3.80	19.40		400
Chlorococum littorale		0.09 ～ 0.15	3.91 ～ 10.71		70 ～ 130
C. zofingiensis	54.50	40.90		22.30	60
Nannochloropsis sp.	60.00	300.00		204.00	110
S. obliquus			9 ± 7		30 ～ 45
T. suecica	20.00 ～ 32.00	51.45		14.80	120

（2）成批柱式反应器

为检测 *S. obtusus* XJ-15 室外生长以及产油特性，本研究用成批的柱子培养 *S.obtusus* XJ-15 且收获提油，每批 20 根柱子、1400 L，从 6 月份到 9 月份连续培养 4 个月分别收获 3 批，得到的生物量和油脂产率见表 7-11。由表可知，夏季培养 *S. obtusus* XJ-15 油脂含量稳定且都高达 31%，而生物量产率受天气影响较大，北京 7—8 月的梅雨天气很大程度影响了微藻的产率，而其他两批的产量都很稳定，3 批培养平均生物量面积产率达 23.8 g/（m² · d），油脂产率达到 22.8 mg/（L · d）25.4 m³/（ha · yr），假设一年有效生产日期 270 天）。该油脂得率高于报道的 *Nannochloropsis salina* 在规模板式反应器中的平均得率 10.7 m³/（ha · yr）[122]。在连续 4 个月的培养中，*S. obtusus* XJ-15 没有遭遇浮游动物污染，且生物量收获时都高达 1.8 g/L，说明 *S. obtusus* XJ-15 适应环境变化能力很强，是作为生物质能源生产非常有潜力的一种微藻。

表 7-11　成批柱式反应器培养下 *S. obtusus* XJ-15 的生物量及油脂产率

		生物量产率		油脂产率 /
	油脂含量 /%	体积产率 / [mg/（L · d）]	面积产率 / [g/（m² · d）]	[mg/（L · d）]
第一批（6 ～ 7 月）	31.7 ± 1.5	98.1 ± 9.4	26.1 ± 2.45	31.0 ± 2.8
第二批（7 ～ 8 月）	31.4 ± 0.8	68.6 ± 11.7	18.3 ± 3.1	21.6 ± 3.6
第三批（9 月）	31.4 ± 0.8	100.8 ± 4.9	18.3 ± 3.1	31.7 ± 1.7

7.5.2　多级培养

（1）两步法加盐培养方法

前面一节详细介绍了基于加盐的两步法的培养，这一部分将两步法应用到规模的反应器中研究两步法培养在规模培养中的产率和经济可行性。基于前面对于 *Desmodesmus abundans* T12 和 *S. obtusus* XJ-15 两步法加 NaCl 的条件优化，本研究用上优化的条件培养这两株微藻并分析了它们在大的反应器中的生物量和油脂产率，并根据其产率进行了经济和能量分析，进一步阐述该方法的产油效率。

图 7-12 显示，20 g/L NaCl 在 *D. abundans* T12 晴朗天气培养 2 周，生物量浓度达到 1.68 g/L 后直接加入到柱式反应器中。生物量产率在第一阶段达到 98.58 mg/（L · d），

相当于面积产率 25.95 g/（m·d）。该产率比之前一些微藻在同等反应器大小获得的产率要高（表 7-10）。油脂诱导的第二阶段，从 NaCl 加入到培养液中开始，油脂含量从 20.52% 升高到 39.1%，几乎加倍了。而整个培养过程中的油脂生产率也升高了，从 16.88 mg/(L·d)升高到 20.00 mg/（L·d）。该油脂产率也比之前汇总的产率要高得多（表 7-10）。该结果突出了两步法加盐培养是非常可行的。特别是细胞生长到对数后期细胞活力下降，而加盐一方面可以加速其油脂合成，另一方面也可以抑制浮游动物等污染物的侵袭[67]。当然，为了证明该方法的普适性，本研究又用两步法培养在该反应器中研究了 *S. obtusus* XJ-15 的产油特性，油脂产率达到 23.2 mg/（L·d），该油脂产率是 *Tetraselmis suecica* 和 *Chlorella* sp. 在 120 L 悬挂袋式反应器中得率的 1.6 倍。如此，两步加盐培养促油方法在 *S. obtusus* XJ-15 中也得到了实现。由上结果可知，该两步培养方法在大规模下是非常可行的。

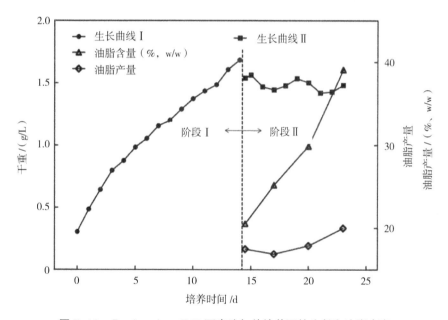

图 7-12 *D. abundans* T12 两步法加盐培养下的生长和油脂产率

（2）半连续营养缺失培养法

由前面的研究可知，*Desmodesmus* sp. T28-1 在大规模的柱式反应器中油脂含量不高，只有 21.7%，所以进行油脂积累非常必要。营养缺失是微藻快速积累油脂十分有效的方法。但是室外条件下直接营养缺失操作起来是非常难的，所以本研究采用半连续营养缺失的方法。起始培养时用前面优化了氮源（0.12 g/L 尿素）的 BG-11 培养基。一

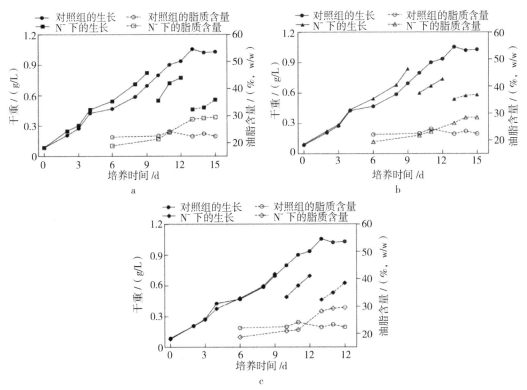

组柱子作为对照连续培养，而其他 3 组当生物量浓度达到 1 g/L 时，收获一半生物量，分别补充相同体积缺氮的 BG-11 新鲜培养基、同时缺氮磷的新鲜培养基和没有营养的自来水；如此循环两次之后每隔 2 d 取样测定油脂含量，生物量每天测定。生物量和油脂含量的变化汇总在到图 7-13 和表 7-12 中。

Desmodesmus sp. T28-1 在缺氮或者氮磷全缺或者营养全缺条件下都有一定的生长，半连续处理两轮后，油脂含量在实验结束时营养缺失处理组都接近 30%，是对照的 1.3 倍以上（图 7-13、表 7-12）。缺氮和营养全缺或者氮磷全缺的油脂含量没有太大区别，说明缺氮才是驱动油脂快速积累的关键因素，该结果与室内培养研究的结果相似。另外，生物量生产在半连续营养缺失组均比对照组要高，得到的总油脂也比对组照高。并且，获得的总生物量和总油脂在营养全缺处理下最高，总生物量相当于 21.6 g/(m² · d) 的产量，总油脂是对照组的 1.5 倍。所以该半连续的营养缺失方法在室外培养中对提高油脂产率非常有效，且该方法可以扩展的用于规模的培养。

图 7-13 *Desmodesmus* sp. T28-1 在半连续缺氮
（a）、缺氮磷（b）和营养全缺（c）下的生长和油脂含量

表 7-12 *Desmodesmus* sp. T28-1 半连续营养缺失各处理下的生物量和油脂得率（140 L）

	第 12 天			第 15 天		
	油脂含量 /%	总油脂 /g	总生物量 /%	油脂含量 /%	总油脂 /g	总生物量 /%
Control	22.37	29.3	130.9	22.40	32.3	144.1
N⁻	28.70	40.2	146.5	29.48	41.5	149.0
N⁻+ P⁻	26.37	36.4	145.3	28.49	43.0	161.9
M⁻	28.19	34.8	131.5	29.55	47.0	170.6

7.5.3 微藻产油经济分析

由于藻类能源行业仍然处于起步阶段，技术尚未成熟，必须进行风险评估才能吸引投资。因此，客观量化的模型或评价手段是必需的。该评估风险往往涉及技术、经济、政策、基础设施和市场条件等影响因素，可以帮助人们了解并指导解决藻类能源生产中的关键问题。技术经济分析的主要目标有：①评估比较不同技术、系统和生产工艺的绩效以及投入/产出比，并权衡整个系统的能量平衡关系。②计算藻类生物质能源生产的经济成本。③定量描述藻类生物质能源生产的环境影响。④计算藻类大规模生产的限制因素和影响。⑤指导研发方向和投资决策，指导决策者制定政策。⑥识别藻类生物质能源产业从技术发展到扩大生产规模并最终成功商业化过程中的关键环节和关键影响因素。

（1）生命周期评价

生命周期评价（life cycle assessment，LCA）又称为"从摇篮到坟墓"的分析，往往用于评价工业过程对资源利用和环境的影响，贯穿于产品、工艺和活动的整个生命周期。LCA 通过量化各个环节对环境的影响，找出在整个生命周期内对环境影响最大的环节，并提出改进系统的建议。

根据不同生产系统中的温室气体（greenhouse gas，GHG）排放及对资源（如水和能源等）利用，LCA 可以对藻类生物质能源的不同生产方法进行评价比较，也可将藻类生物质能源与其他再生或不可再生质能源进行比较。通过分析微藻能源的生产、转换和运输、季节环境条件影响等过程中的能量和物质平衡，从微藻能源生产过程中各单元能量和物质的投入与产出、CO_2 固定、废水排放等角度综合考虑，对微藻能源生产过程进行全生命周期分析，以实现各个单元之间高效率的耦合，评价其过程经济性并

建立相应的过程评价体系是十分必要的。

（2）藻类的生产成本和不确定因素

如表7-13，对几种植物原材料生产生物柴油在环境、经济以及安全等方面做了比较。表中显示藻类无论在 GHG 排放、水土等资源利用以及用于柴油燃烧的安全等方面都明显优于其他传统作物。

表7-13　几种生物质能源原材料的比较

原料名称	环境指标			经济指标
	GHG 排放量 / (gCO_2-eq/MJ)	水的使用 / (g/m^2/day)	土地使用 / (Mha)	总生产成本 / (dollor/L biodiesel)
麻风树	56.7	3000	280	0.682
藻	3	16	9+	0.619
棕榈油	138.7	5500	90	0.661
油菜籽	78.1	1370	446	0.729
大豆	90.7	530	1188	0.571

原料名称	安全指标				
	最优化配比（甲酯油）	闪点 /℃	十六烷值	浊点 /℃	残碳百分比 / (%,w/w)
麻风树	5.5	5.5	51	13	0.02
藻	3	3	57	2	0.03
棕榈油	7.5	7.5	62	13	0.02
油菜籽	8	8	56	2	1.1
大豆	6	6	45	1	1.74

很多因素都会影响藻类大规模生产，包括气候、水资源及其利用效率、土地资源、CO_2 源及其他营养盐（N、P、K）的供应。虽然某些特定因素如电力、水和营养盐在不同地区的成本差异会对经济分析产生重要影响，但并不会影响生物质能源技术的发展。此外，如果进行大规模的藻类生产，地理因素会对藻类生产的成本和规模产生较大的影响：

①平均年光照强度是影响自养藻类生产效率的最重要因素，检测生物质能源的真正可行性需要利用免费的自然光作为光源培养以节约能源，根据地区不同，年光照强度也会有所区别。②水资源的量、成本及可持续性是影响内陆藻类培养的关键因素，且水资源的分布与地区密切相关。光照越多的地区虽然适合藻类培养，但也往往较为干燥且水资源较少。在藻类大规模生产的商业化模式下，生产藻类所需的水量（尤其开放塘中的水分蒸发）与农业生产相当。对藻类培养后的水进行收集和回用是解决该问题的可能途径之一，但其可行性取决于当地的水资源量和分布。③有机碳的供应、数量和成本是影响异养藻类大规模生产的关键因素。④其他营养盐（如 N、P、K）的供应、数量和成本也对藻类生物质能源的商业化生产具有重要影响。商品化肥料的成本往往与能源供应（天然气和石油）密切相关，并且有可能成为影响藻类生产成本的重要因素，其影响程度与传统农业相当[123]。从农业和市政污水中回收营养盐可为藻类的大规模生产提供肥料[124]，但这取决于当地的营养盐数量和分布情况。⑤ CO_2 的供应和运输成本也会对自养藻的培养规模和运行费用产生重要影响。藻类培养最好能够在 CO_2 源的附近开展，但这在很多实际情况中都难以实现，因此需要进行 CO_2 的长距离运输。即使能够在 CO_2 源的附近培养藻类，也需要修建分配 CO_2 的管道，同样会增加成本。⑥土地的价格和数量也会影响内陆和沿海的藻类生产成本。近海的土地使用权、相关后勤、风险和操作成本都会影响藻类的生产成本。⑦与传统农业类似，藻类只能在适宜的温度下生长，这限制了其培养期的延长。对于开放培养系统，夏天运行时的水分蒸发可在一定程度上调节温度，但水分蒸发也会增加运行成本（补充淡水以平衡水量，补充咸水或海水以控制盐度）。相反，封闭培养系统在运行中会出现过热现象，需要人为冷却，因此也会增加运行成本。

（3）藻类培养装置成本

由于室外培养会受到很多外界因素的影响（光照、温度、水源和污染等），所以在室外的培养中需要选择不同的培养系统和生物反应器。微藻的培养装置一般分为开放式和封闭式两大类型[125]。

开放池是目前微藻光自养培养中最为常用的开放式培养系统，优点是造价低，操作便捷。其中跑道池研究比较多，管理良好的跑道池反应器培养的微藻在短时间内能达到 $20 \sim 25 \ g/(m^2 \cdot d)$ 的生物量面积产率。而长期的培养很少有超过 $12 \sim 13 \ g/(m^2 \cdot d)$ 的，商业化的利用跑道池培养微藻的成本在 $9 \sim 17 \ €/kg$ 干藻。

光生物反应器可以定义为一种光合培养系统，其中光不能直接达到培养的细菌而是透过透明材料接触培养的细胞。平板式反应器因其有效光面积大受到很多的关注。美国 Solix 公司用平板式反应器（0.05 m × 0.28 m × 17.3 m）培养 *Nannochlorpsis* 平均生物量产率可达 0.16 g/（L·d），平均的油脂产率为 10.7 m³/（ha·yr）。平板反应器的造价如果以 2000 L 为单位规模计，其造价大概 4 €/kg，是目前造价较低的封闭反应器，有研究称在 2000 L 板式反应器中生产 *Nannochlorpsis*，其成本为 55 ～ 120 €/kg 干藻重，其中主要是人力成本。

参考文献

[1] HU Q, SOMMERFELD M, JARVIS E, et al. Microalgal triacylglycerols as feedstocks for biofuel production: perspectives and advances [J]. Plant journal, 2008, 54（4）: 621-639.

[2] SHEEHAN J, DUNAHAY T, BENEMANN J, et al. Look back at the US department of energy's aquatic species program: biodiesel from algae. close-out report [R]. National Renewable Energy Lab., Golden, CO.（US）, 1998.

[3] CHEN C Y, YEH K L, AISYAH R, et al. Cultivation, photobioreactor design and harvesting of microalgae for biodiesel production: a critical review [J]. Bioresource technology, 2011, 102（1）: 71-81.

[4] MATA T M, MARTINS A A, CAETANO N S. Microalgae for biodiesel production and other applications: a review [J]. Renewable and sustainable energy reviews, 2010, 14（1）: 217-232.

[5] BRENNAN L, OWENDE P. Biofuels from microalgae-a review of technologies for production, processing, and extractions of biofuels and co-products [J]. Renewable and sustainable energy reviews, 2010, 14（2）: 557-577.

[6] GRIFFITHS M J, HARRISON S T L. Lipid productivity as a key characteristic for choosing algal species for biodiesel production [J]. Journal of applied phycology, 2009, 21: 493-507.

[7] CARLSSON A S, BOWLES D J. Micro-and macro-algae: utility for industrial applications: outputs from the EPOBIO project, september 2007[M]. Tork: CPL Press, 2007.

[8] RODOLFI L, ZITTELLI G C, BASSI N, et al. Microalgae for oil: strain

selection, induction of lipid synthesis and outdoor mass cultivation in a low-cost photobioreactor [J]. Biotechnol bioeng, 2009, 102（1）: 100-112.

[9] NASCIMENTO I A, MARQUES S S I, CABANELAS I T D, et al. Screening microalgae strains for biodiesel production: lipid productivity and estimation of fuel quality based on fatty acids profiles as selective criteria [J]. Bioenergy research, 2013, 6（1）: 1-13.

[10] WAHLEN B D, WILLIS R M, SEEFELDT L C. Biodiesel production by simultaneous extraction and conversion of total lipids from microalgae, cyanobacteria, and wild mixed-cultures [J]. Bioresource technology, 2011, 102（3）: 2724-2730.

[11] KNOTHE G. Improving biodiesel fuel properties by modifying fatty ester composition[J]. Energy & environmental science, 2009, 2（7）: 759-766.

[12] KNOTHE G. A technical evaluation of biodiesel from vegetable oils vs. algae. will algae-derived biodiesel perform [J]. Green chemistry, 2011, 13（11）: 3048-3065.

[13] LIU J, HUANG J, SUN Z, et al. Differential lipid and fatty acid profiles of photoautotrophic and heterotrophic Chlorella zofingiensis: assessment of algal oils for biodiesel production [J]. Bioresour technol, 2011, 102（1）: 106-110.

[14] KNOTHE G. Dependence of biodiesel fuel properties on the structure of fatty acid alkyl esters [J]. Fuel processing technology, 2005, 86（10）: 1059-1070.

[15] SHARMA K K, SCHUHMANN H, SCHENK P M. High lipid induction in microalgae for biodiesel production [J]. Energies, 2012, 5（12）: 1532-1553.

[16] NAPOLITANO G E. The relationship of lipids with light and chlorophyll measurements in freshwater algae and periphyton [J]. Journal of phycology, 1994, 30（6）: 943-950.

[17] KHOTIMCHENKO S V, YAKOVLEVA I M. Lipid composition of the red alga Tichocarpus crinitus exposed to different levels of photon irradiance [J]. Phytochemistry, 2005, 66（1）: 73-79.

[18] SOLOVCHENKO A E, KHOZIN-GOLDBERG I, DIDI-COHEN S, et al. Effects of light and nitrogen starvation on the content and composition of carotenoids of the green microalga Parietochloris incisa [J]. Russian journal of plant physiology, 2008, 55: 455-462.

[19] ZHU J, RONG J, ZONG B. Factors in mass cultivation of microalgae for biodiesel [J]. Chinese journal of catalysis, 2013, 34（1）: 80-100.

[20] BABA M, KIKUTA F, SUZUKI I, et al. Wavelength specificity of growth, photosynthesis, and hydrocarbon production in the oil-producing green alga Botryococcus braunii [J]. Bioresour technol, 2012, 109: 266-270.

[21] SKERRATT J H, DAVIDSON A D, NICHOLS P D, et al. Effect of UV-B on lipid content of three Antarctic marine phytoplankton [J]. Phytochemistry, 1998, 49（4）: 999-1007.

[22] GOES J I, HANDA N, TAGUCHI S, et al. Impact of UV radiation on the production patterns and composition of dissolved free and combined amino acids in marine phytoplankton [J]. Journal of plankton research, 1995, 17（6）: 1337-1362.

[23] LIANG Y, BEARDALL J, HERAUD P. Effects of nitrogen source and UV radiation on the growth, chlorophyll fluorescence and fatty acid composition of Phaeodactylum tricornutum and Chaetoceros muelleri（Bacillariophyceae）[J]. Journal of photochemistry and photobiology B: biology, 2006, 82（3）: 161-172.

[24] DEMMIG-ADAMS B, ADAMS W W. Antioxidants in photosynthesis and human nutrition [J]. Science, 2002, 298（5601）: 2149-2153.

[25] HO S H, CHEN W M, CHANG J S. Scenedesmus obliquus CNW-N as a potential candidate for CO(2)mitigation and biodiesel production [J]. Bioresour technol, 2010, 101(22): 8725-8730.

[26] BANDARRA N M, PEREIRA P A, BATISTA I, et al. Fatty acids, sterols and α-tocopherol in Isochrysis galbana [J]. Journal of food lipids, 2003, 10（1）: 25-34.

[27] HAN F, WANG W, LI Y, et al. Changes of biomass, lipid content and fatty acids composition under a light-dark cyclic culture of Chlorella pyrenoidosa in response to different temperature [J]. Bioresour technol, 2013, 132: 182-189.

[28] WAHIDIN S, IDRIS A, SHALEH S R M. The influence of light intensity and photoperiod on the growth and lipid content of microalgae Nannochloropsis sp [J]. Bioresource technology, 2013, 129: 7-11.

[29] BROWN M R, DUNSTAN G A, NORWOOD S J, et al. Effects of harvest stage and light on the biochemical composition of the diatom Thalassiosira pseudonana [J]. Journal of phycology, 1996, 32（1）: 64-73.

[30] BOUSSIBA S, VONSHAK A, COHEN Z, et al. Lipid and biomass production by

the halotolerant microalga Nannochloropsis salina [J]. Biomass, 1987, 12（1）: 37-47.

[31]　PALMISANO A C, SULLIVAN C W. Physiology of sea ice diatoms. I. Response of three polar diatoms to asimulated summer-winter transition [J]. Journal of phycology, 1982, 18（4）: 489-498.

[32]　SAYEGH F A, MONTAGNES D J. Temperature shifts induce intraspecific variation in microalgal production and biochemical composition [J]. Bioresource technology, 2011, 102（3）: 3007-3013.

[33]　WANG B, LI Y, WU N, et al. CO_2 bio-mitigation using microalgae [J]. Appl microbiol biotechnol, 2008, 79（5）: 707-718.

[34]　CHISTI Y. Biodiesel from microalgae [J]. Biotechnol Adv, 2007, 25（3）: 294-306.

[35]　CHIU S Y, KAO C Y, TSAI M T, et al. Lipid accumulation and CO_2 utilization of Nannochloropsis oculata in response to CO_2 aeration [J]. Bioresource technology, 2009, 100（2）: 833-838.

[36]　GE Y, LIU J, TIAN G. Growth characteristics of Botryococcus braunii 765 under high CO2 concentration in photobioreactor [J]. Bioresource technology, 2011, 102（1）: 130-134.

[37]　ZENG X, DANQUAH M K, CHEN X D, et al. Microalgae bioengineering: from CO2 fixation to biofuel production [J]. Renewable and sustainable energy reviews, 2011, 15（6）: 3252-3260.

[38]　LIN Q, GU N, LI G, et al. Effects of inorganic carbon concentration on carbon formation, nitrate utilization, biomass and oil accumulation of Nannochloropsis oculata CS 179 [J]. Bioresource technology, 2012, 111: 353-359.

[39]　WHITE D A, PAGARETTE A, ROOKS P, et al. The effect of sodium bicarbonate supplementation on growth and biochemical composition of marine microalgae cultures [J]. Journal of applied phycology, 2012, 25（1）: 153-165.

[40]　PENG X, LIU S, ZHANG W, et al. Triacylglycerol accumulation of Phaeodactylum tricornutum with different supply of inorganic carbon [J]. Journal of applied phycology, 2014, 26（1）: 131-139.

[41]　GARDNER R D, COOKESY K E, MUS F, et al. Use of sodium bicarbonate

to stimulate triacylglycerol accumulation in the chlorophyte Scenedesmus sp. and the diatom Phaeodactylum tricornutum [J]. Journal of applied phycology, 2012, 24（5）: 1311-1320.

[42] FAN J, YAN C, ANDRE C, et al. Oil accumulation is controlled by carbon precursor supply for fatty acid synthesis in Chlamydomonas reinhardtii [J]. Plant cell physiol, 2012, 53（8）: 1380-1390.

[43] RAMANAN R, KIM B-H, CHO D-H, et al. Lipid droplet synthesis is limited by acetate availability in starchless mutant of Chlamydomonas reinhardtii [J]. FEBS lett, 2013, 587（4）: 370-377.

[44] RICHMOND A. Handbook of microalgal culture: biotechnology and applied phycology [M]. New York: John Wiley & Sons, 2008.

[45] ARUMUGAM M, AGARWAL A, ARYA M C, et al. Influence of nitrogen sources on biomass productivity of microalgae Scenedesmus bijugatus [J]. Bioresource technology, 2013, 131: 246-249.

[46] LI Y, HORSMAN M, WANG B, et al. Effects of nitrogen sources on cell growth and lipid accumulation of green alga Neochloris oleoabundans [J]. Applied microbiology and biotechnology, 2008, 81（4）: 629-636.

[47] XU N, ZHANG X, FAN X, et al. Effects of nitrogen source and concentration on growth rate and fatty acid composition of Ellipsoidion sp.（Eustigmatophyta）[J]. Journal of applied phycology, 2001, 13（6）: 463-469.

[48] YANG Z K, NIU Y F, MA Y H, et al. Molecular and cellular mechanisms of neutral lipid accumulation in diatom following nitrogen deprivation [J]. Biotechnology for biofuels, 2013, 6（1）: 1-14.

[49] MANDAL S, MALLICK N. Microalga Scenedesmus obliquus as a potential source for biodiesel production [J]. Applied microbiology and biotechnology, 2009, 84（2）: 281-291.

[50] PAN Y Y, WANG S T, CHUANG L T, et al. Isolation of thermo-tolerant and high lipid content green microalgae: oil accumulation is predominantly controlled by photosystem efficiency during stress treatments in Desmodesmus [J]. Bioresource technology, 2011, 102（22）: 10510-10517.

[51] RISMANI-YAZDI H, HAZNEDAROGLU B Z, HSIN C, et al. Transcriptomic

analysis of the oleaginous microalga Neochloris oleoabundans reveals metabolic insights into triacylglyceride accumulation [J]. Biotechnology for biofuels，2012，5（1）：1-16.

[52] ZHANG Y M，CHEN H，HE C L，et al. Nitrogen starvation induced oxidative stress in an oil-producing green alga Chlorella sorokiniana C3 [J]. PloS One，2013，8（7）：e69225.

[53] YAO C，AI J，CAO X，et al. Enhancing starch production of a marine green microalga Tetraselmis subcordiformis through nutrient limitation [J]. Bioresource technology，2012，118：438-444.

[54] YAO C H，AI J N，CAO X P，et al. Characterization of cell growth and starch production in the marine green microalga Tetraselmis subcordiformis under extracellular phosphorus-deprived and sequentially phosphorus-replete conditions [J]. Applied microbiology and biotechnology，2013，97（13）：6099-6110.

[55] LI Y，HAN D，HU G，et al. Inhibition of starch synthesis results in overproduction of lipids in Chlamydomonas reinhardtii [J]. Biotechnology and bioengineering，2010，107（2）：258-268.

[56] LIU B，BENNING C. Lipid metabolism in microalgae distinguishes itself [J]. Current opinion in biotechnology，2013，24（2）：300-309.

[57] KARAPINAR KAPDAN I，ASLAN S. Application of the Stover - Kincannon kinetic model to nitrogen removal by Chlorella vulgaris in a continuously operated immobilized photobioreactor system [J]. Journal of chemical technology & biotechnology：international research in process，environmental & clean technology，2008，83（7）：998-1005.

[58] LI X，HU H，GAN K，et al. Effects of different nitrogen and phosphorus concentrations on the growth，nutrient uptake，and lipid accumulation of a freshwater microalga Scenedesmus sp [J]. Bioresource technology，2010，101（14）：5494-5500.

[59] CHU F-F，SHEN X-F，LAM P K S，et al. Optimization of CO_2 concentration and light intensity for biodiesel production by Chlorella vulgaris FACHB-1072 under nitrogen deficiency with phosphorus luxury uptake [J]. Journal of applied phycology，2013，

[60] CHU F F，CHU P N，SHEN X F，et al. Effect of phosphorus on biodiesel production from Scenedesmus obliquus under nitrogen-deficiency stress [J]. Bioresource technology，2013，152C：241-246.

[61] CHU F F, CHU P N, CAI P J, et al. Phosphorus plays an important role in enhancing biodiesel productivity of Chlorella vulgaris under nitrogen deficiency [J]. Bioresource technology, 2013, 134: 341-346.

[62] LIANG K, ZHANG Q, GU M, et al. Effect of phosphorus on lipid accumulation in freshwater microalga Chlorella sp [J]. Journal of applied phycology, 2013, 25 (1): 311-318.

[63] REITAN K I, RAINUZZO J R, OLSEN Y. Effect of nutrient limitation on fatty acid and lipid content of marine microalgae [J]. Journal of phycology, 1994, 30 (6): 972-979.

[64] ROESSLER P G. Changes in the activities of various lipid and carbohydrate biosynthetic enzymes in the diatom Cyclotella cryptica in response to silicon deficiency [J]. Archives of biochemistry and biophysics, 1988, 267 (2): 521-528.

[65] LIU Z Y, WANG G C, ZHOU B C. Effect of iron on growth and lipid accumulation in Chlorella vulgaris [J]. Bioresource technology, 2008, 99 (11): 4717-4722.

[66] TAKAGI M, YOSHIDA T. Effect of salt concentration on intracellular accumulation of lipids and triacylglyceride in marine microalgae Dunaliella cells [J]. Journal of bioscience and bioengineering, 2006, 101 (3): 223-226.

[67] BARTLEY M L, BOEING W J, CORCORAN A A, et al. Effects of salinity on growth and lipid accumulation of biofuel microalga Nannochloropsis salina and invading organisms [J]. Biomass and bioenergy, 2013, 54: 83-88.

[68] RENAUD S M, PARRY D L. Microalgae for use in tropical aquaculture II: Effect of salinity on growth, gross chemical composition and fatty acid composition of three species of marine microalgae [J]. Journal of applied phycology, 1994, 6 (3): 347-356.

[69] KAEWKANNETRA P, ENMAK P, CHIU T Y. The effect of CO2 and salinity on the cultivation of Scenedesmus obliquus for biodiesel production [J]. Biotechnology and bioprocess engineering, 2012, 17 (3): 591-597.

[70] SALAMA E S, KIM H C, ABOU-SHANAB R A I, et al. Biomass, lipid content, and fatty acid composition of freshwater Chlamydomonas mexicana and Scenedesmus obliquus grown under salt stress [J]. Bioprocess and biosystems engineering, 2013, 36 (6): 827-833.

[71] RUANGSOMBOON S, GANMANEE M, CHOOCHOTE S. Effects of different

nitrogen, phosphorus, and iron concentrations and salinity on lipid production in newly isolated strain of the tropical green microalga, Scenedesmus dimorphus KMITL [J]. Journal of applied phycology, 2013, 25（3）: 867–874.

[72] 陈辉. 杜氏盐藻耐盐渗透调节与 Ca^{2+} 介导的渗透信号传导 [D]. 广州: 华南理工大学, 2011.

[73] LU N, WEI D, JIANG X L, et al. Regulation of lipid metabolism in the snow alga Chlamydomonas nivalis in response to NaCl stress: an integrated analysis by cytomic and lipidomic approaches [J]. Process biochemistry, 2012, 47（7）: 1163–1170.

[74] BOROWITZKA M A, BOROWITZKA L J. Micro-algal biotechnology [M]. Cambridge: Cambridge University Press, 1988.

[75] GARDNER R, PETERS P, PEYTON B, et al. Medium pH and nitrate concentration effects on accumulation of triacylglycerol in two members of the chlorophyta [J]. Journal of applied phycology, 2010, 23（6）: 1005–1016.

[76] SPILLING K, BRYNJÓLFSDÓTTIR Á, ENSS D, et al. The effect of high pH on structural lipids in diatoms [J]. Journal of applied phycology, 2013, 25: 1435–1439.

[77] TATSUZAWA H, TAKIZAWA E, WADA M, et al. Fatty acid and lipid composition of the acidophilic green alga Chlamydomonas sp [J]. Journal of phycology, 1996, 32（4）: 598–601.

[78] GARDNER R D, LOHMAN E, GERLACH R, et al. Comparison of CO2 and bicarbonate as inorganic carbon sources for triacylglycerol and starch accumulation in Chlamydomonas reinhardtii [J]. Biotechnology and bioengineering, 2013, 110（1）: 87–96.

[79] GARDNER R D, LOHMAN E J, COOKSEY K E, et al. Cellular cycling, carbon utilization, and photosynthetic oxygen production during bicarbonate-induced triacylglycerol accumulation in a Scenedesmus sp [J]. Energies, 2013, 6（11）: 6060–6076.

[80] MUS F, TOUSSAINT J P, COOKSEY K E, et al. Physiological and molecular analysis of carbon source supplementation and pH stress-induced lipid accumulation in the marine diatom Phaeodactylum tricornutum [J]. Applied microbiology and biotechnology, 2013, 97（8）: 3625–3642.

[81] MÜNKEL R, SCHMID-STAIGER U, WERNER A, et al. Optimization of outdoor cultivation in flat panel airlift reactors for lipid production by Chlorella vulgaris [J].

Biotechnology and bioengineering, 2013, 110（11）: 2882-2893.

[82] HAN F, HUANG J, LI Y, et al. Enhanced lipid productivity of Chlorella pyrenoidosa through the culture strategy of semi-continuous cultivation with nitrogen limitation and pH control by CO2 [J]. Bioresource technology, 2013, 136: 418-424.

[83] BRÁNYIKOVÁ I, MARŠÁLKOVÁ B, DOUCHA J, et al. Microalgae-novel highly efficient starch producers [J]. Biotechnology and bioengineering, 2011, 108（4）: 766-776.

[84] MATUSIAK-MIKULIN K, TUKAJ C, TUKAJ Z. Relationships between growth, development and photosynthetic activity during the cell cycle of Desmodesmus armatus （Chlorophyta）in synchronous cultures [J]. European journal of phycology, 2006, 41（1）: 29-38.

[85] SU C H, CHIEN L J, GOMES J, et al. Factors affecting lipid accumulation by Nannochloropsis oculata in a two-stage cultivation process [J]. Journal of Applied Phycology, 2011, 23（5）: 903-908.

[86] HO S H, LU W B, CHANG J S. Photobioreactor strategies for improving the CO2 fixation efficiency of indigenous Scenedesmus obliquus CNW-N: statistical optimization of CO2 feeding, illumination, and operation mode [J]. Bioresource technology, 2012, 105: 106-113.

[87] MUJTABA G, CHOI W, LEE C G, et al. Lipid production by Chlorella vulgaris after a shift from nutrient-rich to nitrogen starvation conditions [J]. Bioresource Technology, 2012, 123: 279-283.

[88] JAMES G O, HOCART C H, HILLIER W, et al. Temperature modulation of fatty acid profiles for biofuel production in nitrogen deprived Chlamydomonas reinhardtii [J]. Bioresource technology, 2013, 127: 441-447.

[89] SANTOS A M, WIJFFELS R H, LAMERS P P. pH-upshock yields more lipids in nitrogen-starved Neochloris oleoabundans [J]. Bioresource technology, 2014, 152: 299-306.

[90] FENG P, DENG Z, HU Z, et al. Characterization of Chlorococcum pamirum as a potential biodiesel feedstock [J]. Bioresource technology, 2014, 162: 115-122.

[91] SANTOS A M, JANSSEN M, LAMERS P P, et al. Growth of oil accumulating microalga Neochloris oleoabundans under alkaline-saline conditions [J]. Bioresource

technology, 2012, 104: 593-599.

[92] ZHU S, HUANG W, XU J, et al. Metabolic changes of starch and lipid triggered by nitrogen starvation in the microalga Chlorella zofingiensis [J]. Bioresource technology, 2014, 152: 292-298.

[93] MSANNE J, XU D, KONDA A R, et al. Metabolic and gene expression changes triggered by nitrogen deprivation in the photoautotrophically grown microalgae Chlamydomonas reinhardtii and Coccomyxa sp. C-169 [J]. Phytochemistry, 2012, 75: 50-59.

[94] ROESSLER P G. Effects of silicon deficiency on lipid composition and metabolism in the diatom Cyclotella cryptica [J]. Journal of phycology, 1988, 24（3）: 394-400.

[95] TAKESHITA T, OTA S, YAMAZAKI T, et al. Starch and lipid accumulation in eight strains of six Chlorella species under comparatively high light intensity and aeration culture conditions [J]. Bioresource technology, 2014, 158: 127-134.

[96] SOLOVCHENKO A E. Physiological role of neutral lipid accumulation in eukaryotic microalgae under stresses [J]. Russian journal of plant physiology, 2012, 59（2）: 167-176.

[97] ARABOLAZA A, RODRIGUEZ E, ALTABE S, et al. Multiple pathways for triacylglycerol biosynthesis in Streptomyces coelicolor [J]. Applied and environmental microbiology, 2008, 74（9）: 2573-2582.

[98] DAHLQVIST A, STÅHL U, LENMAN M, et al. Phospholipid: diacylglycerol acyltransferase: an enzyme that catalyzes the acyl-CoA-independent formation of triacylglycerol in yeast and plants [J]. Proceedings Of The National Academy Of Sciences, 2000, 97（12）: 6487-6492.

[99] STÅHL U, CARLSSON A S, LENMAN M, et al. Cloning and functional characterization of a phospholipid: diacylglycerol acyltransferase from Arabidopsis [J]. Plant physiology, 2004, 135（3）: 1324-1335.

[100] DELRUE F, LI-BEISSON Y, SETIER P A, et al. Comparison of various microalgae liquid biofuel production pathways based on energetic, economic and environmental criteria [J]. Bioresource technology, 2013, 136: 205-212.

[101] GRIFFITHS M J, VAN HILLE R P, HARRISON S T L. Lipid productivity, settling potential and fatty acid profile of 11 microalgal species grown under nitrogen replete and limited conditions [J]. Journal of applied phycology, 2012, 24（5）: 989-1001.

[102] BOGEN C, KLASSEN V, WICHMANN J, et al. Identification of Monoraphidium contortum as a promising species for liquid biofuel production [J]. Bioresource technology, 2013, 133: 622-626.

[103] METZGER P, LARGEAU C. Botryococcus braunii: a rich source for hydrocarbons and related ether lipids [J]. Applied microbiology and biotechnology, 2005, 66（5）: 486-496.

[104] VIELER A, WILHELM C, GOSS R, et al. The lipid composition of the unicellular green alga Chlamydomonas reinhardtii and the diatom Cyclotella meneghiniana investigated by MALDI-TOF MS and TLC [J]. Chemistry and physics of lipids, 2007, 150(2): 143-155.

[105] PIORRECK M, BAASCH K H, POHL P. Biomass production, total protein, chlorophylls, lipids and fatty acids of freshwater green and blue-green algae under different nitrogen regimes [J]. Phytochemistry, 1984, 23（2）: 207-216.

[106] BREUER G, LAMERS P P, MARTENS D E, et al. The impact of nitrogen starvation on the dynamics of triacylglycerol accumulation in nine microalgae strains [J]. Bioresource technology, 2012, 124: 217-226.

[107] BENNING C, HUANG Z H, GAGE D A. Accumulation of a novel glycolipid and a betaine lipid in cells of Rhodobacter sphaeroides grown under phosphate limitation [J]. Archives of biochemistry and biophysics, 1995, 317（1）: 103-111.

[108] KHOZIN-GOLDBERG I, COHEN Z. The effect of phosphate starvation on the lipid and fatty acid composition of the fresh water eustigmatophyte Monodus subterraneus [J]. Phytochemistry, 2006, 67（7）: 696-701.

[109] TOUZET N, FRANCO J M, RAINE R. Influence of inorganic nutrition on growth and PSP toxin production of Alexandrium minutum(Dinophyceae)from Cork Harbour, Ireland [J]. Toxicon, 2007, 50（1）: 106-119.

[110] [110]RATLEDGE C. Fatty acid biosynthesis in microorganisms being used for single cell oil production [J]. Biochimie, 2004, 86（11）: 807-815.

[111] XIE Y, HO S H, CHEN C N N, et al. Phototrophic cultivation of a thermo-tolerant Desmodesmus sp. for lutein production: effects of nitrate concentration, light intensity and fed-batch operation [J]. Bioresource technology, 2013, 144: 435-444.

[112] RISMANI-YAZDI H, HAZNEDAROGLU B Z, HSIN C, et al. Transcriptomic analysis of the oleaginous microalga Neochloris oleoabundans reveals metabolic insights into triacylglyceride accumulation [J]. Biotechnology for biofuels, 2012, 5（1）: 1-16.

[113] HEREDIA-ARROYO T, WEI W, RUAN R, et al. Mixotrophic cultivation of Chlorella vulgaris and its potential application for the oil accumulation from non-sugar materials [J]. Biomass and bioenergy, 2011, 35（5）: 2245-2253.

[114] MOHEIMANI N R. Long-term outdoor growth and lipid productivity of Tetraselmis suecica, Dunaliella tertiolecta and Chlorella sp（Chlorophyta）in bag photobioreactors [J]. Journal of applied phycology, 2013, 25: 167-176.

[115] SKRUPSKI B, WILSON K E, GOFF K L, et al. Effect of pH on neutral lipid and biomass accumulation in microalgal strains native to the Canadian prairies and the Athabasca oil sands [J]. Journal of applied phycology, 2013, 25（4）: 937-949.

[116] GARDNER R, PETERS P, PEYTON B, et al. Medium pH and nitrate concentration effects on accumulation of triacylglycerol in two members of the chlorophyta [J]. Journal of applied phycology, 2011, 23（6）: 1005-1016.

[117] LARDON L, HÉLIAS A, SIALVE B, et al. Life-Cycle Assessment of Biodiesel Production from Microalgae [J]. Environ Sci Technol, 2009, 43（17）: 6475-6481.

[118] [118]LIAW B, JASON Q, THOMAS B, et al. Net Energy and Greenhouse Gas Emissions Evaluation of Biodiesel Derived from Microalgae [J]. Environ Sci Technol, 2010, 44（20）: 7975-7980.

[119] [119]BATAN L, QUINN J, WILLSON B, et al. Net energy and greenhouse gas emission ealuation of biodiesel derived from microalgae [J]. Environ Sci Technol, 2010, 44（20）: 7975-80.

[120] CAMPBELL P K, BEER T, BATTEN D. Life cycle assessment of biodiesel production from microalgae in ponds [J]. Bioresource technology, 2011, 102（1）: 50-56.

[121] SCOTT S A, DAVEY M P, DENNIS J S, et al. Biodiesel from algae: challenges and prospects [J]. Current opinion in biotechnology, 2010, 21（3）: 277-286.

[122] QUINN J C, YATES T, DOUGLAS N, et al. Nannochloropsis production metrics in a scalable outdoor photobioreactor for commercial applications [J]. Bioresource technology, 2012, 117: 164-171.

[123]　HUANG W. Factors contributing to the recent increase in US fertilizer prices, 2002–08 [M]. DIANE Publishing，2009.

[124]　[124]WOERTZ I，FEFFER A，LUNDQUIST T，et al. Algae grown on dairy and municipal wastewaterfor simultaneous nutrient removal and lipid production for biofuel feedstock [J]. Journal of environmental engineering，2009，135（11）：1115–1122

[125]　SINGH R N，SHARMA S. Development of suitable photobioreactor for algae production–A review [J]. Renewable and sustainable energy reviews，2012，16（4）：2347–2353.

第八章　微藻产电

8.1　微藻型 MFC 构建

8.1.1　MFC 简介

（1）MFC 发展历程

微生物燃料电池（microbial fuel cell，MFC）是一种新兴的可再生能源生产技术，起源于 1911 年，英国科学家首次发现酵母菌可以分解有机物产生电流，并依此设计了世界上第一个 MFCs，但是由于输出功率较小，在此后的几十年间都未受到重视。直到 1999 年，Kim 等[1]采用 *Shewanella putrefaciens* 作为产电菌，构建了第一个不用电子中介体的高效 MFC，成功解决了 MFC 产电能力弱的问题，推动了现代 MFC 技术的快速发展，掀起了 MFC 的研究热潮。

目前，对于 MFC 的研究呈现多样性，包括产电菌种类及其新陈代谢过程、生物催化剂和生物群落、生物阴极及空气阴极、电池结构、电极材料、底物种类、放大化应用等方面。这些方向的研究成果大大提高了 MFC 的性能，并大幅度降低了 MFC 生产和运行成本，为 MFC 的进一步研究提供了坚实的理论基础，开拓了更广泛的研究应用前景。

（2）MFC 基本原理

MFC 是一种利用微生物将有机物中的化学能直接转化成电能的装置，经典的双室 MFC 工作机制：产电微生物在阳极生长，氧化有机物为自身提供能量的同时释放出电子和质子，电子通过外接电路传递到阴极，质子通过中间的阳离子交换膜或质子交换膜传递到阴极，阴极通过曝气提供溶解氧与电子和质子反应生成水，外部由导线和负载电阻连接电路产生电流。阳极底物以实验室中常用到的乙酸根为例，阴极电子受体以氧气为例，在酸性溶液体系下阴阳极及总的化学反应方程式如下：

阳极反应：

$$CH_3COO^- + 4H_2O \rightarrow 2HCO_3^- + 9H^+ + 8e。 \tag{8-1}$$

阴极反应：

$$O_2 + 4H^+ + 4e \rightarrow 2H_2O。 \tag{8-2}$$

总反应：

$$CH_3COO^- + 2O_2 \rightarrow 2HCO_3^- + H^+。 \tag{8-3}$$

8.1.2　微藻型 MFC 分类

微藻是光合效率最高的原始植物之一，与农作物相比，其单位面积的产率可高出数十倍。近几十年来，微藻的生物工艺在利用太阳能获取碳水化合物、生物燃料和药物以及废物修复方面取得了巨大进展。将微藻生物技术与 MFC 结合是目前研究的热点，主要的联用方式包括以下 3 种：微藻作为 MFC 阳极底物供产电菌利用；微藻作为阳极产电菌来产生电子；微藻作为生物阴极提供电子受体。

（1）微藻阳极底物型 MFC

微藻是一种单细胞绿色植物，其生长速度快，并且藻体中富含叶绿素、蛋白质、碳水化合物、油脂等，是一种优良的生物燃料，将其作为 MFC 的阳极底物，通过产电微生物的水解和发酵作用，可以使藻体中的生物能转化为电能。

根据微藻阳极底物利用方式不同，可将其分为原位利用（图 8-1）和异位利用（图 8-2）。原位利用方式是将藻类作为底物直接加入 MFC 阳极室进行利用。Velasquez–Orta 等 [2] 在单室 MFC 阳极室中直接投加小球藻粉（*Chlorella vulgaris*）和石莼粉（*Ulva lactuca*，一种大型藻类植物）作为有机底物，获得了 980 mW/m² 和 760 mW/m² 的最大输出功率密度，证明了藻粉作为 MFC 阳极底物的产电可行性。异位利用方式则是将微藻光生物反应器与 MFC 进行耦联，藻液由光生物反应器中培养后再通入 MFC 阳极室进行利用。如将蓝藻在光生物反应器中固定化培养，产生易于降解的代谢产物后再通入耦联的 MFC 阳极室中供产电微生物利用，此方式可以提高 MFC 的库伦效率。

由于藻类细胞壁含有很高的纤维素和半纤维素，具有较强的抗水解能力，因此需要对微藻进行预处理以提高藻类转化为电能的效率。目前常用的预处理方法是生物预处理，即将厌氧消化器（AD）与 MFC 连接起来进行 [3]，其他预处理方法包括加热、微波、超声波等提取藻类中有机物（AOM）。

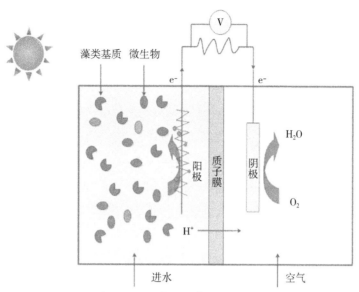

图 8-1 原位利用藻阳极 MFC

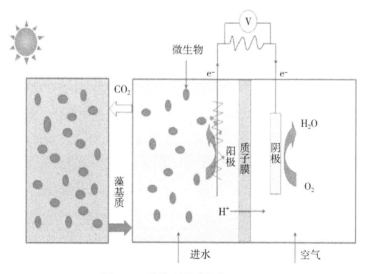

图 8-2 异位利用藻阳极 MFC

（2）微藻生物阳极 MFC

微藻生物阳极 MFC 是在阳极室中利用微藻直接产电，或协同产电微生物共同产电。现有研究[4-5]报道证明微藻可以通过自身光合电子传递链或分解胞内碳水化合物（如糖原）直接产生电子，也可以间接提供电子。间接提供电子方式包括两种：一是微藻光合产氢，氢气再被氧化产生电子；二是利用微藻、产电微生物协同作用，微藻光合生

长分泌可被产电微生物利用的有机物，产生电子。

1）微藻直接产电

1980—1990 年，Tanaka 等[4] 报道了一系列利用 MFC 阳极室培养蓝藻并产电的研究，第一次证实微藻在光照培养时能产生电流，并且光响应迅速。于是推测电子不仅来自呼吸电子传递链或通过 H_2 氧化产生，还可以通过光合电子传递链产生。何辉等[6] 考察了小球藻（*Chlorella vulgaris*）加入阴阳极室时的产电性能，发现以小球藻为生物阳极时输出功率密度可达 11.82 mW/m^2，对实际污水的 COD 去除率为 40%。进一步分析认为电子的产生由两部分组成，一是小球藻光解水产生，二是细胞代谢光合作用产生的碳水化合物，由细胞膜外累积的细胞色素失去电子给阳极，阳极反应式如下：

光合作用：

$$CO_2 + H_2O \rightarrow CH_2O + O_2。 \tag{8-4}$$

光解水：

$$H_2O \rightarrow 2H^+ + 1/2\ O_2 + 2e。 \tag{8-5}$$

代谢作用：

$$CH_2O + H_2O \rightarrow CO_2 + 4H^+ + 4e。 \tag{8-6}$$

2）微藻产氢产电

早在 1939 年，学者们就发现绿藻的产氢现象，现在已知能产氢的藻类主要为绿藻和蓝藻。目前，微藻产氢的最大障碍之一是 H_2 的反馈抑制作用，而利用 MFC 的电化学催化作用及时将微藻产生的 H_2 转化成电能以降低 H_2 分压，减少反馈抑制作用，可以提高最终的 H_2 回收率。此 MFC 中 H_2/H^+（电极催化 H_2 氧化产生 H^+ 和电子）可以起到电子介体的作用，将微生物细胞代谢产生的电子传递给阳极电极。

微藻产氢产电方式可分为原位和异位两种。原位产氢产电是直接在阳极室中培养微藻进行产氢，利用电极催化氧化 H_2 产电；异位产氢产电则是将微藻光合产氢反应器与 MFC 装置串联，各反应室条件进行独立控制。

3）藻菌协同产电

藻菌协同产电是光合自养的微藻与异养产电的微生物一起在 MFC 阳极室中光照培养，微藻光合作用产生的有机物（例如分泌的多糖）供给异养产电微生物进行氧化分解，MFC 通过这种藻菌增效的方式进行产电。

藻菌协同产电的现象在自然环境中多见。例如沉积型 MFC 中就存在藻和细菌形成的生物膜，彼此之间形成增效关系。He 等[7] 曾在一个未添加任何有机物或营养物的淡水沉积物 MFC 中观察到电流的产生；电流强度在光照阶段下降，在黑暗阶段上升，持续的黑暗培养会导致电流强度下降；分子分类分析法表明此沉积型 MFC 中靠近阴极的沉积表面层多数为蓝藻和其他型微藻，越往下层异养微生物越占优势，且微生物种类越少。分析结果证明正是微藻等光合自养微生物产生的有机物供给了异养微生物的生长及产电，但光合作用的产物 O_2 也会对异养产电微生物的产电有所抑制。

（3）微藻生物阴极 MFC

微藻生物阴极 MFC 技术是近年来发展起来的一项新技术，它减少了机械曝气技术在阴极供氧中的应用，从而节省了 MFC 的运行成本。另外，其还具有减少 CO_2、产生有价值的生物质和处理废水等优点，已引起人们越来越多的兴趣[8-9]。

微藻阴极的作用原理主要包括两种，一是自养藻类物种可以通过捕获光能使 CO_2 转化为碳水化合物和 O_2，如公式（8-7）所示。所生成的氧气可以作为电子受体，接收阳极产生的电子，发生公式（8-8）的反应，促进 MFC 产电。

$$6CO_2 + 12H^+ + 12e \rightarrow C_6H_{12}O_6 + 3O_2。 \qquad (8-7)$$
$$O_2 + 4H^+ + 4e \rightarrow 2H_2O。 \qquad (8-8)$$

另外一种是异养藻类细胞可以通过介质直接从阴极接受电子。阳极产生的电子，可以使介质从高氧化态还原到低氧化态，还原后的介质进入藻细胞壁。介导的电子在藻类细胞的代谢途径中被消耗，转化为碳水化合物和 O_2。

小球藻已被认为是 MFC 阴极中合适的电子受体，Powell 等[10] 将培养小球藻（*Chlorella vulgaris*）的光反应器作为 MFC 的阴极室并进行了一系列研究。首先对小球藻阴极半电池的可行性进行验证：以亚铁氰化钾作为阳极半电池电子供体的条件下构建小球藻生物阴极型 MFC，获得 70 mV 输出电压、2.7 mW/m² （以阴极表面积计）功率密度和 1.0 µA/mg（以干藻重计）电流输出，随后阳极以酿酒酵母菌（*Saccharomyces cerevisiae*）发酵培养产乙醇，阴极光合培养 *Chlorella vulgaris*，构建一个两极完全 MFC，获得 0.35 V 开路电压以及 0.95 mW/m² 输出功率密度，分析结果表明相对于阳极酵母菌的快速生长，阴极小球藻的缓慢生长速率是产电的主要限制因素。

目前，各种微藻型 MFC 尚处于初步研发阶段，产电水平低、能源转化效率低及操作运行不稳定是阻碍其发展的主要问题。从 MFC 的整体研究进展来看，对 MFC 阳极产电涉及的能量代谢及电子产生传递机制，尚未建立起清晰的理论。因此对于微藻生物阳极型 MFC 相关的电子传递机制需要做更进一步研究，构建高效微藻生物阳极型 MFC 也尚不具有充足的技术基础。相对而言，高效微藻生物阴极型 MFC 的构建较具有可行性。

因为随着 MFC 技术的发展,阳极产电性能已得到很大提高,而阴极的电子受体有很大的限制作用,若能开发微藻型阴极电子受体,可以降低成本,促进其工业化应用。

8.1.3 微藻型 MFC 结构与组成

（1）微藻型 MFC 结构

根据电池构型的不同,MFC 可分为单室型 MFC、双室型 MFC 和三室型 MFC。不同结构的 MFC 如图 8-3 所示[11]。下面将详细描述这些设计中的每一种构型原理。

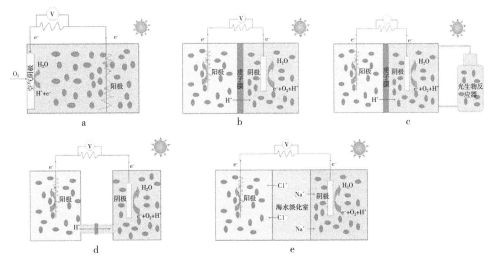

图 8-3　微藻型微生物燃料电池结构图单室（a）、双室（b）、
光反应型双室（c）、H 型双室（h）、三室（e）

1）MFCs 的室型

①单室型微藻 MFC

通常,单室型微藻 MFC（无膜）如图 8-3a 所示,拥有两个电极（阳极和阴极）,通过与外电路连接构成回路,其中细菌和藻类一起生长在一个腔室中,通常配置有空气阴极。自养和异养微生物同时生长,因此藻类可以 100% 消耗细菌产生的 CO_2。在单室 MFC 中,细菌共培养可以与藻类共培养协同生长,光照条件下微生物可利用光合微藻所生产的有机酸来进行产电。与其他配置相比,单室在实验室中更易于管理。Nishio 等[12]曾构建单室微藻型 MFC,利用乳酸菌和地杆菌以衣藻在光合作用期间所生产的物质为基质进行产电,并得到了 78 mW/m^2 的功率密度。Yuan 等[13]在单室型 MFC 中接

种了蓝绿藻，该系统有良好的污染物去除效果，COD 与 TN 的去除率分别达到了 78.9%
与 96.8%，并得到了 114 mW/m² 的最大功率密度。

②双室型微藻 MFC

基础的双室微藻型 MFC 除去与单室微藻型 MFC 在装置基本结构上的不同外，另
一个明显的区别便是分隔膜的存在，如图 8-3b 所示。在两个腔室 MFC 中，阳极室放
入产电菌，而阴极室放入藻类并配有光源，为阴极室中的藻类光合作用反应提供了光
子。在一些研究中，添加外部藻类光生物反应器为 MFC 提供持续的藻类供应，如图 8-3c
所示。光生物反应器提供了一个连续的藻类来源，更容易维护，发电效果更好。H 形
双室微藻型 MFC 如图 8-3d 所示，其可以有效避免阴极光照对阳极的影响，但其缺点
是膜面积较小，离子交换非常低，从而造成低功率输出。另外，其膜污染也较为严重。

③三室型微藻 MFC

三室型微藻 MFC 如图 8-3e 所示，在传统双室的微藻型 MFC 中添加一个装有盐水
的中间腔室，在运行过程中，阳离子向阴极移动，阴离子向阳极移动，可以达到淡化
水质、去除重金属的目的，但相较于单室、双室微藻型 MFC，三室微藻型 MFC 产电效
率有所降低，目前应用较少。

（2）微藻型 MFC 组成

1）分隔材料

微藻型 MFC 中的分隔材料将阴阳极室进行物理分隔，在一定程度上阻断底物、微
生物、氧气等物质在阴阳极室间流通。分隔材料不应阻断质子迁移，且可满足阴阳极
室对底物成分、溶氧浓度、微生物类别的不同要求。目前 MFC 中广泛应用的分隔材料
主要为各种类型的膜材料与盐桥。

①膜材料

用于物理化学分离的膜材料均可用于分隔 MFC 阴阳极室，如质子交换膜、离子交
换膜、微滤膜、多孔滤料等。各种膜材料在理化性质上存在较大差异，也具有相异的
选择透过性。

质子交换膜（PEM）理论上只允许质子通过。Nafion 膜是最早应用于 MFC 的质子膜，
其质子迁移阻力小，氧传递系数较低（1.3×10^{-4} cm/s）。Zinadini 等[14] 将新型磺化聚
醚砜（SPES）与聚醚砜（PES）混合质子膜用于 MFC，进一步降低氧传递系数，电池
功率密度为同条件下 Nafion 膜 MFC 的 1.3 倍，产电能力显著提高。但质子膜的成本较高，
不利于 MFC 技术大规模应用。

阳离子交换膜（CEM）允许包括质子在内的各种阳离子通过。相较于质子膜，其价格较低，机械强度更大，但质子传递阻力较大。Wu 等 [15] 利用 CEM 分隔阴阳极室，使用活性炭填料电极，并将多组 MFC 模块并联堆叠，污水处理量扩大至 72 L，但 CEM 的使用将造成阳极 pH 降低，阴极 pH 升高，进而影响微生物活性，这是其最主要的缺陷。

阴离子交换膜（AEM）允许负电荷离子通过。采用 AEM 时，阴阳极室 OH⁻ 浓度变化程度小于 CEM，系统运行更加稳定，但 AEM 底物阻隔作用较弱，且长时间运行易变形。

微滤膜与超滤膜主要用作过滤，其价格相对低廉，近年在 MFC 中也有应用。微超滤膜与质子膜的最大不同在于通透性，Wang 等 [16] 用混合纤维素酯微孔滤膜构建 MFC，最大功率密度（780.7 ± 18）mW/m^2，与 Nafion 膜 MFC 相当，产电稳定。但其难以有效地阻隔底物和溶氧扩散，阴极室的溶氧进入阳极室，将降低库仑效率，影响阳极微生物活性。

一些多孔滤料，如玻璃纤维膜，也可用作分隔材料。其质子迁移阻力小，可避免 pH 的波动，但对底物和溶氧扩散阻隔效果更差。用作 MFC 的膜材料，需利于质子迁移，且具一定的溶氧、底物、微生物迁移阻断能力，还需要价格低廉、有较长生命周期。

②盐桥

盐桥可加工性好，以盐桥分隔 MFC，可阻断底物及微生物扩散，使溶氧浓度更易控制，亦可有效地避免氧化剂和还原剂之间的直接接触反应，使电池产生较为持续稳定的电流，将更多的化学能转化为电能。表 8-1 比较了不同分隔材料应用于 MFC 的特性。

表 8-1 不同分隔材料应用于 MFC 的特性比较

分隔材料	质子导通性	离子迁移阻力	对阴阳两极 pH 的影响	氧气透过性	底物透过性	抗生物降解性	成本
质子膜	好	较小	较小	差	差	较好	高
阳离子交换膜	较好	小	大	差	差	好	较高
阴离子交换膜	较好	小	较大	较差	较差	好	较高
微滤膜、超滤膜	好	较大	无	较好	较好	好	适中
多孔材料	好	较小	无	好	好	较差	低
盐桥	较好	较大	较大	差	差	好	较低

2）电极材料

电极材料是 MFC 的主要组成部分，作为产电微生物及微藻附着的载体，其不仅影响产电微生物的附着量，还影响电子从微生物细胞传递至电极表面的效率。因此，电极材料的选择对提高 MFC 的产电性能，降低 MFC 成本有着至关重要的影响。

在微藻型 MFC 研究中，阴阳两极大都采用相同的电极材料，具备以下几个重要的特性：导电性强、耐腐蚀性强、机械强度高、表面积大、生物相容性好、环境友好、成本低廉。目前，符合上述要求的电极材料主要为碳质和金属基材料。

① 碳基材料

碳基电极的使用由来已久，这主要是由于碳在非均质电子转移动力学中的高效率。目前已报道的碳基电极材料主要有石墨板、碳布、碳刷、碳纸、碳毡、碳纳米管、石墨烯等。碳基电极材料种类繁杂，效果不一，常见碳基材料优缺点如表 8-2 所示。

表 8-2　常见碳基电极优缺点

电极类型	优势	劣势
石墨板	高导电性，价格便宜	表面积小
碳布	大孔隙度	相对昂贵
碳纸	电极连接简单	高电阻，易碎
碳毡	电极连接简单	易堵塞，高电阻
碳纳米管	极高表面积	对微生物有毒性
石墨烯（改性）	抗腐蚀，电化学性能好	价格昂贵，极度易碎

石墨板是一种非常简单的电极，其表面积和比表面积都很低，因此比多孔材料或结构材料的输出水平要低。而另一方面，石墨板具有高电导率和相对低的成本，并且机械强度高，可以很好地作为改性结构的支撑材料。

碳布是一种碳质材料，常用作燃料电池的电极材料。因其是由碳纤维编织而成（碳纤维由几千根单根直径在 $6 \sim 10\ \mu m$ 的纤维丝结成），所以具有高的比表面积和相对高的孔隙度，在形成更复杂的三维结构时也可表现出高的导电性、灵活性和机械强度。Cheng 等[17] 使用碳布作为阳极，在 MFC 中得到了 $893\ mW/m^2$ 的功率密度。

碳刷是以钛金属为基底，采用碳纤维编织加工而成，具有大的比表面积和孔隙率，被认为是目前最好的阳极材料之一。中心钛金属在保证高导电性的同时，也增加了材料成本。目前的研究方向主要是降低成本。Logan 等[18]在单室 MFC 中使用碳刷阳极，获得了目前最高的功率密度 2400 mW/m^2，折合成单位体积的功率密度值为 73 W/m^3。

碳纸是一种平面碳质材料，相对多孔，比表面积大，但价格昂贵，易碎，目前主要是在实验室规模下间歇应用。

碳毡是 MFC 中常用的一种碳质材料，其特点是孔隙率高、电导率高、成本相对较低、机械强度较高。另外，它的大孔结构允许细菌穿透，并在生物膜内部定居，是一种很有应用前景的 MFC 电极材料。

碳纳米管作为一种特殊结构（径向尺寸为纳米量级，轴向尺寸为微米量级，管子两端基本上都封口）的一维量子材料，具有异常的力学、电学和化学性能，是一种优良的电极材料。然而，由于碳纳米管价格较高、对微生物有毒害作用，难以广泛地应用于 MFC 中。

石墨烯是由一层碳原子构成的碳纳米材料，碳原子在二维平面内以 sp2 杂化轨道的形式组成了六角环型，能够高效地传递电子。石墨烯及其衍生的氧化石墨烯等已被广泛地应用于 MFC 的电极材料中[19]，并具有很好的效果。

碳基材料虽然具有较好的导电性，利于电子传导，但碳元素表面能态较高，容易失去电子表现出还原性，若电子要跃迁到碳电极上，通常需要较高的能量，造成较大的阳极活化过电势。通过对碳材料进行表面预处理或修饰可有效降低电极表面能态，促进产电微生物与电极间的电子传递，从而减小阳极反应的活化过电势，提高 MFC 的输出功率。

目前已报道的碳基电极材料改性方法主要有高温氨气处理、强酸处理、电化学氧化、材料表面生长碳纳米管、添加金属氧化物涂层等。表 8-3 列举了碳基材料的主要改性方法及其对 MFC 产电性能的提升效果。

表 8-3　常见碳基材料改性方法及效果

改性方法	阳极材料	改性效果	参考文献
高温氨氧化	碳布	功率密度提高 20%，启动时间缩短 50%	[17]
高温热处理	碳刷	功率密度提高 25%	[20]
硫酸处理	碳刷	功率密度提高 8%	[20]
硝酸处理	石墨毡	功率密度提高 2 倍	[21]

续表

改性方法	阳极材料	改性效果	参考文献
电化学氧化	石墨毡	电流密度提高 39.5%	[22]
表面修饰碳纳米管	碳布	功率密度提高 0.7 ~ 30.5 倍	[23]
导电聚合物涂层	石墨毡	功率密度提高 1.8 倍	[21]
AQDS 或 NQ 涂层	石墨片	电子传递速度提高 0.5 ~ 0.7 倍	[24]
铁氧化物涂层	碳纸	功率密度提高 2.75 倍	[25]
添加 Sb（V）	石墨片	电子传递速度提高 0.9 倍	[26]

②导电聚合物

目前在 MFC 的研究中使用导电聚合物作电极材料的还不多。Heilmann 等[27] 将两种导电涂层（Baytron F HC 和 Baytron P HC V4；H. C. Stark；Newton，MA）覆盖在氯乙烯聚合物（PVC）上，同时，其中一种导电涂层（Baytron P HC V4）覆盖于另一种导电聚合物（TP5813；预混合料，Milton，WI）上，并将这些电极用于电极间距为 2 cm 的 MFC 中进行对比。效果最好的聚合物电极是覆有 Baytron PHC V4 涂层的 PVC 电极，最大电压为（99.4±1.9）mV。然而，这个电压值仅是使用碳布阳极时的 55%[（181±15）mV]。FHC 涂层电压值约为 17 mV，而将此涂层覆于导电聚合物表面时，电压值可达 33 ~ 53 mV。这些聚合物系统的效果均不稳定，所以最大功率密度和材料的稳定性均是以后的研究重点。这些仅是初步结果，此领域还有许多工作有待完成。

③金属及其氧化物

金属及其氧化物因具有较高的电导率和生物相容性被应用于 MFC 的电极材料中，目前常用的金属及其氧化物主要包括铁氧化物、铂、镍、银等。Kim 等[25] 将铁氧化物负载在阳极上，MFC 的输出功率就由 8 mW/m^2 提高到 30 mW/m^2，原因是金属氧化物可以促进金属还原菌的生长繁殖，使之在阳极的密度大大增加，从而提高了 MFC 的功率密度。

目前，金属基电极最大的问题在于比表面积小，表面光滑，难以和微生物有效接触。但随着泡沫金属的规模化生产，这种现象得到了有效的改善。Zhang 等[19] 以三维泡沫镍负载石墨烯材料作为藻阴极 MFC 的电极材料，通过扫描电镜发现泡沫镍具有良好的导电性和较大的比表面积，并且表面粗糙，有利于微生物的黏附（图 8-4）。

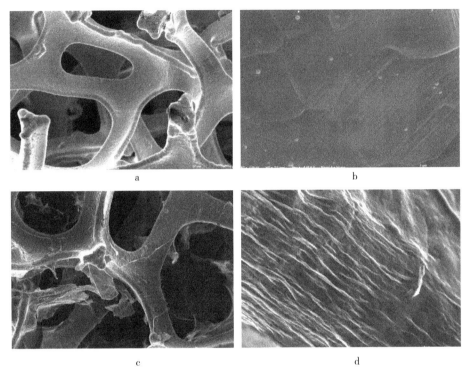

图 8-4　干净泡沫镍与 NF-rGO 在放大 200 倍和 5000 倍条件下的扫描电镜图

3）产电菌及微藻

作为 MFC 的生物催化剂，产电菌是必不可少的。到目前为止，已有数以百计的产电菌被分离出来并应用于 MFC。这些产电菌大多属于蛋白质细菌和蠕动菌。最近的研究表明，MFC 中的产电菌有着多样化的趋势，具有发电特性的微生物仍等待被发现。根据 NCBI 分类学数据库统计，应用于 MFC 中的产电菌见表 8-4。

表 8-4　常见产电菌及其产电效率

类型	属	物种	电流密度	功率密度	参考文献
古菌	*Haloferax*	*H. volcanii*	49.67 μA/cm²	11.87 μW/cm²	[28]
	Natrialba	*N. magadii*	22.03 μA/cm²	4.57 μW/cm²	[28]
蓝藻	*Synechocystis*	*Synechocystis* PCC-6803	NR	72.3 mW/m²	[29]
	Spirulina	*S. platensis*	NR	6.5 mW/m²	[30]
	Nostoc	*Nostoc* sp. ATCC 27893	2300 mA/m²	100 mW/m²	[31]
费米克特		*C. beijerinckii*	1.3 mA/cm²	79.2 mW/m²	[32]

续表

类型	属	物种	电流密度	功率密度	参考文献
	Rhodospirillum	*R. rubrum*	NR	1.25 W/m^2	[33]
	Rhodobacter	*R. sphaeroides*	NR	790 mW/m^2	[34]
α– 蛋白质细菌	*Rhodopseudomonas*	*R. palustris*	0.99 mA/cm^2	2720 mW/m^2	[35]
	Ochrobactrum	*O. anthropic*	708 mA/m^2	89 mW/m^2	[36]
β– 蛋白质细菌	*Acidiphilium*	*A. cryptum*	NR	12.7 mW/m^2	[37]
	Rhodoferax	*R. ferrireducens*	31 mA/m^2	12.9 mW/m^2	[38]
γ– 蛋白质细菌	*Escherichia*	*E. coli*	NR	1304 mW/m^2	[39]
	Shewanella	*S. putrefaciens*	NR	1024 mW/m^2	[40]
	Shewanella	*S. oneidensis*	515 mA/m^2	249 mW/m^2	[41]
	Pseudomonas	*P. aeruginosa*	35 μA/cm^2	NR	[42]
δ– 蛋白质细菌	*Geobacter*	*G. sulfurreducens*	7.6 A/m^2	3.9 W/m^2	[43]
	Geobacter	*G. metallireducens*	125 mA/m^2	26 mW/m^2	[44]
	Geopsychrobacter	*G. electrodiphilus*	6.6 mA/cm^2	NR	[45]
酵母	*Saccharomyces*	*S. cerevisiae*	282.83 mA/m^2	25.51 mW/m^2	[46]
	Candida	*C. melibiosica*	NR	185 mW/m^3	[47]
	Arxula	*A. adeninivorans*	NR	1.03 W/m^3	[48]
真核藻类	*Chlamydomonas*	*C. reinhardtii*	NR	12.95 mW/m^2	[49]
	Chlorella	*C. pyrenoidosa*	NR	6030 mW/m^2	[50]

注：NR 表示文中未测定。

许多古菌都能在高温、盐度等极端环境中生存，这些环境给微生物带来了巨大的压力。在特殊条件下，它们有可能作为 MFC 的致电剂。对两种嗜盐古生菌 *Haloferax volcanii* 和 *Natrialba magadii* 在 MFC 阳极上进行了带电试验。在没有任何外源介质的情况下，最大功率密度和电流密度分别达到 11.87、4.57 μW/cm^2 和 49.67、22.03 μA/cm^2。当加入中性红作为电子介体时，两种古菌的最大功率密度都得到了进一步提高，并且在相同的条件下，其输出功率远高于大肠杆菌[28]。

酸杆菌是生理上多样的嗜酸菌，它们可以在各种环境中找到，并且能够利用广泛的底物。铁还原菌 *Geothrix fermentans* 能够产生电子介体，促进电极内的还原反应。通过对操作条件的优化，发酵菌基 MFC 的电流峰值速率可达 0.6 mA，电子回收率为 97%[51]。从醋酸盐喂养的 MFC 中分离出两个嗜酸性细菌属 Arcobacter。在最大功率密度为 296 mW/L 的 MFC 中，它们约占菌落总数的 90%。在其纯培养中，获得了与 MFC 阳极特异结合的菌株和负电位（–300 ～ –200 mV）的菌株[52]。

蓝藻是光合作用的微生物，是生产生物能源的环境友好的来源。在过去几年里，蓝藻在 MFC 中的应用成为人们研究的热点。基于蓝藻的生物电化学系统被称为光合作用 MFC（PMFC），它以光为动力，通过光驱动水的氧化来发电。不同种类的蓝藻被认为是 PMFC 中的电因子。以集胞蓝藻 PCC-6803 为模型构建了双室 PMFC。该 PMFC 输出功率稳定，最大功率密度为 72.3 mW/m^2[29]。以钝顶螺旋藻为生物催化剂的 PMFC 无须外加原料即可在高开路电压下运行。该 PMFC 获得的最大功率密度达到 6.5 mW/m^2[30]。一种新分离的蓝藻——发菜（*Nostoc* sp.）ATCC–27893 也应用于 PMFC 的阳极，产生的电流和功率密度分别为 250 mA/m^2 和 35 mW/m^2。当加入 1，4– 苯醌作为电子介质时，发电能力显著提高（最大电流密度为 2300 mA/m^2，峰值功率密度为 100 mW/m^2）[31]。以细长的聚球藻为发电剂，研究其对发电的响应。测定了光合作用参数，以阐明电流密度的增加。然而，PMFC 的发电效率仍然非常低。

菲尔米特有厚厚的细胞壁，能耐受严酷的条件，可以从 MFC 阳极的混合培养物中分离出来。然而，电子需要穿过电池壁到达阳极，因此闪锌矿表现出相对较低的电化学活性。酪酸梭菌（*Clostridium Butyricum*）是一株已成功应用于 MFC 的柔韧性菌株。这种严格的厌氧菌可以在很宽的 pH 和温度范围内生长。接种后 10 h 产生最大电流 0.22 mA，进入对数期后迅速下降[53]。同属的贝耶林克氏梭菌也能从廉价的底物（如淀粉和糖蜜）中产生电流密度为 1 ～ 1.3 mA/cm^2 的电能[32]。进一步对甜菜夜蛾进行诱变，最好的突变株在以葡萄糖为碳源，甲基紫精为电子介体的 MFC 中产生最大功率密度 79.2 mW/m^2[54]。从 MFC 的阳极生物膜分离得到一种优势产电菌株，经鉴定为菲米库特热敏可乐属（*FirmiccutThermincola* sp.），它以醋酸为基底产生的平均电流为 0.42 mA，约占整个社区发电量的 70%[55]。

有几种 α 蛋白细菌是光营养细菌，因此也可以应用于 PMFC 中。红色红螺菌（*Rhodospirillum Rubrum*）是第一个用于构建 PMFC 的菌株。该菌的双室 PMFC 可产生的最大功率密度为 1.25 W/m^2。红杆菌属（Rhodobacter）的成员是 PMFC 的良好生物催化剂。其中，球果拟青霉（*R.sphaeroides*）是最有效的一种，在单室 PMFC 中，功率输出达到 790 mW/m²[33]。通过基因改造，进一步提高了球藻的产电能力。两个突变菌株，HPC 和 SDH，能够产生比野生型菌株高 50% 的电流密度。红假单胞菌可以用于生物制氢，也有发电的潜力。当沼泽红曲霉作为 MFC 的阳极生物催化剂时，观察到 2720 mW/m² 的高功率密度[34]。沼泽红假单胞菌固氮酶基因的敲除进一步提高了其还原供电量和发电能力。突变体的功率密度从 11.7 μW/cm² 提高到 18.3 μW/cm²[56]。从一株特殊的 U 型管状培养基中分离到另一株 α– 变构菌——人嗜铬芽孢杆菌（*Ochrobactrum Peopi*）。该菌株的纯培养可产生 89 mW/m² 的电能，以醋酸为底物。利用嗜酸菌 *Acidiphilium cryptum* 在相对较低的 pH 下实现了电力生产。在电子介体的帮助下，输出功率达到 12.7 mW/m²[36]。

铁还原红假单胞菌（*Rhodoferax Ferriduce Ens*）是目前报道的唯一一种 β 蛋白细菌。它是一种兼性厌氧菌，能将电子传递给 Fe^{3+}。铁还原菌 MFC 系统不需要电子介体。在双室 MFC 中，该菌产生的电流密度为 31 mA/m²，以葡萄糖为底物时库仑效率达到 81%[57]。

变形杆菌（*γ-Proteobacteria*）是研究最广泛的电致变种。向凯军等[38] 为了证明微生物可以产生电能，他们用变形杆菌大肠杆菌（*γ-Proteobacteria E.coli*）作为发电剂。大肠杆菌是一种特性良好的模式微生物，具有遗传背景清晰、转基因方便、生长速度快、营养要求低等优点。基因工具被用来改造大肠杆菌以提高其发电能力。在厌氧条件下，大肠杆菌的三羧酸（TCA）循环受到抑制，导致发电效率低下。敲除编码三氯乙酸循环抑制剂的 arca 基因，可以极大地改善 MFC 的性能和功率输出。将内源性甘油脱氢酶在大肠杆菌中高效表达，成功构建了一种阳极生物催化剂。该工程菌能合成电子介体，促进大肠杆菌细胞与电极之间的电子传递。在双室 MFC 中，峰值功率密度达到 1304 mW/m²[38]。破坏大肠杆菌的乳酸途径增加了细胞内还原力水平和电子的产生，这些电子被释放，然后转移到阳极。与亲本菌株相比，观察到的功率输出要高得多。

δ– 变形杆菌包括两个重要的属，即地质杆菌属和地质变色杆菌属，它们中的许多种类都可以应用于 MFC。利用多种有机化合物作为电子供体，地质杆菌具有还原 Fe^{3+} 的能力。硫还原革兰阴性菌是目前分离到的产电菌株中电流最大的一种。它可以附着在电极上，并能长时间存活。在首次研究该菌的发电能力时，硫还原菌利用乙酸乙酯发电，电子回收率为 96.8%。MFC 的最大功率密度达到 1143 mA/m²。然后用恒电位仪对 MFC 的阳极进行平衡，克服了电化学电位的限制，获得了高达 2.26 A/m² 的电流密度[58]，进一步证明硫还原菌能够产生与混合培养相当的功率密度，最大电流密度为 4.56 A/m²，最大功率密度为 1.88 W/m²。混合社区和纯文化之间的电力生产差异归因于

MFC 设计。在另一项研究中，使用简单的选择策略获得当前生产能力增强的硫还原菌的变种，该突变株比野生型菌株更有效。它在 MFC 系统中产生的功率输出为 3.9 W/m^2，电流密度为 7.6 A/m^2，与野生型菌株相比，电流产生能力提高了五六倍[42]。金属还原剂也是从 MFC 器件中分离出来的一种有效的发电剂。在稻田中运行的沉淀型 MFC 中，它占阳极群落的 90%。这些 MFC 可以在发电的同时进行废水处理。当使用接种了金属还原菌的 MFC 处理生活污水时，最大功率和电流密度分别为 26 mW/m^2 和 125 mA/m^2[43]。地致变色杆菌（Geopsychrobacter）是从海洋沉积物 MFC 中分离到的一种重要的致电剂。该菌能在较低温度下生长，并能利用多种有机底物。以苹果酸为底物的电致双嗜菌 MFC 产生的峰值电流密度为 6.6 mA/cm^2，电子回收率为 85.4%[44]。

酵母菌有清晰的遗传背景、快速的生长速度，被普遍认为是安全的，是很好的电气诱导剂候选者。在 Potter 的开创性研究中，酿酒酵母也进行了发电测试。尽管酵母 MFC 的功率输出仍然比细菌 MFC 低，但它们已经受到了新一轮的关注。通过在酵母细胞表面展示葡萄糖氧化酶，构建了一株具有优良电化学活性的酿酒酵母工程菌。与未修饰的酵母相比，其显示出更高的功率输出和电流密度。在最近的一项研究中，以酿酒酵母为发电剂，研究了不同氧化还原条件下底物的产电和降解情况。使用石墨作为阳极，在没有外源介质的情况下，单室 MFC 可以获得更高的电流密度和功率密度。酵母抽提物作为电子介体成功地应用于酿酒酵母 MFC 中，添加酵母膏可以增强酵母细胞在电极上的黏附性。这种双室 MFC 的最大电流密度和功率密度分别达到 300 mA/cm^2 和 70 mW/cm^2[59]。另一株酵母菌（Candida Melibiosica）也被用作 MFC 的生物催化剂，不需要任何外源电子介质就能发电[46]。固定化的异常汉逊酵母细胞在无介体的 MFC 中也被用来作为电子诱导剂，并且在该体系中观察到了有效的电流产生。细胞膜中氧化还原蛋白的存在被认为有助于 MFC 中的直接电子转移。非常规酵母 Arxula Adinivorans 是 MFC 催化剂的另一个选择，它可以通过分泌还原分子将电子转移到阳极。腺食曲霉 MFC 的最大功率密度达到 1.03 W/m^2，是最有效的酵母 MFC 之一。

藻类生物量总是作为 MFC 中发电剂的底物。此外，藻类既可以作为阳极的电子供体，也可以作为阴极的受体。在大多数情况下，藻类被放置在 MFC 的阴极，因为它们可以利用 CO$_2$ 产生 O$_2$，并促进阴极反应。到目前为止，只有莱茵衣藻（Chlamydomonas Rehardtii）和小球藻（Chlorella sp.）在阳极室中作为电试剂进行了测试。通过比较不同的光照强度，在 PMFC 中研究了模式微藻 C.reinhardtii，发现红色 LED 灯 PMFC 产生比蓝光更高的功率密度，并且光强越高，PMFC 的性能越好。将绿藻蛋白核小球藻（Chlorella

Pyrenoidosa) 引入 PMFC 阳极，通过控制培养条件，该藻类无须外加底物即可发电，最大功率密度相对较高，高达 6030 mW/m²[49]。一种新分离的小球藻属（*Chlorella* sp.）。利用 UMACC313 在阳极上形成生物膜，最大功率和电流密度分别达到 0.124 mW/m² 和 2.83 mA/m²[50]。

一般说来，多种微生物都有可能成为 MFC 中的产电菌。图 8-5 显示了基于 16S 或 18S rRNA 序列的 MFC 中典型电致变种的系统发育分析。这些物种可以分为 3 个不同的类群，即古细菌、真细菌和真核生物。根据科、属的不同，真细菌可进一步划分为几个亚组。它们的分类地位与它们的发电能力似乎没有直接关系，它们的电化学活性应该是趋同进化的结果。

16S 或 18SrRNA 序列的基因库登录号为：*A.cryptum*，NR_025851；*A.adeninivorans*，AB018123；*C.melibiosica*，AB013503；*C.reinhardtii*，JN863299；*C.pyrenoidosa*，AB240151；*C.beijerinckii*，LC071789；*C.butyricum*，AB687551；*E.coli*，J01859；*G.metallireducens*，L07834；*G.sulfurreducens*，NR_075009；*G.electrodiphilus*，NR_042768；*G.fermentans*，U41563；*H.volcanii*，NR_028203；*H.anomala*，NG_062034；*M.anaerophila*，LC203074；*N.magadii*，NR_028243；*O.anthropic*，EU275247；*P.aeruginosa*，NR_026078；*R.capsulatus*，NR_043407；*R.sphaeroides*，NR_029215；*R.ferrireducens*，NR_074760；*R.palustris*，M59068；*R.rubrum*，NR_074249；*S.cerevisiae*，KU350743；*S.oneidensis*，NR_074798；*S.putrefaciens*，NR_044863；*S.platensis*，AB074508；*S.elongates*，NR_074309；*Synechocystis* sp.PCC 6803，AY224195；*Thermincola* sp.JR，GU815244

图 8-5　基于 16S 或 18S rRNA 序列的 MFC 中典型电致敏剂的系统发育分析

8.2 微藻 MFC 产电性能

8.2.1 电能产生与计算

（1）电压与电流的产生

对于任何电源来说，人们首先注意到的就是电压。MFC 通常能实现的最大工作电压为 0.3 ～ 0.7 V。电压是外电阻（或是电路负载）和电流 I 的函数，这几个变量之间的关系如下：

$$E=IR_{\mathrm{ex}}。 \tag{8-9}$$

其中，E 表示电池电位（尽管符号 V 和单位伏特可能发生混淆，但 V 也被用做表示电压）。单个 MFC 的电流产生是很小的，所以在实验室，对一个小型的 MFC，并不直接测量电流，而是通过测量外电阻上的电压进而由公式 $I=E/R_{\mathrm{ex}}$ 计算得到电流。MFC 产生的最高电压是开路电压，可以在电路不连通的时候测得（无穷大电阻，零电流），随着电阻减小，电压值减小。功率可以在任何时候由 $P=IE$ 计算得到。

MFC 的电压产生远比对化学电池的理解和预测要复杂得多。在 MFC 中，微生物生长在电极表面需要一段时间，再产生酶或是一些结构来完成电子在细胞外 的传递。在混合培养过程中，各种微生物都能生长，并产生不同的电位。即使是在纯培养中，微生物产生的电位都是不可预测的。但是，根据电子供体（底物）和电子受体（氧化剂）的热力学关系，能产生的最大电压是有上限的，可以计算得到。

（2）能量计算

为了使 MFC 成为有效的产能方法，优化该产能系统非常关键。功率等于电流值乘以电压值，即 $P=IE$。MFC 的输出功率等于测量的电压值乘以通过该电路的电流值：

$$P=IE_{\mathrm{MFC}}。 \tag{8-10}$$

实验室规模的 MFC 产生的电流通过测量该电路在某一负载（如外电阻 R_{ext}）下的电压值，再代入公式 $I=E/R_{\mathrm{ext}}$ 计算而得，因此输出功率为

$$P=E^2_{\mathrm{MFC}}/R_{\mathrm{ext}}。 \tag{8-11}$$

根据欧姆定律 $I=U/R_{\mathrm{ext}}$，输出功率为

$$P=I^2/R_{\mathrm{ext}}。 \tag{8-12}$$

（1）面积功率密度

对于描述特定构造的 MFC 系统的效率，仅仅知道其输出功率是不够的。例如，微

生物用于生长的阳极，其表面积可影响产能。因此，通常将产生的能量通过阳极面积（A_{An}）进行规范，进而得到 MFC 的功率密度，具体如 8-13 所示，

$$P_{An} = E^2_{MFC} / (R_{ext} \cdot A_{An})。 \tag{8-13}$$

（2）体积功率密度

MFC 设计的目标是使系统的总功率输出最大，最终、最重要的因素是基于反应器总体积的功率输出：

$$P_v = E^2_{MFC} / (V \cdot R_{ext})。 \tag{8-14}$$

其中，P_v 为体积功率（W/m³），E_{MFC} 为电池点位（V），V 为反应器总体积（m³），R_{ex} 为外接电阻（Ω）。V 也可以用液体容积来计算，但是在环境工程领域中，更习惯使用反应器的总体积。有些研究者使用阳极体积或者阴极体积来单位化输出功率，但是他们经常忽略这样的事实，即两个电极室对反应器的总体积都有贡献。计算反应器的体积时，通常不计算其供给瓶的体积，但如果细菌是在反应器的外部生长，这部分体积应该计算在内。例如，从一个反应器（1.5 cm³）中得到了 500 W/m³ 的功率密度，但是计算体积中没有包括 100 cm³ 的用于供给细胞生长的容器。此外，空气阴极系统与反应器以外的空气一侧是没有间距的，但是如果电池是堆栈在一起的话，就要在阴极面向空气的一侧留出一定的间距。

8.2.2 库伦效率

产能是运行 MFC 的一个主要目标，即试图尽量多地提取底物储存的电子，尽量多地从系统中回收能量。电子的回收率，也称为库伦效率，即回收的电子与有机物质能提供的电子之比。底物氧化是失电子的过程，转移电子的物质的量是由每种底物（b_e）氧化反应的半反应方程式决定的。计算公式如下：

$$C_E = 回收的电量 / 底物含有的电量。 \tag{8-15}$$

1 A 定义为每秒传递 1 库仑的电荷，即 1 A = 1 C/s。将电流对时间积分，就能得到系统中转化的总的电量。间歇流中的 C_E 可定义为

$$C_E = \frac{M_s \int_0^{t_b} I dt}{F b_{es} V_{An} \Delta c}。 \tag{8-16}$$

其中，Δc 为每一周期底物浓度的变化值，从底物初始浓度 c_0 出发，对于特定的可完全降解的底物如乙酸盐，$\Delta c = c_0 - c = c_0 - 0 = c_0$；$t_b$ 为周期时间；M_s 为底物的摩尔质量；F 为法拉第常数；V_{An} 为阳极室液体体积；I 为时间 t 时的电流。对于复杂的底物，

用 COD 来计算底物浓度比较方便：

$$C_\mathrm{E} = \frac{8\int_0^{t_b} I\mathrm{d}t}{FV_\mathrm{An}\Delta COD}。 \tag{8-17}$$

其中，8 是 COD 计算时的一个常数，基于 O_2 的摩尔质量是 32 g/mol，每摩尔 O_2 还原转换的电子摩尔数 $b_\mathrm{es}=4$。对于连续流 MFC，可用底物的 COD 变化或流体流速来计算 C_E：

$$C_\mathrm{E} = \frac{M_s I}{Fb_\mathrm{es}q\Delta C}。 \tag{8-18}$$

$$C_\mathrm{E} = \frac{8I}{Fq\Delta COD}。 \tag{8-19}$$

MFC 的能量效率是基于系统所回收的能量与底物蕴含的能量的比值。能量效率 η_MFC 定义为电池产生的能量对时间的积分与有机底物燃烧热的比值：

$$\eta_\mathrm{MFC} = \frac{\int_0^t E_\mathrm{MFC} I\mathrm{d}t}{\Delta Hn_\mathrm{s}}。 \tag{8-20}$$

其中，ΔH 为燃烧热（J/mol）；n_s 为底物的物质的量（mol），E_MFC 为时间 t 时的电池电位（V），I 为时间 t 时的电流（A）。特定底物的 ΔH 很容易从参考资料中查到，但一般情况下废水中有机底物的燃烧是未知的。据报道[60-61]，MFC 中易降解有机物的 η 为 2% ～ 50%。与甲烷相比，其热能转化为电能的效率小于 40%。

8.2.3 极化曲线与功率密度曲线

OCV 是 MFC 系统中得到的最大电压，受到特定的微生物种群和阴极 OCP 的限制。对于 MFC 或其他电源，目标就是获得最大的功率输出，在最高电位下获得最大的电流密度。当外电阻无限大的时候，才能得到 OCV。当外阻降低时，输出电压也随之降低。因此，为了在一定的电流范围内得到最大的功率输出，需要在电流密度增大的过程中寻求最小的电压降。极化曲线用来表示电流与电压的关系。改变电路的外阻值，得到相应的电压以及该阻值下的电流值。为了得到极化曲线，在电路中需要使用一系列的电阻值，并在每个电阻值下测量电压值。利用公式 $I=E/R_\mathrm{ext}$ 计算电流，电流密度则是将电流除以电极面积得到（通常是阳极面积），将电压对电流作图得到极化曲线，曲线表征了在一定的电流下，MFC 能得到多大的电压。

Zhang 等[19] 研究了使用泡沫镍负载还原石墨烯（NF-rGO）电极的藻阴极 MFC 产电性能，通过改变藻阴极 MFC 的外接电阻值，得到了在外接不同电阻的条件下，电压的变化情况。计算得到电流密度和功率密度，绘制功率密度曲线和极化曲线，见图 8-6。从极化曲线中可以看出，使用 NF-rGO 电极的藻阴极 MFC 的开路电压明显大于使用 NF电极；使用 NF 电极的藻阴极 MFC 的电压随着电流密度变大而变小的速度比使用 NF-rGO 电极的电池电压变化速度大，说明使用 NF 电极的藻阴极 MFC 的内阻大于使用 NF-rGO 电极，该结果与电化学阻抗谱分析结果一致。当外接电阻值为 1000 Ω 时，使用 NF 电极的藻阴极 MFC 获得最大功率密度，为 4.3 mW/m²；当外接电阻值为 400 Ω 时，使用 NF-rGO 电极的藻阴极 MFC 获得最大功率密度，为 36.4 mW/m²；说明还原石墨烯 /泡沫镍电极能显著提高藻阴极 MFC 的产电能力。

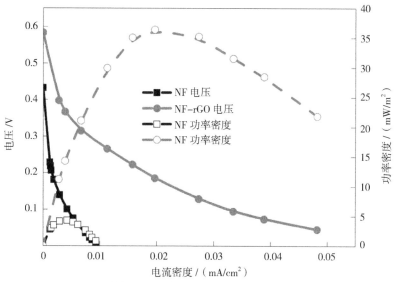

图 8-6　两种电极组成的 MFC 的极化曲线与功率密度曲线

8.2.4　MFC 内阻

极化曲线最显著的特征是在有效电流区域（从一个很低电流密度至最大功率密度之前的区域），电压与电流呈线性关系，从公式（8-21）可知：

$$E_{emf} = OCV^* - IR_{int}。 \tag{8-21}$$

其中，IR_{int} 为 MFC 中总内阻的损失，与内阻和电流成正比。从图 8-7 可知，纵轴的截距并不是 OCV，因为电压在非常低的电流密度区非线性快速下降。这表明公式（8-21）中的纵轴截距 OCV* 是由极化曲线线性部分外推至纵轴得到的 OCV（不是真正的 OCV）。电压与电流的线性关系是 MFC 具有相对高内阻的特征。

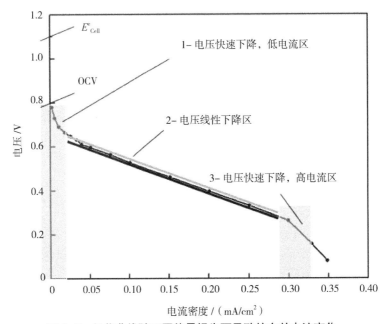

图 8-7 极化曲线随不同能量损失而导致的有效电流变化

测量 MFC 内阻的方法有很多种，包括极化曲线斜率法、功率密度峰值法、交流阻抗法（EIS）及电流中断法。前两种方法非常容易实现，能快速测定 MFC 的内阻。但通常推荐使用的是后两种方法，因其比较准确，但是它们都需要恒电位仪。

极化曲线斜率法：将电压与电流作图，得到的直线的斜率即为 K_{int}。因此，只要极化曲线呈线性关系，将很容易得到 MFC 的内阻。

功率密度峰值法：当外阻与内阻值相同时，得到功率密度的最大值。因此，当得到能量输出的峰值时，可通过观察其对应的外阻来确定反应器的内阻。

交流阻抗法：与前面的两种方法相比，研究者们更愿意利用 EIS 测量 MFC 的内阻。为了得到内阻的数据，实验中需要恒电位仪和 EIS 软件。EIS 是基于工作电极上微小电流正弦曲线的信号重叠实现的。通过改变一定范围内（通常为 $10^{-4} \sim 10^{6}$ Hz）正弦信号的频率，将测量到的电极阻抗作图，就会得到内阻的详细信息。

Zhang 等[19] 采用三电极电化学工作站，以氧化汞电极为参比电极，铂片为对电极，6 M 氢氧化钾为电解液，干扰电压和频率范围分别设置为 5 mV 和 100 000 Hz ∼ 0.01 Hz，测定了两种不同电极的 EIS 图，从图 8-8 中可以看出，NF-rGO 的斜率大于 NF，说明 NF-rGO 的电解质离子扩散 / 流动阻力小于 NF。在图 8-8 中，NF 的半圆直径大于 NF-rGO，说明 NF 的界面电荷传递阻力大于 NF-rGO。基于以上分析，说明 NF 的电阻大于 NF-rGO。

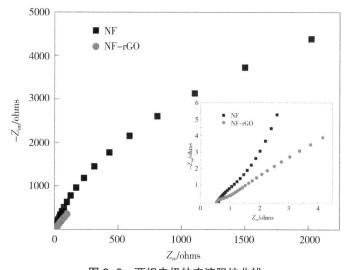

图 8-8　两组电极的交流阻抗曲线

电流中断法：因电流中断后需要快速（微秒级）精确测定电位，故实验中需要使用恒电位仪。MFC 必须在稳态下操作，这样就不会产生浓差极化。为了应用该方法测量内阻，需要将电路开路至电流为 0，最初的电压急剧上升，之后会出现一个较慢的持续上升电压，最终将达到 OCV，见图 8-9。由于欧姆损失与电流成正比，因此，当电流被中断后，欧姆损失立即消失，电位的突跃（E_R）和中断之前的电流（I）及 R_0 成正比。欧姆内阻可由欧姆定律计算得到，即 $R_0 = E_R/I$。在此后电压逐渐达到 OCV 的过程中电位缓慢增加（EA），表面输出电流的同时产生了非常明显的电极过电位。

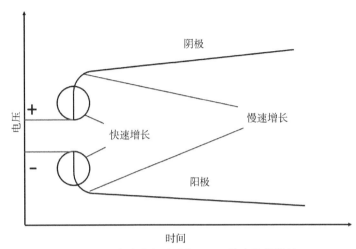

图 8-9　电流中断法分析 MFC 的电化学特性

8.2.5　产电影响因素

（1）pH 值

MFC 阴极中的细菌需要中性的 pH（6～8）才能获得最佳的代谢活性。底物在阳极室被细菌分解，转化为电子和质子。电子向阴极的运动导致阳极室 pH 升高。高 pH 干扰了细胞内的生理活动，导致发电能力下降。然而，在双室空气阴极或单室 MFC 的情况下，虽然 pH 对阳极和阴极的氧化还原反应都有影响，其中 pH 在一定程度上抑制了阳极室的细菌活性，但阴极的还原反应可能是有利的，因为通过负载催化剂和添加缓冲液，如铂、碳酸盐、硼砂、磷酸盐、CO_2、Zwitter 离子缓冲液、盐水阴极液，MFC 的整体性能得到了改善。

（2）溶解氧

藻类光合作用产生的氧气是通过阴极过程生产生物电力的一个非常吸引人的特征。从已发表的以光合微生物为能量阴极的研究中，几乎所有的结论都表明，阴极还原反应有利于光合作用获得氧气。阴极室中氧作为电子受体被还原，这一点可以通过藻类的纯培养研究得到明确证明。对阴极中蓝藻的研究首次证明了光合微藻也可以催化阴极还原反应。与非生物阴极相比，通过曝气来获得一定的溶解氧水平，电流密度提高了 2.5 倍，生物阴极产生的活性氧物种（如超氧阴离子自由基、过氧化氢）充当发电的电子受体。

（3）温度

由于温度（20～35 ℃）有效地提高了微生物的最适生长速率，促进了生物膜

（Biofilm）的形成，因此微生物培养过程中生物活性的参与使温度成为最重要的因素。高温下的 MFC 过程在动力学、内阻和传质速率方面表现出良好的性能，从而产生高能量和高柱效，有研究表明 35 ℃ 是最佳工作温度。学者们研究了昼夜温差（18/30 ℃）和夜间温差（6/18 ℃）对发电的影响，也得出了类似的结论与研究成果，观察到18/30 ℃交替比恒温 30 ℃更高的功率密度。然而，较高的操作温度会影响基材和膜的表征。温度越高，衬底的氧化速率越高。随着温度的升高，MFC 阳极的能量输出先增加后达到平台期，这是因为温度的升高刺激了 MFC 阳极中细菌的生化活性，这与底物利用率的提高是相互依赖的。较高的温度（20 ～ 60 ℃）增加了膜的电导率，降低了欧姆电阻。功率密度在 30℃时达到最大值，并随温度的进一步升高而保持稳定。

（4）光照

在 MFC 的海藻辅助阴极的情况下，光照强度、光源和光周期可以影响光合作用的性能，进而影响发电，这些都与藻类的生物活性有直接的联系。不同光照强度对含结丝线虫藻阴极 MFC 的影响进行了调查。结果表明，改变光照强度，进而改变功率密度，对内阻有很大的影响。其他几项研究表明，随着光照强度的增加，发电量显著增加，这可能通过提高 DO 产生而有利于阴极接受电子。然而，有研究得出了相反的结论，具有光合作用阴极的 MFC 存在最佳光照强度，这与藻类种类和操作条件有关。同时，有研究证明红光比蓝光具有更高的功率密度，且光照强度越高，能量越大。此外，光周期也被认为是 MFC 发电的一个重要因素。最近的一项研究表明，最佳的明 / 暗周期降低了内阻，增加了发电量。研究发现，增加光和暗周期的频率会减少藻类生物量和电力的产生。这些结果表明，适当的暗期对于藻类阴极 MFC 是非常重要的。

8.2.6 MFC 中微生物群落分析

利用高通量焦磷酸测序和克隆文库分析 MFC 阳极污泥的群落多样性结构。具体测定方法是：先从污泥生物量中提取 DNA，再利用 PCR 技术扩增 16S rRNA 基因。根据测试结果，可以得知待测样品在界、门、纲、目、科、属、种分类学上的分类及相对含量情况。

阳极材料的性质对细菌的黏附和电子传递起着至关重要的作用，进一步影响了阳极细菌的群落结构，因此，阳极电极的改性能够直接影响 MFC 的产电能力。Zhang 等[19]测试了 MFC 中群落多样性测试，结果如图 8-10 所示，阳极微生物群落主要分为 4 种，分别为变形菌、拟杆菌、放线菌和厚壁菌，说明这 4 种主要的细菌具有发电和去除有机物的潜力。在两组 MFC 中，变形菌均为优势种群，只是比例不同。但是由于没有已知的细菌既能代谢有机物质又能将电子转移到细胞外，因此，为了实现阳极的连续运行，各种群之间必然存在一种共生关系。

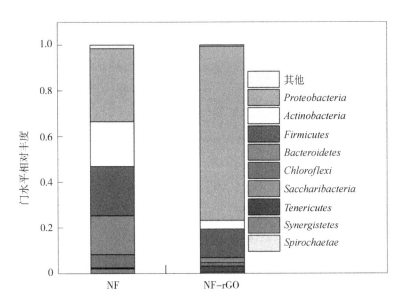

图 8-10 吸附试验后阳极活性污泥的微生物群落分布

8.3 微藻 MFC 环境治理

8.3.1. 脱氮除磷

磷和氮元素在自然界中的生物生命活动中占有重要的地位，它们是所有生命体不可缺少的元素。微生物在生长代谢过程中会摄取一定量的氮和磷，MFC 中含有一定量的微生物，且这些微生物是 MFC 重要组成部分，也是 MFC 产电的关键所在，所以每个 MFC 在运行过程中对废水中氮磷都有一定的去除效果。

（1）脱氮

目前，微藻 MFC 脱氮原理是基于传统的生物脱氮原理发展而来，主要包括以下两种途径：同步硝化反硝化及厌氧氨氧化。

1）阳极厌氧氨氧化

厌氧氨氧化（anaerobic ammonium oxidation，Anammox）是厌氧条件下厌氧氨氧化菌（Anaerobic ammonia oxidizing bacteria，AAOB）利用氨氮（NH_4^+—N）作为电子供体，

还原亚硝态氮（NO_2^-—N），将含氮类污染物转化为氮气的技术。He 等 [62] 以氨作为 MFC 唯一能源，结果显示，向一个不含有机燃料的 MFC 中投加 NH_4Cl 可以刺激产电，而投加 NaCl、$NaNO_3$ 和 KNO_2 却不能，而且随着 NH_4Cl 投加量的增加，MFC 电流高峰达到了 0.078 mA。以 PCR 技术检测得知，阳极和阴极表面均附着有氨氧化菌（Ammonia oxidizing bacteria，AOB），由此推测氨能够直接（硝化菌直接以 NH_4^+—N 为燃料产电）或间接（硝化细菌通过化能自养代谢过程合成有机物为异养产电菌提供能源）作为 MFC 电子供体使其产电。

2）藻阴极同步硝化反硝化

传统的 MFC，其阴极可以利用 *Geobacter metallireducens* 等自养反硝化菌来直接还原硝态氮（NO_3^-—N），但不能去除 NH_4^+—N。基于以上研究背景，Sun 等 [63] 将藻引入 MFC 的阴极，与反硝化菌联合处理含氮废水，达到了同步硝化反硝化的效果，有效地去除了氮类污染物。具体的机制如图 8-11 所示，当处于光照下时，藻类通过光合作用产生 O_2 来氧化 NH_4^+—N 生成 NO_x—N。而当光照消失时，O_2 被微藻及细菌消耗，形成厌氧环境，反硝化菌将氧化的 NO_x—N 还原成氮气而去除。反应方程式如下：

$$2\,NH_4^+ + 3O_2 \rightarrow 2\,NO_2^- + 4\,H^+ + 2H_2O。 \tag{8-22}$$

$$2\,NO_2^- + O_2 \rightarrow 2\,NO_3^-。 \tag{8-23}$$

$$5C_6H_{12}O_6 + 24\,NO_3^- \rightarrow 12\,N_2 + 30\,CO_2 + 18H_2O + 24\,OH^-。 \tag{8-24}$$

$$2\,NO_3^- + 12\,H^+ + 10\,e \rightarrow N_2 + 6H_2O。 \tag{8-25}$$

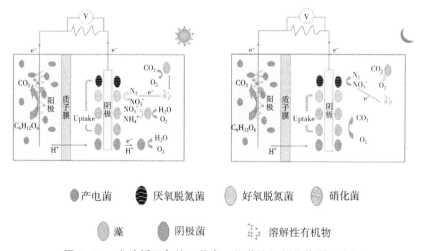

图 8-11　光暗循环条件下藻类 – 细菌生物催化体脱氮途径

（2）除磷

常规的 MFC 除磷机制是在阴极附近的高 pH 区域的水被电解成 H⁺ 和 OH⁻ 后，H⁺很快就被阴极室还原反应利用，阴极附近聚集了很多 OH⁻，使得磷污染物以磷酸铵镁沉淀的形式被去除，但这种去除方式的效率较低。

有研究发现，当藻引入到 MFC 阴极时，藻可以通过特异性吸附达到增强除磷的效果。Li 等[64]采用小球藻（*Chlorella* sp. QB-102）作为微生物燃料电池的阴极，结果发现通过添加磷源，有效地促进了藻的生长。不同初始磷浓度下小球藻 QB-102 的生长曲线见图 8-12。数据显示常规增长趋势，指数阶段持续从第 3 天到第 16 天。经过 17 d 的培养，细胞进入稳定阶段，在营养缺失的情况下，所有培养物的生物量都保持不变。结果表明，海藻生长速率随磷浓度的增加而增加，在 280 mg/L 处达到峰值，然后在进一步提高磷浓度至 580 mg/L 时下降，说明 280 mg/L 磷是 QB-102 生长的最佳磷浓度。在 280 mg/L P 浓度下，培养第 17 天的最大生物量浓度为 1.90 g/L。

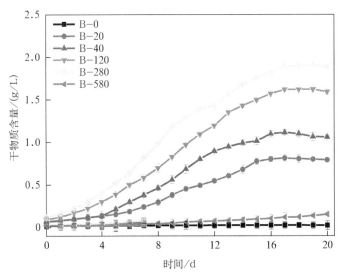

图 8-12　不同磷浓度培养下小球藻的生长曲线

进一步研究发现，不同初始磷浓度培养后 17 d 小球藻 QB-102 的除磷率见表 8-5。从 0 到 280 mg/L，在任何 P 浓度下，P 的去除率几乎为 100%，而在 580 mg/L P 浓度下，P 的去除率为 1.7%。研究还发现，植物对磷的吸收能力随着初始磷浓度从 0 到 280 mg/L 的增加而增加，然后随着磷浓度的增加而降低，而干藻生物量中总磷的含量证明了植物对磷的吸收能力。在 280 mg/L P 浓度下，最高吸磷能力为 32.95 mg/g，TP 含量为

34.06 mg/g。结果表明，小球藻 QB-102 可以耐受大范围的磷浓度，实现较高的生物量产量和较高的磷去除率。

表 8-5　不同磷浓度培养 17 d 后小球藻 QB-102 的生物量产量和除磷能力

K$_2$HPO$_4$ 浓度 /（mg/L）	生物质 /（g/L）	TP 生物质 /（mg/g）	TP 去除率 /%	P 吸收 /（mg/g）
0.00	0.02	0.35	> 99	0.00
20.0	0.81	5.71	> 99	5.52
40.0	1.11	8.35	> 99	8.05
120	1.62	17.53	> 99	16.59
280	1.90	34.06	> 99	32.95
580	0.09	25.57	< 1.7	24.56

8.3.2　有机物的去除

　　水体中除含有无机污染物氮磷外，更含有大量的有机污染物，它们以毒性和使水中溶解氧减少的形式对生态系统产生影响，危害人体健康。特定有机污染物是指那些毒性大、积累性强、难降解、被列为优先污染物的有机化合物，其品种多、含量低。现有的水体有机污染物主要包括有机农药、多氯联苯、酚类化合物、石油类污染物等，广泛存在于生活污水和工业废水中。MFC 是近年来发展起来的一种从废水有机污染物中回收电能的生物技术，在废水可持续处理方面有着广阔的应用前景。

　　MFC 的阳极可以生物降解有机物如乙酸、葡萄糖、纤维素和脂肪酸等，将其转化为电能。而实际废水中含有大量的有机物，这样废水就可以作为 MFC 阳极液，MFC 就成为一种废水处理装置。目前，MFC 已被学者应用于废水处理领域。一般来说，由于MFC 阳极的特性，阳极处理的废水主要为易生物降解的有机废水，例如市政废水、垃圾渗滤液、养殖废水和印染废水等[65-68]。MFC 的阴极可以接收阳极传递的电子，从而可以还原硝基苯、氯代有机物等难降解污染物。

　　当微藻引入到 MFC 的阴极时，其可通过光合作用，利用阳极有机物分解产生的CO$_2$ 生成 O$_2$。这一方面可以减少 MFC 向环境中排放 CO$_2$，增加藻类生物质能；另一方面，生成的 O$_2$ 可以作为阴极的电子受体，促进产电和污染物的降解（图 8-13）。

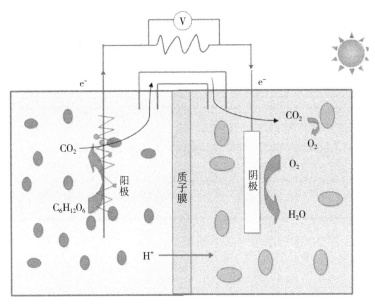

图 8-13　藻阴极去除污染物机制

8.3.3　重金属的去除

金属污染指由重金属或其化合物造成的环境污染，如日本的水俣病就是由重金属汞污染所引起的。其危害程度取决于重金属在环境、食品和生物体中存在的浓度和化学形态。重金属污染主要表现在水污染中，还有一部分是在大气和固体废物中。金属的氧化还原电位较高、化学反应速率较快，因此可以作为 MFC 的电子受体。目前，将MFC 应用于脱除水中重金属的研究较多，并取得了较好的效果。根据已发表的成果，常用于去除重金属的 MFC 构型有双室和三室。

在双室 MFC 中，重金属主要以离子形态存在于阴极溶液中，阴极脱除重金属的方式主要包括以下两种：一种是发生还原反应，毒性较强的高价态重金属离子转化为毒性较小的低价态形式（如六价铬转化为三价铬）或者生成固体形态进行回收（如铜离子生成铜单质等），具体的还原反应可以细分为以下 3 种方式：①重金属离子直接接收电子被还原；②重金属离子借助介质接收电子被还原；③重金属离子与中间还原产物发生还原反应，通过还原反应脱除重金属的方式对氧化还原电位较高的重金属离子去除效果更佳；另一种是与阴极的还原产物相结合，生成沉淀。孙彩玉等[69]将重金属离子作为 MFC 阴极的电子受体，探究通过这种方式实现脱除水中重金属离子的可行性，当阴极为 Ag^+ 溶液时，MFC 具有较好的电能输出，且 Ag^+ 的去除率最大为 72%。

将微藻引入到双室 MFC 阴极中后，去除重金属的途径除了氧化还原外，还兼具生物吸附作用。Zhang 等[19]以小球藻为生物阴极去除废水中的镉离子，结果发现镉离子的去除主要是通过藻的吸附作用。他们首先测试了吸附镉离子对藻阴极 MFC 的产电性能影响，结果见图 8-14。

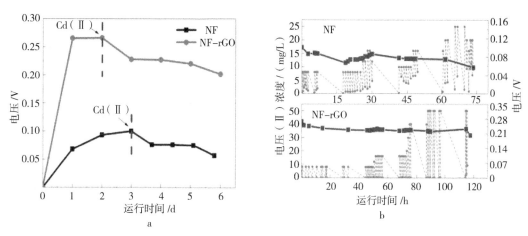

图 8-14　藻阴极微生物燃料电池在运行和吸附过程中的电压变化情况（a）；
在流动浓度下，Cd（Ⅱ）的去除效果和藻阴极微生物燃料电池的电压变化情况（b）

在图 8-14b 中，Cd（Ⅱ）吸附试验开始时，电压略有下降，随着镉离子的连续添加，电压相对稳定下来。使用 NF-rGO 电极的藻阴极 MFC 对 Cd（Ⅱ）去除率在整个吸附过程中均保持在 95% 以上。使用 NF 电极和使用 NF-rGO 电极的 MFC 阴极在 Cd（Ⅱ）累积浓度分别加到 25 mg/L 和 50 mg/L 后，超出藻细胞耐受范围，藻细胞失去活性，电压急剧下降，镉离子的吸附量也随之降低。研究发现，使用 NF-rGO 电极的藻阴极 MFC 中的藻细胞对 Cd（Ⅱ）的耐受浓度可高达 50 mg/L，远远高于使用 NF 电极的 MFC 的阴极藻。此外，使用 NF-rGO 电极的 MFC 在吸附过程中电压稳定在 0.25 mV 左右。使用 NF 电极和使用 NF-rGO 电极的 MFC 的终点电压分别降低 43% 和 24%。通过以上分析可以发现，rGO 修饰电极用于藻阴极 MFC 可以提高产电能力，稳定 Cd（Ⅱ）吸附试验过程中的电压，延长藻阴极 MFC 的自维持时间。

进一步的吸附等温线如图 8-15 所示。图 8-15a 显示，使用 NF-rGO 电极的藻阴极 MFC 对 Cd（Ⅱ）的吸附速率比使用 NF 电极的 MFC 快，这可以解释为使用 NF-rGO 的藻阴极 MFC 能够产生更大的电压。图 8-15b 是使用 NF 电极和使用 NF-rGO 电极的藻阴极 MFC 对 Cd（Ⅱ）吸附等温线结果。使用 NF 电极和 NF-rGO 电极的藻阴极 MFC 对 Cd（Ⅱ）的饱和吸附量分别约为 40 g/m² 和 115 g/m²。很明显，使用 NF-rGO 电极的藻阴极 MFC 对 Cd（Ⅱ）的饱和吸附量是使用 NF 电极的 3 倍左右。

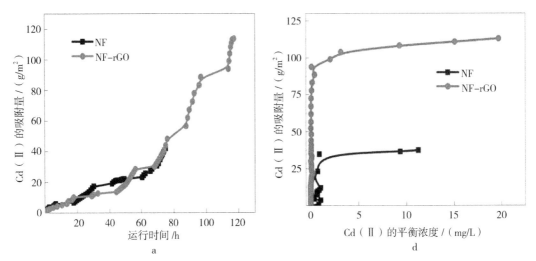

图 8-15 使用 NF 电极和 NF-rGO 电极的藻阴极微生物燃料电池对镉离子的吸附动力学曲线（a）；
使用 NF 电极和 NF-rGO 电极的藻阴极微生物燃料电池对镉离子的吸附等温线曲线（b）

采用扫描电镜和能谱仪对吸附 Cd（Ⅱ）后的阴极电极进行表征，观察藻生物膜的形成状态和镉离子的吸附情况。从图 8-16a 至 d 中可以看出，小球藻 sp. QB-102 的球面直径约 2 μm，它们均匀地分布在电极 NF 和 NF-rGO 上，且在电极 NF-rGO 上的附着密度大于在电极 NF 上。结合图 8-16 可知，rGO 附着在泡沫镍表面形成的褶皱比普通泡沫镍的光滑表面更有利于藻的附着。从图 8-16e、f 可以看出，电极表面覆盖了一层镉离子，在藻聚集的位置镉离子富集程度较高，表明藻参与了镉离子的吸附。

图 8-17 为吸附试验后阴极电极上 Cd 元素的 X 射线光电子能谱图。Cd3d 图谱可以被分为 $Cd3d_{5/2}$ 和 $Cd3d_{3/2}$ 两组对称峰。位于 405.32 eV（405.43 eV）的分峰 $Cd3d_{5/2}$ 峰，对应的物质是 Cd（OH）$_2$，说明镉离子与羟基发生了络合反应。位于 412.13 eV（412.23 eV）处的分峰是 $Cd3d_{3/2}$ 的峰位，与 NIST XPS 数据库所对应的 Cd（OH）$_2$ 化合物的检测结果一致。这两组 Cd3d 分峰可以解释为 Cd（OH）$_2$ 在两种不同的化学环境中的存在形式。这两种 Cd（OH）$_2$ 一种在电极表面，另一种附着在电极上的藻的表面。说明除藻吸附外，氢氧化物沉淀是藻阴极 MFC 去除 Cd（Ⅱ）的主要途径。实验过程中，生物阴极的 pH 值稳定在 8 左右（数据未显示），说明氢氧根离子的生成过程与 Cd（OH）$_2$ 的生成过程是同步的。阴极中的氧化还原反应有两种主要途径：四电子途径［见公式（8-26）］和二电子途径［见公式（8-27）］，其中二电子途径的副产物 HO_2^- 会通过途径 [见公

式（8-28）]还原或通过途径[见公式（8-29）]分解，一般来说，二电子途径不如四电子途径有效。但实际上，由于混合的潜在效应和污染物质的存在，过氧化氢形成的概率也很高。因此，藻阴极 MFC 可连续发电，镉离子沉淀可持续发生[见公式（8-30）]。

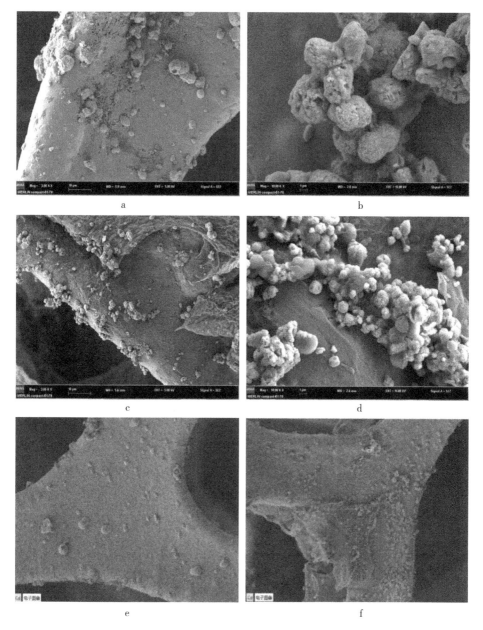

图 8-16　吸附试验后阴极电极 NF（a、b）和 NF-rGO（c、d）分别放大 3000 倍和 10 000 倍的扫描电镜图像以及阴极电极 NF（e）和 NF-rGO（f）的能谱图

$$O_2 + 4H^+ + 4e^- \rightarrow 4H_2O_\circ \tag{8-26}$$

$$O_2 + 2e^- + H_2O \rightarrow HO_2^- + OH^-_\circ \tag{8-27}$$

$$HO_2^- + H_2O + 2e^- \rightarrow 3OH^-_\circ \tag{8-28}$$

$$2HO_2^- \rightarrow 2OH^- + O_2_\circ \tag{8-29}$$

$$Cd^{2+} + 2OH^- \rightarrow Cd(OH)_2_\circ \tag{8-30}$$

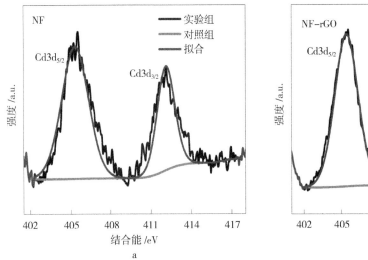
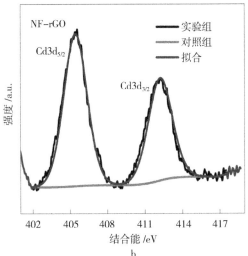

图 8-17 吸附试验后电极 NF（a）和 NF-rGO（b）的 X 射线光电子能谱图

（1）三室 MFC 的构建与运行

三室 MFC 是在传统的双室 MFC 中添加一个废水处理室，被广泛地应用于海水淡化和重金属去除。笔者的研究工作中，用 3 个透明的有机玻璃立方体腔体组成的三腔藻类阴极 MFC 进行了实验研究，包括阳极室、废水室和阴极室。这 3 个小室是用一片阴离子交换膜（AEM，AMI-7001，Memages International，Ringwood，NJ，USA）和阳离子交换膜（CEM，Nafion 117，美国杜邦公司）在 30% H_2O_2（v/v）中煮沸，然后 0.5 M H_2SO_4，用去离子水冲洗 1 h，再用去离子水分离出来的，这两块膜在 1 M KNO_3 溶液中浸泡 24 h，阳离子交换膜在 30% H_2O_2（v/v）中煮沸，然后用 0.5 M H_2SO_4 和去离子水冲洗 1 h。AEM 和 CEM 的有效面积均为 8 cm^2（高 2 cm × 长 4 cm），分别位于阳极室与废水室之间和废水室与阴极室之间，阳极室内容积为 220 mL，废水室内容积为 125 mL，阴极室内容积为 500 mL。将硅胶板放置在腔室和膜之间，并用紧固件将各部分夹紧在一起，以防止溶液泄漏。所有的房间都保持气密。石墨烯/煤层状双氢氧化物复合材料（2 cm×4 cm）作为阳极和阴极的电极材料，并通过压片机连接到钛丝上。阳极和阴极与膜相邻放置距离为 3 cm。将 1～9999.9 Ω 的外电阻盒用钛线连接成阳极和阴极之间的电路，两边用钛线连接到数据采集系统（NIUSB-6008National Instruments，美国），通过计算机以 1 min 的间隔自动记录输出电压。使用硅胶管将 CO_2 从阳极转移到阴极室，从阴极室的顶部插入溶解氧探针。Ag/AgCl 电极（SCE，CH 仪器，中国上海）插入所有腔室作为参比电极。用于注入和提取水样的取样孔位于腔体顶部。进水口和出水口分别位于每个腔室的底部和顶部。装置的实物及示意见图 8-18。

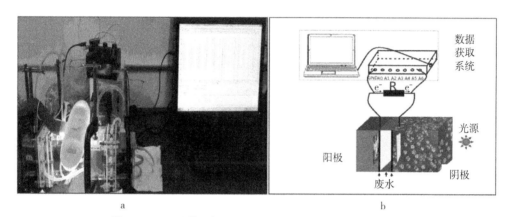

图 8-18 三室藻阴极 MFC 实物（a）及其结构示意（b）

考察了空气阴极（AC-MFC）、BG-11 培养基中藻类阴极（ACB-MFC）（40 mg/L P）和高磷（280 mg/L P）培养基中藻类阴极（ACP-MFC）的发电性能和对 Pb(II) 的去除性能。启动后，进行了在外阻下发电量和电化学性能（CV 和 EIS）的测试，结果如图 8-19 的 a、b 和 c 所示。结果表明，ACP-MFC 的输出电压（62.15～818.00 mV）明显高于 ACB-MFC（41.07～611.32 mV）和 AC-MFC（5.42～20.03 mV），表明在高磷条件下培养的藻类生物阴极的电压输出有显著提高，其在催化阴极反应方面优于其他生物阴极。此外，ACP-MFC 的最大功率密度为 672.13 mW/m²，几乎是 ACB-MFC（345.10 mW/m²）的 2 倍，而 AC-MFC 的功率密度几乎为零。另外，极化曲线表明，ACB-MFC 的内阻（包括扩散电阻和电荷转移电阻）（600.1 Ω）远小于另外两个反应器（750.0 Ω，AC-MFC；691.4 Ω，AC-MFC）。因此，藻类阴极在高磷培养 MFC 中有效降低了系统内阻，提高了系统性能，表现为发电量提高。CVS 表明，ACP-MFC 产生的最大电流密度（7.34 A/m²）高于另外两种反应器结构（5.54 A/m²，ACB-MFC；0.72 A/m²，ACP-MFC）（图 8-19c），以及更高的闭合曲线区域。EIS 测试表明，ACP-MFC 的半圆形直径大于 ACB-MFC，说明 ACP-MFC 的电荷转移电阻大于 ACB-MFC。

图 8-19 d 显示 ACP-MFC 有最高的发电量和 Pb（Ⅱ）去除率。在初始浓度为 150 mg/L 的条件下，300 min 以内，ACP-MFC 的去除率 [18.3 mg/（L·h）] 明显高于 AC-MFC [17.5 mg/（L·h）] 和 ACB-MFC [0.12 mg/（L·h）]（表 8-6）。在 Pb（Ⅱ）浓度达到平台期后，DO 达到最低值，然后逐渐增加。这些结果表明，用高磷生物阴极培养的藻类对 Pb（Ⅱ）的去除效果是通过促进 MFC 阴极室的电化学还原实现的。藻类生长速度越快，O$_2$ 浓度越高，对 Pb（Ⅱ）的去除率越高。与现有的 MFC 进行比较，TCAC-MFC-ACP 具有更高的处理效率，是一种理想的，可以同时用于生物发电和除 Pb（Ⅱ）技术。

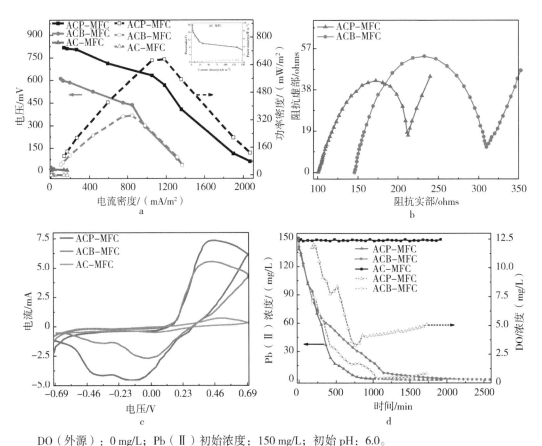

DO（外源）：0 mg/L；Pb（Ⅱ）初始浓度：150 mg/L；初始 pH：6.0。

图 8-19　不同 MFC 对 Pb（Ⅱ）的去除及电学表征：极化曲线（a）、交流阻抗分析（b）、循环伏安（c）、不同阴极的除铅（d）

ACP-MFC 中发生的反应：

$$O_2+4H^++4e^- \rightarrow 2H_2O, \quad E°=1.229\ V。 \tag{8-31}$$

$$O_2+2H^++2e^- \rightarrow H_2O_2, \quad E°=0.695\ V。 \tag{8-32}$$

$$O_2+2H_2O+4e^- \rightarrow 4OH^-, \quad E°=0.401\ V。 \tag{8-33}$$

$$M^{2+}+2OH^- \rightarrow M(OH)_2 \downarrow。 \tag{8-34}$$

表 8-6 不同条件下 PAMFC 或 MFC 对 Pb（Ⅱ）的去除性能

参数	PAMFC-APB	PAMFC-AB	MFC-AC
Pb（Ⅱ）去除率（300 min 以内）/［mg/（L·h）］	18.3	17.5	0.12
Pb（Ⅱ）去除率（超过 300 min 以内）/［mg/（L·h）］	2.16	1.72	0.113
$U_{anode/V}$		12.81	
内阻/Ω	600.12	691.37	750
型号	PAMFC-50.0	PAMFC-100	PAMFC-150
R^2	0.995	0.9738	0.9658
k	0.038	0.024	0.023
型号	PAMFC-160	PAMFC-180	PAMFC-200
R^2	0.9276	0.9897	0.9877
k	0.01	0.001	2.57E-04

（2）运行条件优化

1）初始 pH

阴极液中的 pH 对溶解氧有重要影响。用 ACP-MFC 考察初始 pH 对发电量和 Pb（Ⅱ）去除率的影响，结果见图 8-20。从图 8-20a 可以看出，在 pH8.33 时，最大功率密度为 408.85 mW/m²，电流密度为 922.92 mA/m²，电位为 443.00 mV，略高于 pH7.38 时（最大功率密度为 396.03 mW/m²，电流密度为 908.33 mA/m²），是 PH 为 5.52 时（电流密度为 770 mA/m²，最大功率密度为 355.74 mW/m²）和 pH 为 9.12 时（电流密度为 269.96 mA/m²，最大功率密度为 21.87 mW/m²）时的近 20 倍。可见阴极最大功率密度和最大电流密度随阴极液 pH 值的增加而增加，在 8.33 左右达到峰值，然后下降。这些结果表明，电流密度和最大功率密度的提高与 pH 密切相关。然而，在没有外部电源的

情况下，产生的功率和电流主要依赖于生物阴极中的电子受体［如 Pb（Ⅱ）和氧］。

如图 8-20b 所示。在初始 pH 为 8.33 时，Pb（Ⅱ）去除率最高。此外，在初始浓度为 150 mg/L，pH 为 8.33 的条件下，Pb（Ⅱ）的去除率随 pH 升高先升高后降低，峰值为 14.77 mg/（L·h），与电流密度的变化规律一致。结果表明，较高的电位促进了 Pb（Ⅱ）在电极上的吸附。此外，阳极的 CE 受生物阴极 pH 值的影响不大，始终稳定在 5.0% 左右，而阴极中的 CE 在 pH 值为 8.33 时达到最大值 25.67%。因为通过增加藻类生长和光合速率来增加溶解氧，会导致生物阴极室 pH 较高。在 pH8.33 的情况下，Pb（Ⅱ）以氢氧化物沉淀的形式去除。由于在碱性环境中（pH 为 8.33）达到了最佳的 Pb（Ⅱ）去除效果，并且考虑到 Pb（Ⅱ）的理论标准还原电压 –0.130 V（8-36）小于 0.401 V（8-33）的氧气和 –0.289 V（8-35）（vs SHE）的乙酸钠。从热动力学的角度来看，阴极电解液中的 pH 值直接影响到 TCAC-MFC-ACP 中的氧化还原反应与乙酸钠的氧化反应，进而影响到 Pb（Ⅱ）的去除效果和产电性能。

$$CH_3COO^- + 4H_2O \rightarrow 2HCO_3^- + 9H^+ + 8e^-，E^\circ = -0.289 \text{ V}。 \tag{8-35}$$

$$Pb^{2+} + 2e^- \rightarrow Pb，E^\circ = -0.130 \text{ V}。 \tag{8-36}$$

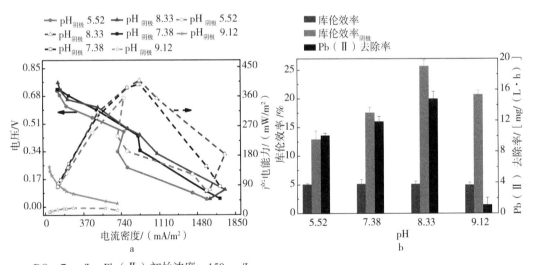

DO：7 mg/L；Pb（Ⅱ）初始浓度：150 mg/L。

图 8-20　不同初始 pH 条件下 ACP-MFC 对 Pb（Ⅱ）的去除及电性能研究：不同初始 pH 下 ACP-MFC 阴极极化曲线（a）；Pb（Ⅱ）去除率和库仑效率（b）

2）溶解氧

图 8-21a 评估了生物阴极隔室中 DO 对 Pb（Ⅱ）去除的影响。在 DO 值分别为 0、1、7 和 12 mg/L 时，Pb（Ⅱ）去除率最大值分别为 1.09、13.82、17.17 和 15.38 mg/（L·h），

这表明在阴极电解液中 DO 增加，Pb（Ⅱ）的去除增加，并且在 DO 值为 7 mg/L 时达到峰值，然后下降。CE 和 CE 阴极随着 DO 浓度的增加而持续增加，并且在 DO 12 mg/L 时分别达到最大值 14.82% 和 23.02%。这些结果表明，较高的溶解氧（12 mg/L）降低了 Pb（Ⅱ）的去除，但对 CE 阴极和 CE 有益。TCAC-MFC-ACP 的生物阴极中最佳的 DO 浓度为 7 mg/L。

图 8-21b 评估了生物阴极中 DO 对发电的影响。在 1183.33、920.80、596.67 和 103.33 mA/m² 的电流密度下，最大功率密度分别为 672.13、407.01、213.61 和 3.20 mW/m²，对应 DO 值分别为 12、7、1 和 0 mg/L。在没有 Pb（Ⅱ）生物阴极的情况下，电流密度 993.33、787.50、545.83 和 2.43 mA/m² 分别达到 605.30、330.68、143.01 和 0 mW/m² 的功率密度。结果表明，在不存在 / 存在 Pb（Ⅱ）的情况下，生物阴极室中 DO 浓度的增加始终提高了功率输出，存在 Pb（Ⅱ）时功率输出比在不存在 Pb（Ⅱ）时更高，进一步证明了 TCAC-MFC 生物阴极中较高的 DO 可以改善发电和去除 Pb（Ⅱ）。

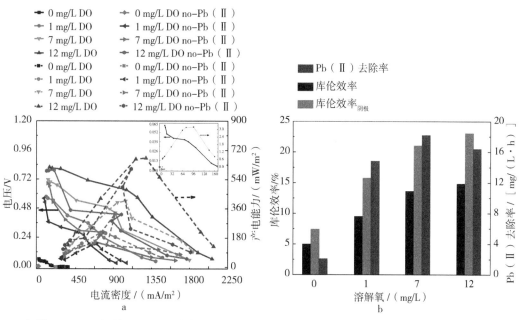

初始 pH 8.33；初始 Pb（Ⅱ）浓度：150 mg/L。

图 8-21　不同溶氧条件下 ACP-MFC 对 Pb（Ⅱ）的去除及电学表征：ACP-MFC 阴极中不同 DO 浓度下的极化曲线（a）；Pb（Ⅱ）去除率和库伦效率（b）

（3）Pb（Ⅱ）的去除

图 8-22a 显示了使用不同类型阴极的 TCAC-MFC 处理中初始 Pb（Ⅱ）浓度随时间

变化的过程。如图所示，在最初的 Pb（Ⅱ）浓度为 50 mg/L⁻¹ 的情况下，Pb（Ⅱ）离子在 180 min 内几乎被完全去除。同样，在 375、480 和 990 min 内 100、150 和 160 mg/L 的 Pb（Ⅱ）初始浓度也被 100% 去除。但是，在 1005 min 内，180 和 200 mg/L 的初始 Pb（Ⅱ）浓度中分别去除了 30.92% 和 8.88%，达到了 18.75 g/（m²·h）的最大去除率。可以看出 Pb（Ⅱ）的去除时间随初始 Pb（Ⅱ）浓度的增加而增加，去除率随初始 Pb（Ⅱ）浓度先增加后降低。当 Pb（Ⅱ）初始浓度从 50 mg/L 到 150 mg/L 时，Pb（Ⅱ）的去除率随初始 Pb（Ⅱ）浓度的增加而增加，当初始 Pb（Ⅱ）浓度大于 160 mg/L 时，Pb（Ⅱ）的去除率随初始 Pb（Ⅱ）浓度的增加而降低。这主要是由于当初始 Pb（Ⅱ）浓度大于 160 mg/L 时，藻类的生物活性受到抑制，进而降低甚至丧失了 Pb（Ⅱ）去除的能力。

在闭路和开路条件下研究关于 Pb（Ⅱ）去除率的对照试验。结果如图 8-22b 所示，在开路条件下，采用无氧非生物阴极的 MFC 对 Pb（Ⅱ）的去除率（约 2.23%）略低于采用藻类生物阴极的 TCAC-MFC（约为 5.13%），与闭路条件下采用无氧非生物阴极的 TCAC-MFC 的 Pb（Ⅱ）去除率（约 2.31%）相似，这一结果可能是由于藻类在生物阴极或电极上的生物吸附作用。闭路条件下，采用藻类生物阴极的 TCAC-MFC 要明显优于开路/闭路无氧非生物阴极和开路生物阴极。这说明藻生物阴极的 TCAC-MFC 去除 Pb（Ⅱ）的途径除了生物吸附外还包括化学沉淀。

进一步研究 TCAC-MFC 中 Pb（Ⅱ）去除的假一级动力学，并拟合了表 8-6 中的数据。结果如图 8-22c 所示，可以用伪一阶模型 [线性回归系数（$R^2 > 0.92$）的要求] 来说明 TCAC-MFC 生物阴极中 Pb（Ⅱ）的去除速率。此外，对于初始 Pb（Ⅱ）浓度范围 50～200 mg/L，速率常数（k）分别为 0.038、0.024、0.023、0.01、0.001 和 2.57×10^{-4}。k 随着 Pb（Ⅱ）浓度的增加而降低，表明初始的 Pb（Ⅱ）浓度可能对 Pb（Ⅱ）的去除影响不大，而氧气的生物电化学过程才是决定 TCAC-MFC 去除 Pb（Ⅱ）效果的关键因素。

（4）长期运行稳定性

在密封藻类生物阴极的 TCAC-MFC 中进行多个循环试验，探究 Pb（Ⅱ）和 COD 去除及发电的长期稳定性。结果如图 8-23a 所示，在废水发电的前 3 个循环中，废水室中的 Pb（Ⅱ）初始浓度为 0 mg/L，然后在 8 个循环中添加总量为 450 mg/L。每次测试完成后，将新鲜的 Pb（Ⅱ）溶液替换到废水室中，并将乙酸钠添加到阳极室中。在 70 d 内，分别在 21 个 Pb（Ⅱ）去除周期和 11 个电压输出周期观察到了相似的 Pb（Ⅱ）去除率和电压输出趋势。如图 8-23b 所示，在添加了 Pb（Ⅱ）的 TCAC-MFC 中，电压最大值增加了约 150 mV，这比没有 Pb（Ⅱ）的 TCAC-MFC 的电压最大值高。在操作过程中的 6 个 Pb（Ⅱ）去除周期中，由于将乙酸盐重新转化为氧，TCAC-MFC 阳极中的 COD 逐渐降低至 50 mg 左右。在每个周期结束时，70 d 内 Pb（Ⅱ）的去除率仍然可以达到完全 Pb（Ⅱ）的去除率。这些结果均归因于 TCAC-MFC 的良好电压输出稳定性。综上所述，TCAC-MFC 技术是一项杰出的生物电化学技术，可以有效去除 Pb（Ⅱ）并同时获得生物电。

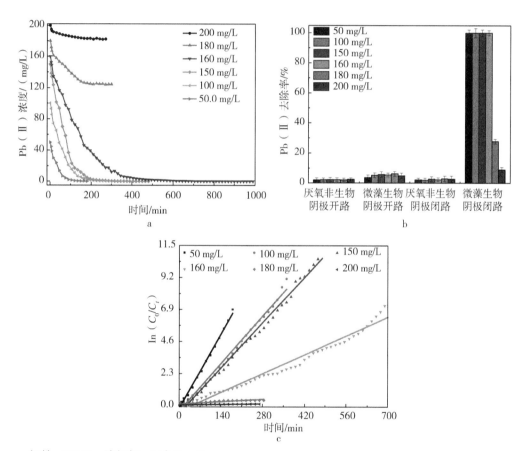

初始 pH 8.33；溶解氧：0 或 7 mg/L。

图 8-22　不同 TCAC-MFC 对 Pb（Ⅱ）初始浓度的去除动力学不同：不同初始浓度 Pb（Ⅱ）的去除曲线（a）、Pb（Ⅱ）的去除率（b）、高浓度磷阴极培养的藻类对 Pb（Ⅱ）的一级还原动力学（c）

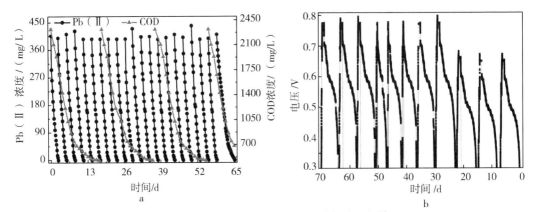

图8-23 TCAC-MFC 去除 Pb（Ⅱ）的长期运行情况：
Pb（Ⅱ）的去除和 COD 浓度的去除（a）、电压输出（b）

（5）机制分析

1）XRD

阴极电解液沉淀物的 XRD 图谱见图 8-24a，这些衍射峰分别位于 18.92°、20.02°、20.66°、27.12°、35.96°、40.7°、42.48°、44.96°、48.92°、55.64° 和 59.02° 附近，对应着碱性碳酸铅 [$Pb_3(CO_3)_2(OH)_2$] 的吸收峰（PDF # 13-0131）（No.19-0629），而 25.26°、28.98°、34.6°、35.5° 和 43.36° 处的 XRD 图谱对应于碳酸铅（$PbCO_3$）（PDF # 47-1734），它由微生物代谢释放的 CO_2 氧化还原反应产生的羟基与 Pb（Ⅱ）反应生成。同时 XRD 显示存在 PbO 和在氢氧化铅的衍射峰，这意味着 Pb（Ⅱ）的去除过程会形成 $Pb(OH)_2$，然后分解为 PbO。此外，这些衍射峰在 11.7°、23.56°、34.62°、36.8°、39.28°、46.86°、59.22°、60.26° 和 Ni 作为阴极电极的组成相符合（图 8-24b）。

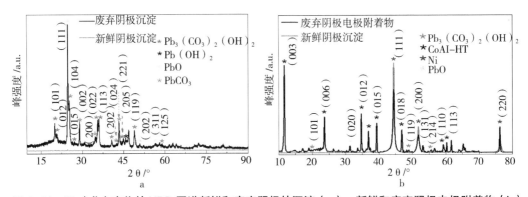

图8-24 Pb（Ⅱ）产物的 XRD 图谱新鲜和废弃阴极的沉淀（a）、新鲜和废弃阴极电极附着物（b）

2）FT-IR

用 FT-IR 表征 TCAC-MFC 去除 Pb（Ⅱ）前后的生物阴极的沉淀物和电极，结果如图 8-25a 所示，振动峰的 IR 变化为见表 8-7，对于新鲜和用过的阴极电解液，宽而强的振动带在 3420.50～3421.24 cm^{-1} 处的峰和 2921.35 cm^{-1} 处的峰，观察到了相似的 FT-IR 光谱结果。2921.35～2921.36 cm^{-1}、2851.48～2851.58 cm^{-1}、1651.34～1653.03 cm^{-1}、1537.24～1545.35 cm^{-1}、1384.56～1385.67 cm^{-1} 反映了—OH 拉伸振动（碳水化合物，脂质或蛋白质）、—CH$_3$ 拉伸振动（羧酸根或脂肪族基团）、—CH$_2$ 拉伸振动（蛋白质和脂质的脂族基团）、C＝O 拉伸振动（蛋白质）、C＝C 拉伸模式（叶绿素，脂质和类胡萝卜素色素）、CH 弯曲振动（脂族基团）。但是，最大的变化发生在较低的频率范围（低于 1420 cm^{-1}），在 1401.77、838.01、797.42、678.06 和 617.11 cm^{-1} 处出现 5 个峰值，而废弃和沉淀的降水则在 1246.29 cm^{-1} 处消失了一个峰值，分别是 $v 3CO_3^{-2}$（PbCO$_3$）的弯曲振动，$v 2CO_3^{-2}$［（PbCO$_3$）$_2$Pb（OH）$_2$］的面外变形，拉伸 Pb—O 的振动，$v 4CO_3^{-2}$［（PbCO$_3$）$_2$Pb（OH）$_2$］的平面弯曲，Pb⋯OH 的弯曲振动［Pb（OH）$_2$］和 P＝O 弯曲模式（磷脂）。另外，从 1026.90 到 1050.76 cm^{-1} 的峰位移表示 P＝O 弯曲振动（磷脂）或—OH 变形振动［（PbCO$_3$）$_2$Pb（OH）$_2$］的重叠。所有变化都可能归因于 TCAC-MFC 生物阴极中产生的碳酸根、氢氧根与 Pb（Ⅱ）的反应。因此，可以得出结论，以上所有结果进一步支持了 PbCO$_3$、（PbCO$_3$）2Pb（OH）$_2$、PbO 和 Pb（OH）$_2$ 的存在。

来自 TCAC-MFC 的新鲜和用过的生物阴极室的生物阴极电极的 FT-IR 光谱如图 8-25b 所示。如图所示，对于新鲜的阴极电极，在 3423.27 cm^{-1} 处的强峰对应于 O—H 拉伸振动（中间层中 OH 基与 H$_2$O 的 H 键合）。在 1617 cm^{-1} 处更尖锐的峰代表 C＝C 的骨架振动或拉伸变形振动（源自未氧化的石墨域或插层水）。1348.90 和 787.62 cm^{-1} 处的峰分别属于 $v 3CO_3^2$ 弯曲振动（CoAl 水滑石）。这些峰证明了石墨烯/CoAl 水滑石复合电极的成功制备。与用过的电极的 FT-IR 光谱相比，在 3423.60、1544.51、1346.69 和 768.54 cm^{-1} 处的峰被分配给电极复合材料的这些功能组，对应石墨烯/CoAl 水滑石。羟基不会腐蚀电极，并防止了 Pb（Ⅱ）与 CoAl 水滑石之间的离子交换反应。7 个新峰出现在 2921.12、2851.57、1650.13、1544.51、1352.55、1261.84 和 1084.82 cm^{-1} 处，这些峰与藻类的表征组有关，归因于 TCAC-MFC 生物阴极中的藻类附着到电极上。特别是，在较低的频率范围（低于 1000 cm^{-1}）内出现了 876.14、839.86 和 801.01 cm^{-1} 3 个新峰，这可能归因于 $v 4CO_3^{-2}$（面外变形振动）、$v 2CO_3^{-2}$（平面弯曲振动）和 Pb—O（拉伸振动）的存在。此外，发现了新的 $v3CO_3^{-2}$ 在 1727.13 cm⁻¹ 处的不对称拉伸振动，并且在 1650.13 cm⁻¹ 处的峰值说明了 $v1CO_3^{-2}$ 弯曲振动。但是，值得一提的是，在 3423.60、1723.13、1650.13、1084.82 和 768.54 cm⁻¹ 处的特征峰是仅对应于（PbCO₃）₂Pb（OH）₂ 的峰。显然，使用 TCAC-MFC 去除 Pb（Ⅱ）可以在电极上产生（PbCO₃）₂Pb（OH）₂ 和 PbO。

根据以上的 FT-IR 分析，使用 TCAC-MFC 去除 Pb（Ⅱ）的过程生成了铅化合物 PbCO₃、（PbCO₃）₂Pb（OH）₂、Pb（OH）₂ 和 PbO，这与 XRD 中的观察结果一致。结果表明，PAMFCTCAC-MFC 是使用减少 O₂ 的生物阴极从水溶液中去除 Pb（Ⅱ）的新清洁方法。

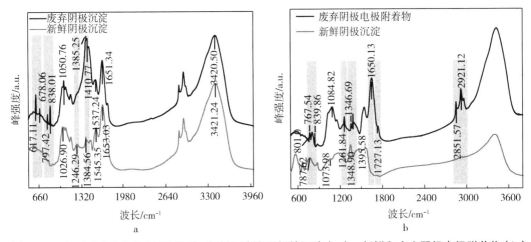

图 8-25　Pb（Ⅱ）产物的 FTIR 光谱：新鲜和废弃阴极的沉淀（a）、新鲜和废弃阴极电极附着物（b）

表 8-7　不同条件下微生物燃料电池对 Pb（Ⅱ）的去除性能

波数				官能团	生物分子
使用前阴极电解液	使用后阴极电解液	使用前阴极电极	使用后阴极电极		
—	617.11	—	—	Pb—OH	Pb（OH）₂
—	678.06	—	—	$v_4CO_3^{-2}$	（PbCO₃）₂Pb（OH）₂
—	—	787.62	768.54	$v_3CO_3^{-2}$	钴铝水滑石
—	797.42	—	801.01	Pb—O	PbO
—	838.01		839.86	$v_2CO_3^{-2}$	（PbCO₃）₂Pb（OH）₂
			876.14	$v_4CO_3^{-2}$	（PbCO₃）₂Pb（OH）₂

波数				官能团	生物分子
使用前 阴极电解液	使用后 阴极电解液	使用前 阴极电极	使用后 阴极电极		
1026.9	1050.76	—	1084.82	P=O 或 —OH	磷脂或（PbCO$_3$）$_2$Pb（OH）$_2$
1246.29	—	—	1261.84	P=O	磷脂
—	—	1348.90	1346.69	$v_3CO_3^{-2}$	钴铝水滑石
1384.56	1385.67	—	1395.25	—CH	脂肪族
—	1410.77	—	—	$v_3CO_3^{-2}$	PbCO$_3$
1545.35	1537.24	1544.88	1544.51	C=C	未氧化的石墨结构域或脂质、叶绿素和类 胡萝卜素色素
1653.03	1651.34	—	1650.13	C=O 或 $v_1CO_3^{-2}$	蛋白质或（PbCO$_3$）$_2$Pb（OH）$_2$
			1727.13	$v_3CO_3^{-2}$	（PbCO$_3$）$_2$Pb（OH）$_2$
2851.48	2851.58	—	2851.57	—CH$_2$	脂肪族（脂质和蛋白质）
2921.35	2921.36	—	2921.12	—CH$_3$	脂肪族（脂质和蛋白质）
3421.24	3420.50	3423.27	3423.60	—OH	碳水化合物、蛋白质和脂质或氢键

3）XPS

XPS 光谱分析进一步证实了生物阴极 TCAC-MFC 去除 Pb（Ⅱ）产物的组成，如图 8-26a、b、c 所示，全扫描光谱描绘了阴极液和阴极中沉淀的成分，结合能（Be）曲线表明，沉淀和电极的组成元素分别为 C、N、O 和 C、N、O、Al、Co、Ni。但是，对比 TCAC-MFC 去除 Pb（Ⅱ）前后生物阴极室的沉淀和电极的全扫描光谱结果，显示使用生物阴极后碳和氧的原子比增加了。TCAC-MFC 对 Pb（Ⅱ）的去除可能与样品中的原始或新生成的含碳含氧官能团有关。除去 Pb（Ⅱ）后，所有样品的 Pb4f 光谱均可清晰地观察到 142.08 eV 和 138.08 eV 两个新的峰，表明 Pb（Ⅱ）离子沉积在阴极表面和生物阴极室底部。

进行了高分辨率 XPS 光谱分析，以准确确定阴极电解液中沉淀的成分和化学键。如图 8-26b、c、d 所示，从新鲜阴极电解液获得的沉淀的 C 1s 光谱的反卷积被分配到 3 个峰，BE 分别为 284.58、286.63 和 287.83 eV（图 8-26b），分别对应于 CC / CH（烃骨架）中的碳原子、CO（羟基、酮和醇基）、OC=O（羧基）。这些功能基团是藻类蛋白和多糖的典型特征。用 TCAC-MFC 的生物阴极除去 Pb（Ⅱ）后，C 1s 光谱的解卷积产生一个新峰，BE 在 289.23 eV，分配给 CO_3^{2-} 离子，两个峰（BE 分别为 286.48 和 287.52 eV）略有偏移。沉淀出的废阴极电解液中的 C 1s 原子比增加（从 76.44% 增加到 77.47%），这归因于产生碳酸根离子。结果表明，羧基、羟基和 CO_3^{2-} 基团与 Pb（Ⅱ）的去除有关。对于从新鲜和用过的阴极电解液获得的沉淀物的 O 1s 光谱的去卷积（图 8-26c），观察到 3 个峰，BE 为 529.87、531.99 和 533.93 eV，分别对应于 C=O（羧酸）O（羟基和醚）和 O=CO（羧基）。而在用过的阴极电解液中未观察到 BE 在 529.87 处，此外，O—C=O 的 BE（533.93 eV）变为 534.38 eV。特别是，OH—CO_3^{2-}[（PbCO_3）_2Pb（OH）_2] 的一个新峰和 CO 的峰在 531.62 eV 处重叠，3 个新峰在 529.48、530.53 和 532.58 eV 处出现。分别用于 PbO、PbCO_3 和 Pb（OH）_2。废阴极电解液沉淀的 O 1s 的 at% 从 17.41% 增加至 18.19%，这可以归因于产生 OH— 或 CO_3^{2-} 基团。结果表明，羧基、羧基和羟基以及 Pb…O（H，C）键的形成参与了 Pb（Ⅱ）的去除。沉淀的 Pb 4f7/2 光谱的去卷积（图 8-26d）显示 3 个峰，分别对应 137.23 eV 处的 Pb…O 键，139.03 eV 处的 PbCO_3 和 Pb（OH）_2 和（PbCO_3）_2Pb（OH）_2 重叠键在 138.51 eV。总之，用 TCAC-MFC 去除 Pb（Ⅱ）可以在阴极电解液中实现 4 种铅化合物，包括 PbCO_3、（PbCO_3）_2Pb（OH）_2、Pb（OH）_2 和 PbO，这与 XRD 和 FT-IR 结果一致。

此外，对生物阴极电极进行了 XPS 调查扫描，以确认电极上沉积物的成分，结果如图 8-26e、f、g 所示。新鲜电极和用过的电极的 C 1s 反卷积谱如图 8-26e 所示，并汇总在表 8-8 中。在 284.68 eV 处，新鲜电极和用过的电极的 C 1s 光谱分别分解为 4 个和 3 个峰，以 C—C/C=C（源自非氧化石墨域或藻类烃骨架）为中心的 7 个峰，CO（羟基或醚）在 286.23 eV，C=O（羧酸盐）在 287.78 eV，OC=O（羧基）在 288.78 和 288.43 eV。此外，C—C/C=C 组的 BE 相同，C—O 中 O 的 BE 相同，而 C=O 组消失并出现峰值（BE 从 288.78 降至 288.43 eV）。因此，可以确定羧基和羧酸盐基团与环电解质中的 Pb（Ⅱ）去除有关。图 8-26f 显示了新鲜和用过的电极的 O 1s 光谱。新鲜电极的详细 O 1s 光谱被分离为两个解卷积峰：C=O 键，在 529.93 eV 处；O—C=O 键，在 532.73 eV 处。用 TCAC-MFC 系统去除 Pb（Ⅱ）后，PbO 的废电极的新 O 1s 光谱峰出现在 529.38 eV，OH— 和 CO_3^{2-} 的重叠峰对应（PbCO_3）_2Pb（OH）_2（531.58 eV）。O—C=O 峰的位置从 534.07 eV 移至 532.83 eV，而 529.93 eV 的峰消失了。然而，废电极中 O 1 的原子百分比增加，归因于产生了包含 O 元素的新官能团。废电极的高分辨率 Pb 4f7/2 光谱（图 8-26g）分配给 137.33 eV 处的 Pb…O 键，137.70 eV 和 GO-Pb（石墨烯氧）的 3 个峰。（PbCO_3）_2Pb（OH）_2 在 138.73V。显然，Pb（Ⅱ）的去除过程在电极上出现了两种铅化合物，包括（PbCO₃）₂Pb（OH）₂和 PbO，这与 XRD 和 FT-IR 分析相符合。

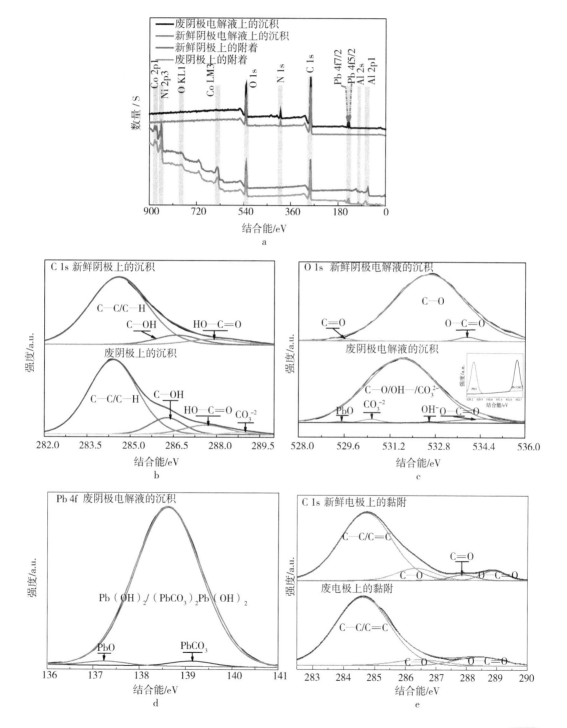

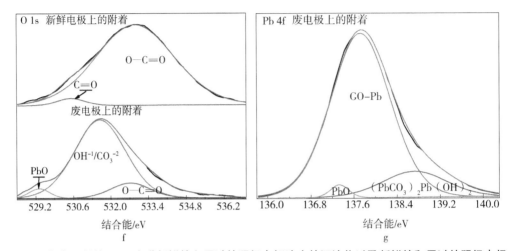

图 8-26 复合材料的 XPS 光谱新鲜的和用过的阴极电解液中的沉淀物以及新鲜的和用过的阴极电极
上的附着物（a）、C 1s XPS 降水光谱（b）、降水的 O 1s XPS 光谱（c）、沉淀的 Pb 4f XPS 光谱（d）、
C 1s XPS 附着光谱（e）、O 1s XPS 附着光谱（f）、Pb 4f XPS 附着光谱（g）

表 8-8 PAMFC 生物阴极室沉淀与电极结合能综述

元素	核心水平	分配	生物阴极在阴极电解液中的沉淀			生物阴极电极		
			使用前阴极电解液		使用前后阴极电解液	使用前后电极		
			C/（at.%）	EB/eV	EB/eV	EB/eV	C/（at.%）	EB/eV
C	1s	C—C/C=C		284.58	284.58	284.68		284.68
		C—O		286.63	286.48	286.23		286.23
		C=O	76.44	—	—	287.78	67.19	—
		O—C=O		287.83	287.52	288.78		288.43
		CO_3^{2-}		—	289.23	—		—
O	1s	PbO		—	529.48	—		529.38
		C=O/P=O		529.87	—	529.93		
		CO_3^{2-}		—	530.53	—		
		OH^-/CO_3^{2-}	17.41	—	531.62	—	29.13	531.58
		C—O		531.99				
		OH^-		—	532.58	—		
		O—C=O		533.93	534.38	534.07		532.83

元素	核心水平	分配	生物阴极在阴极电解液中的沉淀		生物阴极电极		
			使用前阴极电解液	使用前后阴极电解液	使用前后后电极		
			C/ (at.%)	EB/eV	EB/eV	EB/eV	C/ (at.%)	EB/eV

元素	核心水平	分配	C/ (at.%)	EB/eV	EB/eV	EB/eV	C/ (at.%)	EB/eV
Pb	4f	PbO	—	137.23	—			137.33
		GO	—	—	—			137.70
		Pb(OH)$_2$/ (PbCO$_3$)$_2$Pb (OH)$_2$	—	138.51	—		0.92	138.73
		PbCO3	—	139.13	—			—

8.4 微藻 MFC 展望

8.4.1 能源与环境现状

能源是国民经济发展的驱动力和支柱，是社会得以繁荣发展的重要物质基础。我国目前能源仍以煤炭、石油和天然气等天然化石能源为主，能源开发与利用几乎一直处于低效率和高消耗之中。近年来，在政策大力推动下，我国绿色能源发展驶入快车道。面对电力需求、环保要求、能源安全等问题，只有积极发展清洁能源才能解决当前的能源危机。藻类作为地球上分布最广、含量最多的低级生产者，可以通过光合作用积累化学能，是一种清洁、方便的能源。

另一方面，我国水资源面临严峻形势，人均淡水资源量低，淡水资源的时空分布不均衡，水资源利用效益差、浪费严重。水污染严重，不少地区和流域水污染呈现出支流向干流延伸，城市向农村蔓延，地表向地下渗透，陆地向海洋发展的趋势。近几年来我国废水、污水排放量以每年 18 亿立方米的速度增加，全国工业废水和生活污水每天的排放量近 1.64 亿立方米，其中 80% 未经处理直接排入水域。水资源已成为我国社会经济发展的短缺资源，成为制约建设小康社会的瓶颈之一。因此，我国对水污染防治给予高度重视，以实现水资源对经济社会可持续发展的保障。

由于历史欠账过多和众多的主、客观原因，纵观全国，水污染仍呈发展趋势。传统的污染物（COD、BOD）未能控制住，富营养化和有毒化学物质的污染却相继增加；

点源污染还没有效控制住，非点源污染问题在一些地区又突出起来。由于 80% 以上的污水未经处理就直接排入水域，已造成我国 1/3 以上的河段受到污染，90% 以上的城市水域严重污染，近 50% 的重点城镇水源不符合饮用水标准。水资源的不合理开发利用，尤其是水污染的不断加重，引起了普遍缺水和严重的生态后果。

造成我国水污染严重的主要原因在于：我国许多企业生产工艺落后，管理水平较低，物料消耗高，单位产品的污染物排放量过高；城市人口增长速度过快，工业集中，而城市下水道和污水处理设施的建设发展速度极为缓慢，欠账太多，与整个城市建设和工业生产的发展不相适应；防治水污染投资少，加上管理体制和政策上、技术上的原因，仅有的投资亦未发挥应有的效果；有些地方对工业废水处理提出了过高的要求，耗资很大，设施建成后却不能正常运行，投资效益差；不少新建的城市污水处理费用高，不能发挥应有的作用。此外，由于用水和排水的收费偏低，使得人们（包括工矿企业）不重视节约用水，不合理利用水资源，不积极降低污染物排放量，造成水资源严重浪费和水污染不能得到有效控制的局面。

总体看，我国水环境恶化趋势尚未得到根本扭转，水污染形势仍然严峻。江、河、湖泊水污染负荷早已超过其水环境容量，污水排放量仍在增长，七大江河水质继续在恶化，V 类和劣于 V 类水所占比例仍很高。水污染严重河流依次为：海河、辽河、淮河、黄河、松花江、长江、珠江。其中海河劣于 V 类水质河段高达 56.7%，辽河达 37%，黄河达 36.1%。长江干流超过 III 类水的断面已达 38%，比 8 年前上升了 20.5%。除西藏、青海外，75% 的湖泊富营养化问题突出。现在工业水污染仍旧突出，仍是江河水污染的主要来源。近年来水污染事故频繁，平均每年达 1000 起左右。不少老企业无钱治理，高污染的乡镇企业仍大量存在，企业违法排污现象普遍。有 61.5% 的城市没有建成污水处理厂，相当多的城市没有建立污水处理收费制度，污水收采管网建设滞后，污水处理收费普遍过低。因此除特大城市外，许多城镇污水没有得到有效处理，城乡居民饮用水安全问题严重。地表饮用水源地不合格的约占 25%，其中淮河、辽河、海河、黄河、西北诸河近一半水质不合格。华北平原地下水水源地，有 35% 不合格。

全国尚有 3 亿多人饮用水不安全，其中约有 1.9 亿人饮用水有害物质含量超标，农村有 6300 万人饮用高氟水，200 多万人饮用高砷水，3800 多万人饮用苦咸水，另外南方血吸虫疫区农村饮水也不够安全。

这不仅仅是因为城市集中了大量的工业生产企业，工业废水排放量巨大；而且，随着城市规模的不断扩大以及人口的进一步增长，生活污水排放量与日俱增。中国环境监测总站今年 1—4 月对全国地表水水质监测结果表明，流经上述限批城市的水质多数为重度污染，如长江安徽段的巢湖全湖平均为 V 类（V 类水已不能和人体接触，劣 V 类水更是丧失基本生态功能），黄河支流渭河的渭南市、淮河支流沙颍河的周口市的国控断面今年前四个月的监测结果全部为劣 V 类。国家环保总局近日对海河和淮河流域干流和支流 67 个断面水质抽样监测结果显示，全部为劣 V 类。

治理废水已经迫在眉睫，微藻因其含量丰富、无毒害、效果好而被广泛地应用于废水的治理中。将微藻和 MFC 结合，可以在去除重金属、有机物等污染物的同时产能，达到一举两得的效果。

通过在 Web of Scinece 数据库中以"microalgae"和"MFC"为检索词进行检索，发现相关论文数量为 116 篇，其中有 75.86% 与能源燃料领域相关，而有 56.897% 与环境生态学相关，与上述背景相符合。

8.4.2　微藻 MFC 商业化的挑战

基于微藻的生物吸附和 MFC 技术已被证明是解决许多环境问题的好方法。尽管这些生物技术具有潜在的好处，但在商业化应用方面存在一些障碍和限制。我们应该认识到商业化应用的挑战，正确理解这些问题将有助于确定未来研究的方向。

微藻去除重金属有许多缺点：①虽然微藻生物量表现出适度的生物吸附能力，但原始微藻去除效果不佳，并且藻的大规模生产成本较高，增加了总成本；②从藻类生物质中生产生物材料和生物柴油需要预处理和复杂的提取方法，这会增加它们的价格并阻碍系统的规模扩大。

MFC 去除重金属的工艺有很多缺点：①生活在阳极表面的生物膜氧化无机或有机物时会产生质子，通过降低 pH 值抑制电活性；②由于空气驱动阴极产生氧或废水中有毒重金属，MFC 性能显著下降；③由于与阳极电解液直接接触，必然会形成阴极生物膜，从而增加 MFCs 的内阻，降低电能的产生；④MFC 不能通过阴极还原将重金属还原为金属形态，因为其标准还原电位相对于有机物（醋酸盐为 -0.30 V，SHE）较低；⑤昂贵的催化剂被广泛应用于阴极电极，以提高阴极效率；⑥运行成本高，金属去除效率低，生物能源产量低。

微藻和 MFC 的混合技术是去除营养物质和生产生物电的最新方法。然而，这项技术从未被用于处理含重金属的废水。

8.4.3 展望

在目前的工作中，预计未来的研究方向将集中在微藻生物质集成系统的开发和其他产品的利用上。MFC- 吸附一体化系统具有微藻和 MFC 两种工艺的优缺点，由于其对废水中各类污染物的去除能力强，在不久的将来将成为一种很好的污水处理系统。但高浓度金属抑制了微藻的活性，需要开发更有效、更耐受性的微藻。此外，大多数研究的电解液 pH 值较低（1-5），以去除重金属，降低重金属转化效率。微藻生物阴极的应用可以改善这一问题。

参考文献

[1] KIM B H, IKEDA T, PARK H S, et al. Electrochemical activity of an Fe（Ⅲ）-reducing bacterium, Shewanella putrefaciensIR-1, in the presence of alternative electron acceptors[J]. Biotechnology techniques, 1999, 13（7）: 475-478.

[2] VELASQUEZ-ORTA S B, CURTIS T P, LOGAN B E. Energy from algae using microbial fuel cells[J]. Biotechnology and bioengineering, 2009, 103（6）: 1068-1076.

[3] HOU Q J, YANG Z G, CHEN S Q, et al. Using an an anaerobic digestion tank as the anodic chamber of an algae-assisted microbial fuel cell to improve energy production from food waste[J]. Water research, 2020, 170: 115305.

[4] TANAKA K, TAMAMUSHI R, OGAWA T. Bioelectrochemical fuel-cells operated by the cyanobacterium, Anabaena variabilis[J]. Journal of chemical technology & biotechnology biotechnology, 1985, 35（3）: 191-197.

[5] YAGISHITA T, SAWAYAMA S, TSUKAHARA K I, et al. Performance of photosynthetic electrochemical cells using immobilized Anabaena variabilis M-3 in discharge/culture cycles[J]. Journal of fermentation & bioengineering, 1998, 85（5）: 546-549.

[6] 何辉, 冯雅丽, 李浩然, 等. 利用小球藻构建微生物燃料电池 [J]. 过程工程学报, 2009, 9（1）: 133-137.

[7] HE Z, KAN J, MANSFELD F, et al. Self-sustained phototrophic microbial fuel cells based on the synergistic cooperation between photosynthetic microorganisms and heterotrophic bacteria[J]. Environmental science & technology, 2009, 43（5）: 1648-1654.

[8] KUSMAYADI A, LEONG Y K, YEN H W, et al. Microalgae-microbial fuel cell（mMFC）: an integrated process for electricity generation, wastewater treatment, CO2 sequestration and biomass production[J]. International journal of energy research, 2020, 44（12）: 9254-9265.

[9] REDDY C N, NGUYEN H T H, NOORI M T, et al. Potential applications of algae in the cathode of microbial fuel cells for enhanced electricity generation with simultaneous nutrient removal and algae biorefinery: current status and future perspectives[J]. Bioresource technology, 2019, 292: 122010.

[10] POWELL E E, HILL G A. Economic assessment of an integrated bioethanol-biodiesel-microbial fuel cell facility utilizing yeast and photosynthetic algae[J]. Chemical engineering research and design, 2009, 87（9）: 1340-1348.

[11] SABA B, CHRISTY A D, YU Z, et al. Sustainable power generation from bacterio-algal microbial fuel cells（MFCs）: an overview[J]. Renewable and sustainable energy reviews, 2017, 73: 75-84.

[12] NISHIO K, HASHIMOTO K, WATANABE K. Light/electricity conversion by defined cocultures of Chlamydomonas and Geobacter[J]. Journal of bioscience and bioengineering, 2013, 115（4）: 412-417.

[13] YUAN Y, CHEN Q, ZHOU S, et al. Bioelectricity generation and microcystins removal in a blue-green algae powered microbial fuel cell [J]. Journal of hazardous materials, 2011, 187（1-3）: 591-595.

[14] ZINADINI S, ROSTAMI S, VATANPOUR V, et al. Preparation of antibiofouling polyethersulfone mixed matrix NF membrane using photocatalytic activity of ZnO/MWCNTs nanocomposite [J]. Journal of membrane science, 2017, 529: 133-141.

[15] WU C H, SHIH J C, LIN C W. Continuous production of power using microbial fuel cells with integrated biotrickling filter for ethyl acetate-contaminated air stream treatment [J]. International journal of hydrogen energy, 2016, 41（47）: 21945-21954.

[16] WANG T, YANG W-L, HONG Y, et al. Magnetic nanoparticles grafted with amino-riched dendrimer as magnetic flocculant for efficient harvesting of oleaginous microalgae [J]. Chemical engineering journal, 2016, 297: 304-314.

[17] CHENG S A, LOGAN B E. Ammonia treatment of carbon cloth anodes to enhance

power generation of microbial fuel cells [J]. Electrochem commun, 2007, 9（3）: 492–496.

[18] LOGAN B, CHENG S, WATSON V, et al. Graphite fiber brush anodes for increased power production in air–cathode microbial fuel cells [J]. Environmental science & technology, 2007, 41（9）: 3341–3346.

[19] ZHANG Y, HE Q N, XIA L, et al. Algae cathode microbial fuel cells for cadmium removal with simultaneous electricity production using nickel foam/graphene electrode [J]. Biochem Eng J, 2018, 138: 179–187.

[20] 冯玉杰, 王鑫, 李贺, 等. 基于微生物燃料电池技术的多元生物质生物产电研究进展 [J]. 环境科学, 2010, 31（10）: 2525–2531.

[21] SCOTT K, MURANO C. Microbial fuel cells utilising carbohydrates [J]. Journal of chemical technology & biotechnology: international research in process, environmental & clean technology, 2007, 82（1）: 92–100.

[22] TANG Y L, BI X W, SUN H, et al. Effect of anode with pretreatment on the electricity generation of a single chamber microbial fuel cell [J]. Advanced materials research, 2011, 156: 742–746.

[23] TSAI H Y, WU C C, LEE C Y, et al. Microbial fuel cell performance of multiwall carbon nanotubes on carbon cloth as electrodes [J]. Journal of power sources, 2009, 194（1）: 199–205.

[24] LOWY D A, TENDER L M, ZEIKUS J G, et al. Harvesting energy from the marine sediment–water interface II–Kinetic activity of anode materials [J]. Biosens bioelectron, 2006, 21（11）: 2058–2063.

[25] KIM G T, HYUN M S, CHANG I S, et al. Dissimilatory Fe（Ⅲ）reduction by an electrochemically active lactic acid bacterium phylogenetically related to Enterococcus gallinarum isolated from submerged soil [J]. Journal of applied microbiology, 2005, 99（4）: 978–987.

[26] LOWY D A, TENDER L M. Harvesting energy from the marine sediment–water interface: Ⅲ. Kinetic activity of quinone–and antimony–based anode materials [J]. Journal of power sources, 2008, 185（1）: 70–75.

[27] HEILMANN J, LOGAN B E. Production of electricity from proteins using a microbial fuel cell [J]. Water environment research, 2006, 78（5）: 531–537.

[28] ABREVAYA X C, PAULINO-LIMA I G, GALANTE D, et al. Comparative survival analysis of Deinococcus radiodurans and the Haloarchaea Natrialba magadii and Haloferax volcanii exposed to vacuum ultraviolet irradiation [J]. Astrobiology, 2011, 11 (10): 1034-1040.

[29] MA M R, CAO L M, YING X F, et al. Study on the performance of photosynthetic microbial fuel cells powered by synechocystis PCC-6803 [J]. Renewable energy resources, 2012, 30 (5): 42-46.

[30] FU C C, HUNG T C, WU W T, et al. Current and voltage responses in instant photosynthetic microbial cells with Spirulina platensis [J]. Biochemical engineering journal, 2010, 52 (2-3): 175-180.

[31] SEKAR N, UMASANKAR Y, RAMASAMY R P. Photocurrent generation by immobilized cyanobacteria via direct electron transport in photo-bioelectrochemical cells [J]. Physical chemistry chemical physics, 2014, 16 (17): 7862-7871.

[32] NIESSEN J, SCHRÖDER U, SCHOLZ F. Exploiting complex carbohydrates for microbial electricity generation – a bacterial fuel cell operating on starch [J]. Electrochemistry communications, 2004, 6 (9): 955-958.

[33] CHO Y K, DONOHUE T J, TEJEDOR I, et al. Development of a solar-powered microbial fuel cell [J]. Journal of applied microbiology, 2008, 104 (3): 640-650.

[34] XING D, ZUO Y, CHENG S, et al. Electricity generation by Rhodopseudomonas palustris DX-1 [J]. Environmental science & technology, 2008, 42 (11): 4146-4151.

[35] ZuO Y, XING D, REGAN J M, et al. Isolation of the exoelectrogenic bacterium Ochrobactrum anthropi YZ-1 by using a U-tube microbial fuel cell [J]. Applied and environmental microbiology, 2008, 74 (10): 3130-3137.

[36] BOROLE A P, O'NEILL H, TSOURIS C, et al. A microbial fuel cell operating at low pH using the acidophile Acidiphilium cryptum [J]. Biotechnology letters, 2008, 30 (8): 1367-1372.

[37] LIU Z D, LI H R. Effects of bio-and abio-factors on electricity production in a mediatorless microbial fuel cell [J]. Biochemical engineering journal, 2007, 36 (3): 209-214.

[38] XIANG K, QIAO Y, CHING C B, et al. GldA overexpressing-engineered E.

coli as superior electrocatalyst for microbial fuel cells [J]. Electrochemistry communications, 2009, 11（8）: 1593–1595.

[39] QIAO Y, WU X S, LI C M. Interfacial electron transfer of Shewanella putrefaciens enhanced by nanoflaky nickel oxide array in microbial fuel cells [J]. Journal of power sources, 2014, 266: 226–231.

[40] LAPINSONNIÈRE L, PICOT M, PORIEL C, et al. Phenylboronic acid modified anodes promote faster biofilm adhesion and increase microbial fuel cell performances [J]. Electroanalysis, 2013, 25（3）: 601–605.

[41] SHREERAM D D, PANMANEE W, MCDANIEL C T, et al. Effect of impaired twitching motility and biofilm dispersion on performance of Pseudomonas aeruginosa–powered microbial fuel cells [J]. Journal of industrial microbiology and biotechnology, 2018, 45（2）: 103–109.

[42] YI H, NEVIN K P, KIM B C, et al. Selection of a variant of Geobacter sulfurreducens with enhanced capacity for current production in microbial fuel cells [J]. Biosensors and bioelectronics, 2009, 24（12）: 3498–3503.

[43] LIU H, RAMNARAYANAN R, LOGAN B E. Production of electricity during wastewater treatment using a single chamber microbial fuel cell [J]. Environmental science & technology, 2004, 38（7）: 2281–2285.

[44] HOLMES D E, NICOLL J S, BOND D R, et al. Potential role of a novel psychrotolerant member of the family Geobacteraceae, Geopsychrobacter electrodiphilus gen. nov., sp. nov., in electricity production by a marine sediment fuel cell [J]. Applied and environmental microbiology, 2004, 70（10）: 6023–6030.

[45] RAGHAVULU S V, GOUD R K, SARMA P N, et al. Saccharomyces cerevisiae as anodic biocatalyst for power generation in biofuel cell: influence of redox condition and substrate load [J]. Bioresource technology, 2011, 102（3）: 2751–2757.

[46] HUBENOVA Y, MITOV M. Potential application of Candida melibiosica in biofuel cells [J]. Bioelectrochemistry, 2010, 78（1）: 57–61.

[47] HASLETT N D, RAWSON F J, BARRIÈRE F, et al. Characterisation of yeast microbial fuel cell with the yeast Arxula adeninivorans as the biocatalyst [J]. Biosensors and bioelectronics, 2011, 26（9）: 3742–3747.

[48] LAN J C W, RAMAN K, HUANG C M, et al. The impact of monochromatic blue and red LED light upon performance of photo microbial fuel cells (PMFCs) using Chlamydomonas reinhardtii transformation F5 as biocatalyst [J]. Biochemical engineering journal, 2013, 78: 39-43.

[49] XU C, POON K, CHOI M M F, et al. Using live algae at the anode of a microbial fuel cell to generate electricity [J]. Environmental science and pollution research, 2015, 22(20): 15621-15635.

[50] NG F L, PHANG S M, PERIASAMY V, et al. Evaluation of algal biofilms on indium tin oxide (ITO) for use in biophotovoltaic platforms based on photosynthetic performance [J]. PLoS One, 2014, 9(5): 13.

[51] BOND D R, LOVLEY D R. Evidence for involvement of an electron shuttle in electricity generation by Geothrix fermentans [J]. Applied and environmental microbiology, 2005, 71(4): 2186-2189.

[52] FEDOROVICH V, KNIGHTON M C, PAGALING E, et al. Novel electrochemically active bacterium phylogenetically related to Arcobacter butzleri, isolated from a microbial fuel cell [J]. Applied and environmental microbiology, 2009, 75(23): 7326-7334.

[53] PARK H S, KIM B H, KIM H S, et al. A novel electrochemically active and Fe (Ⅲ) -reducing bacterium phylogenetically related to Clostridium butyricum isolated from a microbial fuel cell [J]. Anaerobe, 2001, 7(6): 297-306.

[54] LIU J, GUO T, WANG D, et al. Clostridium beijerinckii mutant obtained atmospheric pressure glow discharge generates enhanced electricity in a microbial fuel cell [J]. Biotechnology letters, 2015, 37(1): 95-100.

[55] WRIGHTON K C, AGBO P, WARNECKE F, et al. A novel ecological role of the Firmicutes identified in thermophilic microbial fuel cells [J]. The ISME journal, 2008, 2(11): 1146-1156.

[56] MORISHIMA K, YOSHIDA M, FURUYA A, et al. Improving the performance of a direct photosynthetic/metabolic bio-fuel cell (DPBFC) using gene manipulated bacteria [J]. Journal of micromechanics and microengineering, 2007, 17(9): S274.

[57] CHAUDHURI S K, LOVLEY D R. Electricity generation by direct oxidation of

glucose in mediatorless microbial fuel cells [J]. Nature biotechnology, 2003, 21（10）: 1229-1232.

[58] NEVIN K P, RICHTER H, COVALLA S F, et al. Power output and columbic efficiencies from biofilms of Geobacter sulfurreducens comparable to mixed community microbial fuel cells [J]. Environmental microbiology, 2008, 10（10）: 2505-2514.

[59] SAYED E T, BARAKAT N A M, ABDELKAREEM M A, et al. Yeast extract as an effective and safe mediator for the baker's-yeast-based microbial fuel cell [J]. Industrial & engineering chemistry research, 2015, 54（12）: 3116-3122.

[60] RABAEY K, LISSENS G, SICILIANO S D, et al. A microbial fuel cell capable of converting glucose to electricity at high rate and efficiency [J]. Biotechnology letters, 2003, 25（18）: 1531-1535.

[61] LOGAN B E, MURANO C, SCOTT K, et al. Electricity generation from cysteine in a microbial fuel cell [J]. Water research, 2005, 39（5）: 942-952.

[62] HE Z, KAN J J, WANG Y B, et al. Electricity production coupled to ammonium in a microbial fuel cell [J]. Environmental science & technology, 2009, 43（9）: 3391-3397.

[63] SUN J, XU W J, CAI B H, et al. High-concentration nitrogen removal coupling with bioelectric power generation by a self-sustaining algal-bacterial biocathode photo-bioelectrochemical system under daily light/dark cycle [J]. Chemosphere, 2019, 222: 797-809.

[64] LI Y T, SONG S X, XIA L, et al. Enhanced Pb（Ⅱ）removal by algal-based biosorbent cultivated in high-phosphorus cultures [J]. Chemical engineering journal, 2019, 361: 167-179.

[65] NGUYEN H T H, MIN B. Leachate treatment and electricity generation using an algae-cathode microbial fuel cell with continuous flow through the chambers in series [J]. Science of the total environment, 2020, 723: 138054.

[66] ZHANG Y, ZHAO Y Y, ZHOU M H. A photosynthetic algal microbial fuel cell for treating swine wastewater [J]. Environmental science and pollution research, 2019, 26（6）: 6182-6190.

[67] LOGRONO W, PEREZ M, URQUIZO G, et al. Single chamber microbial fuel cell（SCMFC）with a cathodic microalgal biofilm: a preliminary assessment of the generation of

bioelectricity and biodegradation of real dye textile wastewater [J]. Chemosphere，2017，176：378–388.

[68]　MOHAMED S N，HIRAMAN P A，MUTHUKUMAR K，et al. Bioelectricity production from kitchen wastewater using microbial fuel cell with photosynthetic algal cathode [J]. Bioresource technology，2020，295：122226.

[69]　孙彩玉，邸雪颖，秦必达，等 . 微生物燃料电池耦合处理重金属 – 有机废水性能研究 [J]. 太阳能学报，2015，36（8）：1921–1926.